Physikalisch-technische Grundlagen

Handbuchreihe Energieberatung / Energiemanagement

Herausgegeben von
Professor Dr. Dietmar Winje
Technische Universität Berlin

Professor Dr.-Ing. Rolf Hanitsch
Technische Universität Berlin

Prof. Dr.-Ing. Gerhard Bartsch

Band III
Physikalisch-technische Grundlagen

Springer-Verlag Berlin Heidelberg GmbH

CIP-Kurztitelaufnahme der Deutschen Bibliothek

Energieberatung, Energiemanagement: Handbuchreihe /
hrsg. von Dietmar Winje; Rolf Hanitsch.
Springer; Köln: Verlag TÜV Rheinland
NE: Winje, Dietmar [Hrsg.];
Bd. 3. Physikalisch-technische Grundlagen / Gerhard
Bartsch. — 1987.
ISBN 978-3-662-22298-0   ISBN 978-3-662-22297-3 (eBook)
DOI 10.1007/978-3-662-22297-3
NE: Bartsch, Gerhard [Mitverf.]

ISBN 978-3-662-22298-0

Vorwort der Herausgeber

In industrialisierten Gesellschaften sind eine effiziente Energieversorgung und eine rationelle Energienutzung wesentliche Voraussetzungen für die wirtschaftliche Entwicklung. Insbesondere in den letzten 15 Jahren sind die offenkundig gewordene Knappheit der energetischen Rohstoffe, deren zeitweilig drastische Preiserhöhungen sowie die mit dem Energieeinsatz verbundenen Umweltbelastungen verstärkt in den Vordergrund öffentlichen Interesses getreten. In vielen Bereichen werden Anstrengungen unternommen, um Lösungsbeiträge für diese Probleme zu erarbeiten. Dabei hat sich gezeigt, daß Maßnahmen zur sparsamen und rationellen Energieverwendung in nahezu allen Sektoren der Volkswirtschaft einen höheren Stellenwert erhalten haben. Die Behandlung dieser Aufgaben hat eine lange Tradition und wird von verschiedenen Fachdisziplinen wahrgenommen.

Aus den gemachten Erfahrungen wurde deutlich, daß die Erhöhung der Effizienz von Energieversorgung und Energienutzung eine Vorgehensweise erfordert, die einen übergreifenden Systemansatz verfolgt und die durch eine koordinierte Anwendung des Wissens aus verschiedenen Fachgebieten charakterisiert ist. So ist es oft erforderlich, daß bei umfangreichen Vorhaben Ingenieure der Energie- und Verfahrenstechnik mit Ingenieuren der Elektrotechnik und des Bauingenieurwesens zusammenarbeiten und für alle eine Kooperation mit Wirtschaftswissenschaftlern und Planern zur Lösung von Energieproblemen angebracht ist.

Die vorliegende Handbuchreihe soll, aufbauend auf dem Wissen traditioneller Fachgebiete, eine zusammenfassende Behandlung der Möglichkeiten einer sparsamen und rationellen Energieverwendung in wichtigen Verbrauchsbereichen geben. Dabei wird ein Schwerpunkt auf eine umfassende und fachübergreifende Betrachtungsweise gelegt. Im Vordergrund steht das Anliegen, Energiefachleuten verschiedener technischer Disziplinen Erkenntnisse aus jeweils anderen Fachrichtungen zu vermitteln und gleichzeitig systemorientierte Ansätze aufzuzeigen. Ein weiteres Ziel der Handbuchreihe besteht darin, Energiefachleuten neben technischen Zusammenhängen auch betriebswirtschaftliche Grundlagen wie Investitionsrechnungen oder Organisationstechniken im Hinblick auf Maßnahmen zur effizienten Energienutzung nahezubringen. Methoden des Energiemanagements sollen dann Möglichkeiten und Wege deutlich machen, wie technische Optionen der rationellen Energienutzung nicht nur aufgezeigt und wirtschaftlich beurteilt werden, sondern die hierzu erforderlichen Maßnahmen auch konkret umgesetzt werden können.

Die Handbuchreihe ist daher für Energiefachleute konzipiert, seien es Ingenieure, Architekten, Planer oder Wirtschaftswissenschaftler, die mit der rationellen Energieversorgung und -verwendung befaßt sind oder eine derartige Tätigkeit anstreben.

Die Handbuchreihe umfaßt sechs Einzelbände, die jeweils aus einer problemorientierten Sicht Beiträge zur rationellen Energieverwendung enthalten. Die Herausgeber konnten auf den Sachverstand von weiteren Fachgebietsvertretern der Technischen Universität Berlin zurückgreifen. Diese haben Zielvorstellungen und Konzeptionen der jeweiligen Bände in den Einleitungen zusammengefaßt. Der Band I „Energiemanagement" zeigt die grundsätzliche Vorgehensweise bei der Durchführung von energiesparenden Maßnahmen und Energieprogrammen, Beispiele durchgeführter Projekte aus verschiedenen Verbrauchssektoren sowie Rahmenbedingungen für das Energiemanagement. Der Band II stellt grundsätzliche Zusammenhänge der Energiewirtschaft dar und erläutert Ziele, Methoden und Beispiele von Wirtschaftlichkeitsberechnungen. Im Band III wird dargestellt, wie die Thermodynamik der Energiewandlung, die Wärmeübertragung und die Strömungslehre bei der Planung technischer Maßnahmen Berücksichtigung finden. Komponenten, die für eine effiziente Heiz- und Lufttechnik erforderlich sind, sowie Einsatzmöglichkeiten von Wärmepumpen und Vorschläge für die Abwärmenutzung finden sich im Band IV. Elektrische Energietechnik mit den Bereichen Verteilung und Verbrauch elektrischer Energie, mit Energieeinsparungsmöglichkeiten bei speziellen Energiewandlern und mit den Einsatzmöglichkeiten der Meß- und Regelungstechnik werden im Band V dargestellt. Im Band VI erfolgt eine Darstellung der rationellen Energieverwendung im Hochbau, wobei bauphysikalische Grundlagen, Vorschläge zum klimagerechten Planen und Bauen sowie Maßnahmen am Gebäudebestand analysiert werden.

Beim Verfassen der Handbuchreihe konnten die Autoren auf Erfahrungen im Rahmen des Weiterbildungsprogrammes Energieberatung / Energiemanagement zurückgreifen, das an der Technischen Universität Berlin seit dem Jahr 1983 durchgeführt wird und insbesondere für Energiefachleute aus der Praxis entwickelt worden ist. Die hohe Zahl der bisherigen Teilnehmer aus der betrieblichen Praxis in Energieversorgungsunternehmen, öffentlichen Einrichtungen, Industriebetrieben und Ingenieurbüros hat gezeigt, daß der eingeschlagene Weg einer systemorientierten und mehrere Fachdisziplinen zusammenfassenden Darstellung von Ansätzen zur sparsamen und rationellen Energieverwendung auf große Resonanz gestoßen ist.

Die Autoren haben dabei von den Teilnehmern des Weiterbildungsprogrammes viele Anregungen und Hinweise erhalten. Den Teilnehmern sei an dieser Stelle gedankt. Bei den Autoren bedanken wir uns für die konstruktive Zusammenarbeit. Umfangreiche Veröffentlichungen wie diese können nur durch die Mithilfe von anderen entstehen. Es ist kaum möglich, alle namentlich zu benennen. Stellvertretend für alle anderen Mitwirkenden möchten wir uns bei Frau Dagmar Eder und Frau Ann-Kristin Wienke bedanken, die mit großer Sorgfalt und viel Geduld von Anfang an Herausgeber und Autoren unterstützt haben.

Dietmar Winje und Rolf Hanitsch

Inhaltsübersicht

Einleitung

Dieser Band der Handbuchreihe ,,Energieberatung/Energiemanagement" vermittelt ausgewählte Grundlagen aus den ingenieurwissenschaftlichen Disziplinen Thermodynamik, Wärmeübertragung und Strömungslehre. Diese Grundlagen werden benötigt, um die speziellen Verfahren der Energiewandlung technisch beschreiben und bezüglich des dabei auftretenden Energieumsatzes berechnen zu können. Dies ist die Voraussetzung für eine weitergehende wirtschaftliche Untersuchung und Bewertung der verschiedenen technischen Lösungen.

Die Thermodynamik wird hier als Lehre von der Energiewandlung verstanden. Es werden daher alle dafür benötigten Grundbegriffe definiert, ihre Zusammenhänge dargestellt und auf die ,,klassischen" Umwandlungsmethoden angewandt. Eine detaillierte Beschreibung spezieller Prozesse ist in den anderen Bänden dieser Handbuchreihe zu finden. Die Erfahrung mit dem Weiterbildungsprogramm Energieberatung/Energiemanagement hat gezeigt, daß die thermodynamische Begriffsbildung für viele Anwender zu abstrakt ist. Daher wurde jedem größeren Abschnitt eine vereinfachte Zusammenfassung beigefügt, die dem Praktiker die Begriffe ohne weitere Vertiefung und ohne großen mathematischen Formalismus verständlich machen soll.

Im Kapitel Wärmeübertragung werden die wichtigsten Mechanismen und einfachen mathematischen Zusammenhänge dargestellt, die zur Beschreibung des Transports der Energieform ,,Wärme" benötigt werden. Die Begriffsbildung ist hier weniger abstrakt, und daher erübrigt sich eine vereinfachte Zusammenfassung. Im Kapitel Strömungslehre werden lediglich einige Grundbegriffe behandelt, die der Praktiker zur Berechnung des Transports fluider Medien benötigt.

Am Ende jedes Kapitels werden einige Beispiele durchgerechnet, die zur Einübung der dargestellten Begriffe und Zusammenhänge dienen sollen. Mit den Tabellen und Diagrammen im Anhang wird der Benutzer dieses Bandes der Handbuchreihe in die Lage versetzt, auch ohne zusätzliche Literatur spezielle Probleme lösen zu können.

Ich danke den Herren Dr.-Ing. B. J. Schniewind und Dr.-Ing. H. Wenzel für die aktive Mitarbeit bei der Erstellung der Lehrunterlagen, auf denen Teile dieses Bandes basieren.

Mein besonderer Dank gilt Herrn Dipl.-Ing. U. Wäterling für die kritische Durchsicht des Manuskripts und das Lesen der Korrekturen sowie Frau C. Bröcker und Frau H. Glöckner, die mit viel Geduld bei der äußeren Gestaltung dieses Bandes geholfen haben.

Gerhard Bartsch

Thermodynamische Grundlagen der Energiewandlungsprozesse

INHALTSVERZEICHNIS

Die Thermodynamik ist die Wissenschaft von den Energieumwandlungen und dem Energieausgleich und umfaßt die Beschreibung der physikalischen Eigenschaften der Materie, die in diesem Zusammenhang von Bedeutung sind. Somit ist die Thermodynamik eine der wesentlichen Grundlagenwissenschaften für die Analyse und Bewertung von Energiewandlungsprozessen.

Die Darstellung der thermodynamischen Grundlagen der Energiewandlung beginnt mit einem definitorischen Teil über die Beschreibung des thermodynamischen Zustandes. Hier wird erläutert, was in den folgenden Kapiteln unter thermodynamischen Systemen, Zustandsgrößen, thermodynamischem Gleichgewicht, Zustandsgleichungen sowie thermodynamischen Prozessen und Zustandsänderungen verstanden wird. Daran schließt sich die Darstellung der sogenannten Hauptsätze der Thermodynamik an; in diesem Rahmen steht die Betrachtung der einzelnen Energieformen und ihrer Umwandlungen im Vordergrund. Sodann werden die thermodynamischen Gesetzmäßigkeiten für Gase, Gasgemische, Dämpfe und feuchte Luft behandelt und dabei die gebräuchlichen thermodynamischen Diagramme vorgestellt. Im Anschluß hieran werden die verschiedenen Kreisprozesse und ihre theoretischen Vergleichsprozesse behandelt, wobei auf ihre energetische und exergetische Bewertung eingegangen wird. Den Abschluß des Abschnitts bildet eine Zusammenstellung der Grundlagen der Verbrennungstechnik, in der neben den Mengenrechnungen die Energieumsetzung bei der Verbrennung im Vordergrund steht.

1.1   Die Beschreibung des thermodynamischen Zustandes
1.1.1   Thermodynamische Systeme

Will man Energieumwandlungsprozesse analysieren, so muß man zunächst das betrachtete Objekt von der übrigen Umwelt abgrenzen. In diesem Zusammenhang definiert man ein thermodynamisches System als einen räumlich abgegrenzten Bereich, dessen Zustandsänderungen im Innern und dessen Wechselwirkungen mit der Umgebung untersucht werden sollen.

Thermodynamische Systeme lassen sich nach verschiedenen Kriterien klassifizieren. Die Unterscheidung nach der Durchlässigkeit der Systemgrenzen für Masse und die Prozeßenergieformen Wärme und Arbeit zeigt Tab. 1-1.

Nach den makroskopischen Eigenschaften unterscheidet man homogene Systeme, in denen die physikalischen Eigenschaften überall gleich sind, und heterogene Systeme, die aus einer endlichen Anzahl homogener Bereiche (Phasen) bestehen. Sowohl homogene als auch heterogene Systeme können aus reinen Stoffen oder aus Gemischen verschiedener reiner Stoffe (Komponenten) bestehen. Systeme, bei denen

Oberflächenerscheinungen, elektrische und magnetische Effekte und äußere Kräfte keine Rolle spielen, heißen einfache Systeme.

Bezeichnung des thermodynamischen Systems	Durchlässigkeit d.Systemgrenze für		
	Masse	Arbeit	Wärme
abgeschlossenes S.	-	-	-
adiabates geschlossenes S.	-	+	-
arbeitsdichtes geschlossenes S.	-	-	+
geschlossenes S.	-	+	+
arbeitsdichtes adiabates offenes S.	+	-	-
adiabates offenes S.	+	+	-
arbeitsdichtes offenes S.	+	-	+
offenes S.	+	+	+

Tab. 1-1   Klassifikation thermodynamischer Systeme
+ : durchlässig, - : undurchlässig

1.1.2 Zustandsgrößen

Zustandsgrößen sind die physikalischen Größen, die den makroskopischen Zustand eines thermodynamischen Systems beschreiben. Sie sind dadurch charakterisiert, daß ihr Wert unabhängig von der Art und Weise ist, wie das System in den betreffenden Zustand gelangt ist. Man unterscheidet intensive (mengenunabhängige, z. B. Temperatur, Dichte) und extensive (mengenabhängige, z. B. Volumen, Masse) Zustandsgrößen. Extensive Zustandsgrößen lassen sich durch Division mit der Masse in spezifische, durch Division mit der Substanzmenge in molare Zustandsgrößen überführen.

Nach dem thermodynamischen Charakter unterscheidet man thermische Zustandsgrößen (Druck, Volumen, Temperatur) und kalorische Zustandsgrößen (innere Energie, Enthalpie, Entropie). Die kalorischen Zustandsgrößen sind Funktionen der thermischen Zustandsgrößen.

1.1.3   Thermodynamisches Gleichgewicht

Ein System befindet sich dann im thermodynamischen Gleichgewicht, wenn sich
seine Zustandsgrößen bei Isolation von den Einwirkungen der Umgebung nicht
ändern. Eine Flüssigkeit in turbulenter Bewegung befindet sich demnach nicht im
Gleichgewicht, denn bei einer Isolation von der Umgebung kommt die Flüssigkeit
zur Ruhe und die Zustandsgrößen des Systems ändern sich. Nur im Gleichgewicht
genügen wenige Zustandsgrößen zur Beschreibung des Zustandes eines Systems.

1.1.4   Zustandsgleichungen

Für einfache homogene Systeme im thermodynamischen Gleichgewicht gilt die
Erfahrungstatsache, daß ihr Zustand durch zwei voneinander unabhängige intensive
Zustandsgrößen festgelegt ist. Jede Zustandsgröße muß also mit Hilfe von zwei
anderen Zustandsgrößen ermittelbar sein. Diese gegenseitige Abhängigkeit der
Zustandsgrößen wird durch Zustandsgleichungen beschrieben. Man unterscheidet
thermische und kalorische Zustandsgleichungen.

Thermische Zustandsgleichungen beschreiben den funktionalen Zusammenhang
zwischen den thermischen Zustandsgrößen Temperatur T, Druck p und spezifisches
Volumen v in der Form $f(p, v, T) = 0$. Jeder Stoff hat eine eigene, von seinen
Eigenschaften abhängige, thermische Zustandsgleichung.

Kalorische Zustandsgleichungen geben den Zusammenhang zwischen jeweils einer
kalorischen und zwei thermischen Zustandsgrößen an, z. B. zwischen spezifischer
innerer Energie u, Temperatur T und spezifischem Volumen v: $u = f(T,v)$.

1.1.5   Thermodynamische Prozesse und Zustandsänderungen

Die Änderung des Gleichgewichtszustandes eines thermodynamischen Systems als
Folge der äußeren Einwirkungen wird als thermodynamischer Prozeß bezeichnet. Die
dabei durchlaufene nichtstatische Zustandsänderung führt von einem Gleichge-
wichtszustand über eine Reihe von Nichtgleichgewichtszuständen zu einem Endpunkt, bei dem sich wieder ein Gleichgewicht einstellt. Die zwischen Anfangs-
und Endpunkt liegenden Nichtgleichgewichtszustände sind durch die Zustandsgleichung (oder die thermodynamischen Koordinaten) allein nicht mehr beschreibbar;
der Verlauf ist daher auch in einem Zustandsdiagramm nicht darstellbar. Um
dennoch bei einer Zustandsänderung auch Zwischenzustände zumindest näherungsweise beschreiben zu können, bedient man sich in der Regel der Idealisierung,
daß das System sich stets in unmittelbarer Nähe eines Gleichgewichtszustandes
befindet bzw. die Zustandsänderung sich aus einer Folge von Gleichgewichtszu-
ständen zusammensetzt. Bei einer solchen quasistatischen Zustandsänderung kann

dann die thermische Zustandsgleichung auch zur Berechnung der Zwischenzustände des Systems herangezogen werden, und in einem Diagramm läßt sich die Zustandsänderung auch durch eine stetige Kurve, die Zustandslinie oder Prozeßkurve darstellen.

Von einem reversiblen (umkehrbaren) Prozeß spricht man, wenn eine Zustandsänderung vollständig rückgängig gemacht werden kann, ohne daß Veränderungen im System und in der Umgebung zurückbleiben. Reversible Zustandsänderungen müssen quasistatisch verlaufen; sie sind in der Realität nicht erreichbar, da reale Prozesse mit Reibungserscheinungen ablaufen und damit irreversibel sind.

1.1.6 Zusammenfassung

a) Jede thermodynamische Untersuchung eines Vorganges oder einer Anlage, bei der Energiewandlungen eine Rolle spielen, geht aus von einer Bilanz. Man fragt dabei nach dem mathematischen Zusammenhang zwischen Systemgrößen (Inhalten) und Prozeßgrößen (Zu- und Abfuhr, Erzeugung) in einem gedachten oder durch materielle Grenzen vorgegebenem thermodynamischen System.

Beispiele:
1) Geschlossenes bzw. abgeschlossenes System

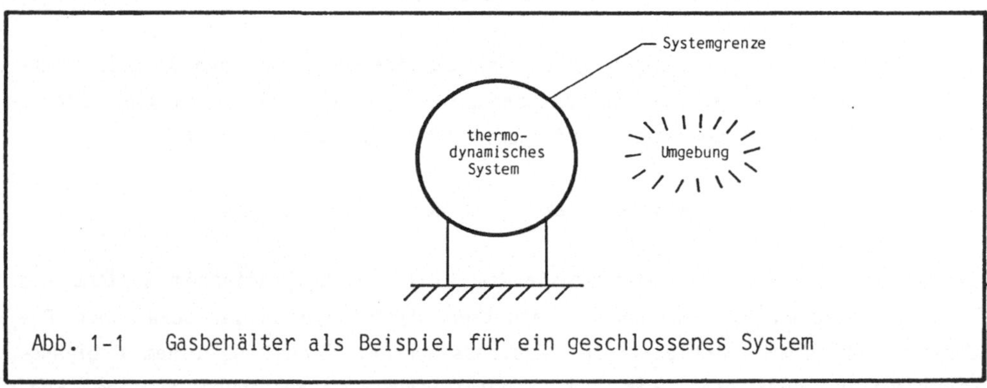

Abb. 1-1   Gasbehälter als Beispiel für ein geschlossenes System

Abb. 1.1 zeigt einen Gasbehälter, über dessen Systemgrenze hinweg es keinen Stofftransport gibt: geschlossenes oder abgeschlossenes System (je nachdem, ob Wärme oder Arbeit mit der Umgebung ausgetauscht werden kann oder nicht).

2) Offenes System

Abb. 1.2 zeigt einen Zylinder eines Verdichters, über dessen Systemgrenze hinweg Stofftransport möglich ist: offenes System, weitere Charakterisierung je nach Austausch von Wärme oder Arbeit mit der Umgebung.

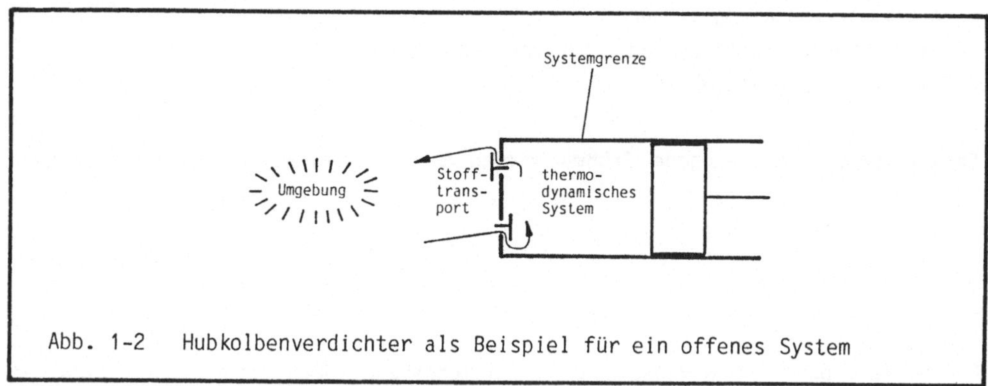

Abb. 1-2   Hubkolbenverdichter als Beispiel für ein offenes System

3) Bilanzierung eines Energiewandlers:

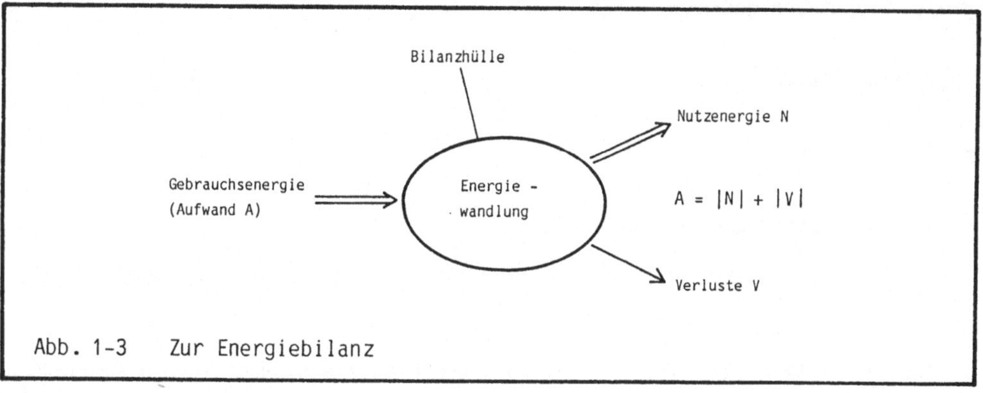

Abb. 1-3   Zur Energiebilanz

Abb. 1.3 zeigt das grundsätzliche Vorgehen bei der Bilanzierung von Energien an einem Energiewandler.

b) Zur Beschreibung der interessierenden Eigenschaften eines Stoffes oder eines Systems dienen die thermischen und kalorischen Zustandsgrößen:

Jede Zustandsgröße beschreibt eine Systemeigenschaft (unabhängig von der Vorgeschichte des Systems), jedoch nicht alle Eigenschaften eines Systems sind durch derartige Zustandsgrößen gekennzeichnet (unterscheide Zustandsgrößen von Prozeßgrößen).

Die Zusammenhänge zwischen den Zustandsgrößen werden durch Zustandsgleichungen beschrieben:

thermische Zustandsgleichung:
Temperatur hängt ab von Druck und Volumen
$T = f(p,v)$ (z.B. ideale Gase)

- kalorische Zustandsgleichung:
  Innere Energie hängt ab von Temperatur und Volumen
  u = f(T,v) (z.B. ideale Gase).

Spezifische, also bezogene Größen werden mit kleinen Buchstaben geschrieben,
z.B.

$$v = \frac{V}{m} \; .$$

Extensive Größen (im Gegensatz zu den intensiven Größen ändern diese sich bei
Teilung des Systems) werden mit Ausnahme der intensiven Größe Temperatur T mit
großen Buchstaben gekennzeichnet.

Thermische Zustandsgrößen sind

p, T, V (bzw. v), m .

Kalorische Zustandsgrößen sind z. B.

U (u), H (h), S (s) .

c) Die in der Natur und Technik ablaufenden Prozesse sind mit Energieverlusten
behaftet, man nennt sie auch irreversibel.

Reversible (also verlustlose) Prozesse sind eine Fiktion und dienen als idealisierte Vergleichsprozesse.

Verlustbehaftete Prozesse sind z. B.:
Reibung, Drosselung, Mischung von Gasen, Wärmeübertragung.

1.2   Die Hauptsätze der Thermodynamik

Die Aussagen der Thermodynamik können aufgrund zweier verschiedener Betrach-
tungsweisen gewonnen werden. Die mikroskopische Betrachtungsweise geht von der
atomaren Struktur der Materie aus und gelangt mit Hilfe der statistischen Mechanik und der Quantenmechanik zu allgemeinen Gesetzen für eine sehr große Zahl
von Teilchen. Im Gegensatz dazu behandelt die makroskopische (phänomenolo-
gische) Betrachtungsweise Erscheinungen, die unmittelbar wahrnehmbar und meßbar
sind. Sie baut auf vier Axiomen, den Hauptsätzen der Thermodynamik, auf. Diese
Hauptsätze beschreiben Erfahrungstatsachen; aus ihnen lassen sich auf rein
logischem Wege allgemeine Gesetze ableiten.

Die angewandte Thermodynamik des Ingenieurs, die hier behandelt wird, fußt auf der axiomatischen Theorie reversibler Prozesse und der phänomenologischen Theorie der Ausgleichsvorgänge. Die charakteristischen makrophysikalischen Eigenschaften der Materie werden hierbei als empirisch gefundene Gesetzmäßigkeiten eingeführt.

Die vier Hauptsätze der Thermodynamik werden im folgenden erläutert.

1.2.1 Nullter Hauptsatz

Der sogenannte Nullte Hauptsatz der Thermodynamik (0. HS) dient zur Definition der thermischen Zustandsgröße Temperatur. Nach Sommerfeld kann man den 0. HS folgendermaßen formulieren:

"Steht ein Körper 1 mit zwei anderen Körpern 2 und 3 im thermischen Gleichgewicht, so besteht ein solches Gleichgewicht auch zwischen den Körpern 2 und 3. Alle drei Körper, 1, 2 und 3, haben dann die gleiche Temperatur".

Die Temperaturen zweier Körper lassen sich also miteinander vergleichen, indem man sie nacheinander mit einem dritten Körper (einem Thermometer) in Kontakt bringt und eine temperaturabhängige Eigenschaft des Thermometers (z. B. die Volumenausdehnung eines Fluides) beobachtet. Zur Festlegung einer Temperaturskala benötigt man bestimmte, reproduzierbare Fixpunkte. Zwei mögliche Fixpunkte sind der Schmelzpunkt des Eises und der Siedepunkt des Wassers bei Atmosphärendruck (p_b = 1,01325 bar). Dieses Intervall wird in 100 gleiche Teile geteilt. Auf diese Weise entsteht die im täglichen Umgang gebräuchliche Celsius-Temperaturskala, wobei dem Schmelzpunkt die Temperatur t = 0 °C und dem Siedepunkt t = 100 °C zugeordnet wird.

Mit Hilfe gasdynamischer Überlegungen läßt sich zeigen, daß die niedrigste denkbare Temperatur t = - 273,15 °C beträgt. Ausgehend von diesem absoluten Nullpunkt der Temperatur läßt sich die thermodynamische Temperaturskala festlegen, bei der die gleiche Skalenteilung wie bei der Celsius-Skala verwendet wird. Thermodynamische Temperaturen werden mit T bezeichnet und haben die Einheit Kelvin (K). Es gilt der folgende Zusammenhang zwischen T in K und t in °C:

$$T = t + 273{,}15.$$

1.2.2 Erster Hauptsatz

Der Erste Hauptsatz der Thermodynamik (1.HS) beschreibt die Erfahrungstatsache, daß der Satz von der Erhaltung der Energie (R. Mayer 1842) auch auf thermodyna-

mische Systeme angewandt werden kann. Energie kann demnach weder entstehen noch
vernichtet werden, sie kann lediglich von einem Körper auf einen anderen
übergehen oder ihre Erscheinungsform ändern.

Eine der verschiedenen möglichen Formulierungen des 1. HS lautet:

Es ist unmöglich, eine Maschine zu konstruieren, die mechanische Arbeit lei-
stet, ohne daß ihr der äquivalente Betrag an Energie zugeführt wird (perpetuum
mobile erster Art).

Bevor eine mathematische Formulierung des 1. HS möglich ist, die für quantitative Untersuchungen notwendig ist, müssen die auftretenden Energieformen behandelt
werden. Im Falle ruhender geschlossener Systeme können kinetische und potentielle Energie unberücksichtigt bleiben. Die für die Thermodynamik wichtigsten
Energieformen sind die Arbeit W, die innere Energie U und die Wärme Q.

1.2.2.1   Arbeit

Die Arbeit ist nach den Gesetzen der Mechanik als das Produkt aus der Kraft F in
Richtung des Weges und dem zurückgelegten Weg x definiert. Bei einer Beschrän-
kung auf einfache Systeme kann reversible Arbeit von bzw. an einem ruhenden geschlossenen System nur durch die Veränderung seines Volumens geleistet werden.
Bei Gasen wird die Kraft auf die Systemgrenzen durch den Druck p (= Kraft F pro
Fläche A) beschrieben, und für einen infinitesimal kleinen zurückgelegten Weg dx
ergibt sich

$$dW_{rev} = \frac{F}{A}\, A \cdot dx = p \cdot A \cdot dx. \qquad\qquad (1\text{-}1)$$

In Gleichung (1-1) stellt das Produkt A·dx die Volumenänderung dV des Systems
dar.

In der Thermodynamik sind zwei verschiedene Vorzeichenfestlegungen für die Wärme
Q und die Arbeit W üblich. Im folgenden wird alle dem System zugeführte Energie
als positiv und die dem System entzogene Energie negativ gezählt /Abb. 1-4/,
/1/, /2/.

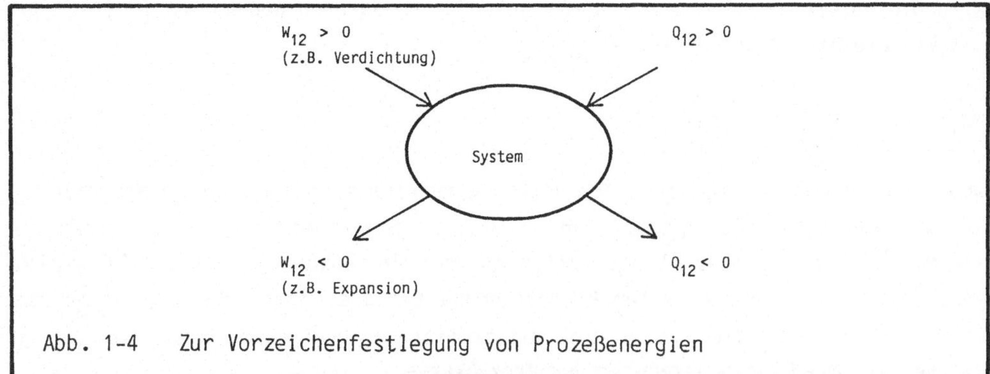

Abb. 1-4   Zur Vorzeichenfestlegung von Prozeßenergien

Dann ergibt sich bei Berücksichtigung der Tatsache, daß Arbeitszufuhr zu einer Volumenverkleinerung führt, die Definitionsgleichung für die reversible Volumenänderungsarbeit oder absolute Gasarbeit

$$dW_{rev} = - p \cdot dV \tag{1-2}$$

$$W_{12,rev} = - \int_1^2 p \cdot dV \ . \tag{1-3}$$

Arbeit tritt nur bei Zustandsänderungen auf; sie ist demnach keine Zustandsgröße, sondern eine Prozeßgröße, die je nach Prozeßführung unterschiedliche Werte annehmen kann. In Gleichung (1-3) wird dies durch die Indices 1 und 2 (Prozeßverlauf vom Anfangszustand 1 zum Endzustand 2) angedeutet.

Irreversibilitäten führen dazu, daß ein Teil der Arbeit nicht zur Volumenänderung, sondern zur Deckung dissipativer Verluste (z. B. Reibung) dient. Dieser Teil der Arbeit ist die Reibungsarbeit W_R; sie kann dem System nur zugeführt werden und ist daher stets positiv.

Die Arbeit bei einer beliebigen Zustandsänderung wird damit zu

$$W_{12} = - \int_1^2 p \cdot dV + W_{R,12} \ . \tag{1-4}$$

Bezieht man alle Größen auf die im System enthaltene Masse m, so ergeben sich spezifische Größen

$$w_{12} = - \int_1^2 p \cdot dv + w_{R,12} \ . \tag{1-5}$$

Die Integration von p·dv ist bei quasistatischen Zustandsänderungen durchführbar, da in diesem Fall der Druck als Funktion des spezifischen Volumens angegeben werden kann.

Wird die Volumenänderung des Systems gegen einen äußeren Gegendruck p_u verrichtet, so bleibt als Nutzarbeit $w_{n,12,rev}$

$$w_{n,12,rev} = - \int_1^2 (p - p_u) \cdot dv \, , \qquad (1-6)$$

wobei der Anteil $p_u \cdot dv$ an der Umgebung geleistet wird (Verdrängungsarbeit). Volumenänderungsarbeit $w_{12,rev}$ und reversible Nutzarbeit $w_{n,12,rev}$ können in einem p,v-Diagramm als Flächen unterhalb der Prozeßkurve dargestellt werden /Abb. 1-5/. Bei irreversibler Prozeßführung ist die tatsächlich zuzuführende Arbeit um $w_{R,12}$ größer, bzw. die tatsächlich zu gewinnende Arbeit um $w_{R,12}$ kleiner als die Fläche unterhalb der Prozeßkurve.

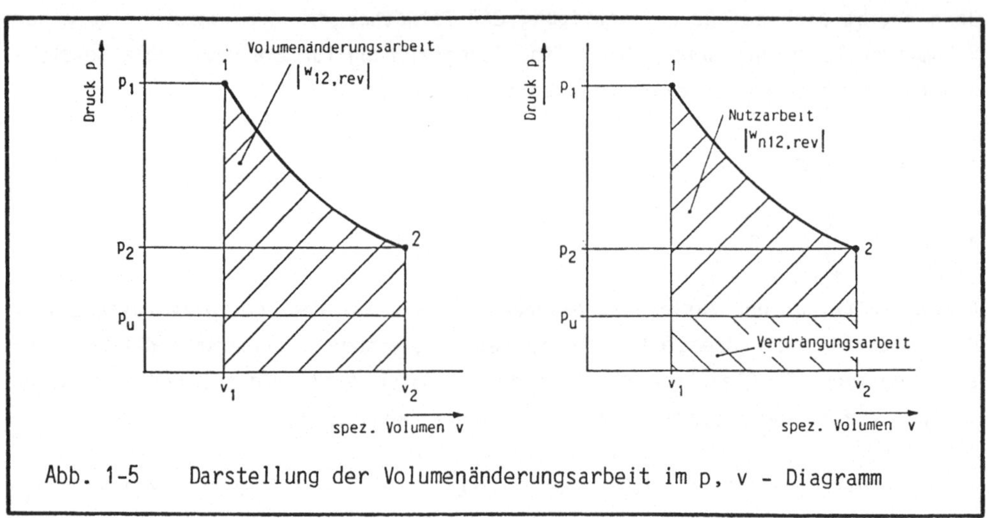

Abb. 1-5   Darstellung der Volumenänderungsarbeit im p, v - Diagramm

1.2.2.2   Innere Energie

Nach dem Energieerhaltungssatz muß die einem adiabaten geschlossenen System zugeführte Arbeit in irgendeiner Form im System gespeichert werden. Dieser Energieinhalt eines Systems wird durch die innere Energie U beschrieben. Die innere Energie muß eine Zustandsgröße, d. h. wegunabhängig sein. Andernfalls wäre durch geschickte Wahl verschiedener Wege bei der Arbeitszufuhr und Arbeitsentnahme ein perpetuum mobile 1. Art möglich, was dem 1. HS widersprechen würde.

Für die Arbeit eines adiabaten geschlossenen Systems gilt damit

$$W_{12,ad} = U_2 - U_1 \, . \qquad (1-7)$$

Da nach Abschnitt 1.1.4 der Zustand eines einfachen homogenen Systems durch zwei intensive Zustandsgrößen festgelegt ist, ist die spezifische innere Energie u eine Funktion der thermischen Zustandsgrößen T und v, die z.B. durch

18

die kalorische Zustandsgleichung

$$u = f(T,v)$$

beschrieben wird.

Mikroskopisch läßt sich die innere Energie als die Summe der potentiellen und kinetischen Energie der atomaren und molekularen Bausteine des Systems deuten.

1.2.2.3 Wärme

Ein geschlossenes System kann Energie nicht nur in Form von Arbeit, sondern auch in Form von Wärme mit der Umgebung austauschen. Unter der Wärme Q soll diejenige Energie verstanden werden, die allein aufgrund von Temperaturdifferenzen über die Systemgrenze übergeht. Wärme ist wie die Arbeit eine Prozeßgröße; beide treten nur beim Übergang über die Systemgrenzen auf und führen in geschlossenen Systemen zu einer Änderung der inneren Energie. Die dem System zugeführte Wärme wird positiv definiert.

1.2.2.4 Erster Hauptsatz für ruhende geschlossene Systeme

Der 1. HS für ruhende geschlossene Systeme bringt zum Ausdruck, daß eine Änderung der inneren Energie U eines Systems durch Energieaustausch mit der Umgebung in Form von Wärme Q und Arbeit W erfolgen kann;

$$Q_{12} + W_{12} = U_2 - U_1 \tag{1-8}$$

oder mit spezifischen Größen

$$q_{12} + w_{12} = u_2 - u_1 \; . \tag{1-9}$$

Die Gleichungen (1-8) und (1-9) gelten für beliebige Prozeßführung. Spaltet man die Arbeit in reversible Volumenänderungsarbeit $w_{12,rev}$ und Reibungsarbeit $w_{R,12}$ auf, ergibt sich mit Gleichung (1-5)

$$q_{12} - \int_1^2 p \cdot dv + w_{R,12} = u_2 - u_1. \tag{1-10}$$

Bei reversiblen Prozessen wird $w_{R,12} = 0$.

1.2.2.5 Erster Hauptsatz für offene Systeme

Bei offenen Systemen findet ein Massenaustausch mit der Umgebung statt. Die

Massen, die die Systemgrenzen überschreiten, transportieren Energien in Form von innerer Energie u, kinetischer Energie $c^2/2$ und potentieller Energie $g \cdot z$. Dieser Energietransport muß zusätzlich zu Wärme und Arbeit berücksichtigt werden.

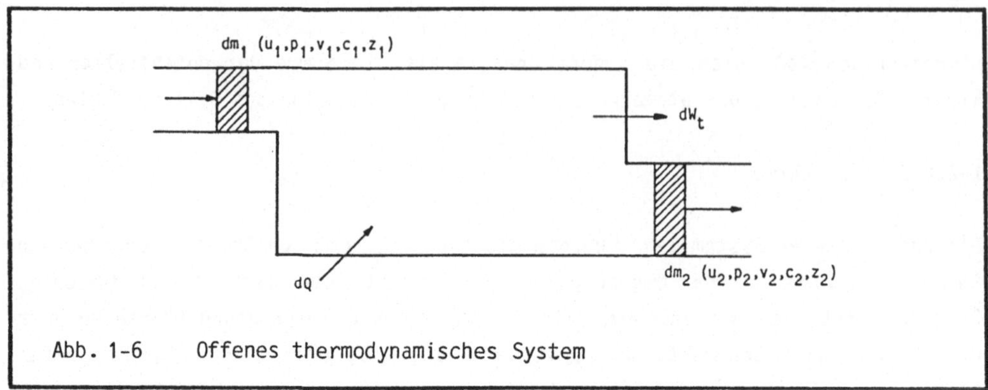

Abb. 1-6   Offenes thermodynamisches System

Dazu sei Abb. 1-6 betrachtet. Auf das System wird für einen kurzen Zeitabschnitt der Energieerhaltungssatz angewandt, indem das offene System gedanklich durch ein geschlossenes System ersetzt wird, das die gerade ein- und austretenden Massen dm_1 und dm_2 mit einschließt. Die Änderung des Energieinhaltes des Systems dE_S muß gleich der Summe aus der Wärme dQ, der am System geleisteten Arbeit dW^* und der mit den Massen dm_1 und dm_2 transportierten Energieströme dE_1 und dE_2 sein:

$$dE_S = dQ + dW^* + dE_1 - dE_2 \; .$$

In der technischen Thermodynamik hat man es meist mit stationären Fließprozessen zu tun, die dadurch gekennzeichnet sind, daß die ein- und austretenden Massen und Energien über die Zeit konstant sind und daß die Masse im System sich nicht ändert. Unter diesen Voraussetzungen ergibt sich $dm_1 = dm_2$ und $dE_S = 0$ und damit

$$dQ + dW^* = dE_2 - dE_1$$

oder integriert und mit spezifischen Größen

$$q_{12} + w_{12}^* = u_2 - u_1 + \frac{1}{2}(c_2^2 - c_1^2) + g(z_2 - z_1) \; . \tag{1-11}$$

Die in Gleichung (1-11) auftretende Arbeit w_{12}^* entspricht dabei nicht der technischen Arbeit $w_{t,12}$, die man dem System entnehmen kann bzw. zuführen muß. Die

Gesamtarbeit w^*_{12} besteht aus der technischen Arbeit $w_{t,12}$ und der Verschiebearbeit $w_{v,12}$

$$w_{v,12} = p_1 \cdot v_1 - p_2 \cdot v_2 \tag{1-12}$$

die für den Materialtransport aufgewandt werden muß. Damit gilt

$$w_{12}^* = w_{t,12} + w_{v,12} = w_{t,12} + p_1 \cdot v_1 - p_2 \cdot v_2 \ . \tag{1-13}$$

Aus (1-11) und (1-13) folgt die folgende Formulierung des 1. HS für stationäre Fließprozesse

$$q_{12} + w_{t,12} = u_2 + p_2 v_2 - u_1 - p_1 v_1 + \frac{1}{2} (c_2^2 - c_1^2) + g \cdot (z_2 - z_1) \ . \tag{1-14}$$

Den Term $u + p \cdot v$ faßt man zu einer neuen kalorischen Zustandsgröße, der spezifischen Enthalpie

$$h = u + p \cdot v \tag{1-15}$$

zusammen und schreibt für (1-14):

$$q_{12} + w_{t,12} = h_2 - h_1 + \frac{1}{2} (c_2^2 - c_1^2) + g \cdot (z_2 - z_1) \ . \tag{1-16}$$

Der 1. HS für offene Systeme in der Form (1-16) gilt für jeden beliebigen (reversiblen oder irreversiblen) stationären Fließprozeß. Den Zusammenhang zwischen Volumenänderungsarbeit und technischer Arbeit kann man folgendermaßen veranschaulichen: Gleichung (1-14) kann auch in der Form

$$w_{t,12} = u_2 - u_1 - q_{12} + p_2 v_2 - p_1 v_1 + \frac{1}{2} (c_2^2 - c_1^2) + g \cdot (z_2 - z_1)$$

geschrieben werden.

Mit der Gleichung (1-10) folgt daraus

$$w_{t,12} = - \int_1^2 p \cdot dv + w_{R,12} + p_2 v_2 - p_1 v_1 + \frac{1}{2} (c_2^2 - c_1^2) + g \cdot (z_2 - z_1) \ .$$

Abb. 1-7 veranschaulicht, daß man hierfür schreiben kann

$$w_{t,12} = \int_1^2 v \cdot dp + w_{R,12} + \frac{1}{2} (c_2^2 - c_1^2) + g \cdot (z_2 - z_1) \ . \tag{1-17}$$

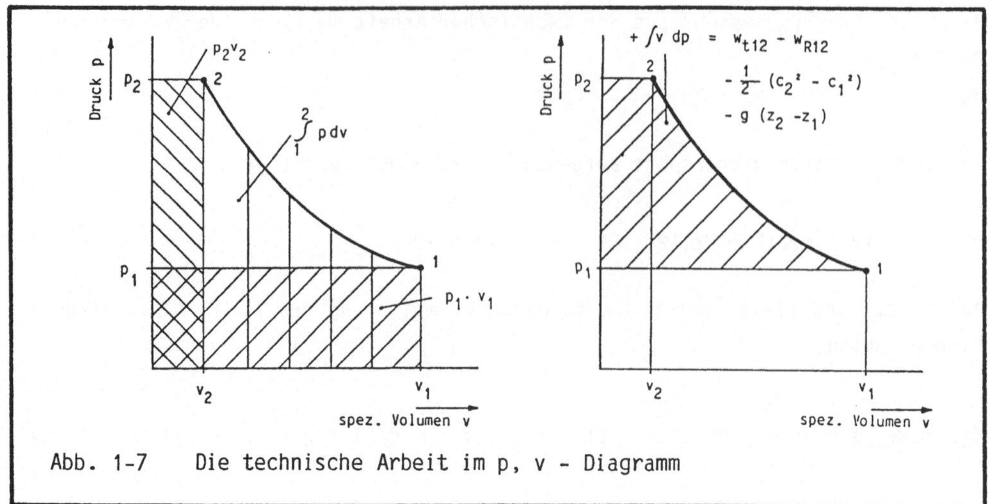

Abb. 1-7   Die technische Arbeit im p, v - Diagramm

Setzt man (1-17) in (1-16) ein, so lautet der 1. Hauptsatz für offene Systeme

$$q_{12} + w_{R,12} = h_2 - h_1 - \int_1^2 v \cdot dp \ . \tag{1-18}$$

1.2.2.6   Kalorische Zustandsgleichungen einfacher Systeme

Innere Energie u und Enthalpie h sind Zustandsgrößen, die für einfache Systeme als Funktion zweier unabhängiger intensiver Zustandsgrößen durch die kalorischen Zustandsgleichungen

$$u = f\,(T, v) \quad \text{und} \quad h = f\,(T, p)$$

dargestellt werden können. Eine wesentliche Eigenschaft von Zustandsgrößen ist, daß sie totale Differentiale haben, d. h. es gilt

$$du = \left(\frac{\partial u}{\partial T}\right)_v dT + \left(\frac{\partial u}{\partial v}\right)_T dv \quad \text{und} \quad dh = \left(\frac{\partial h}{\partial T}\right)_p dT + \left(\frac{\partial h}{\partial p}\right)_T dp \ .$$

Die jeweils ersten partiellen Ableitungen heißen spezifische Wärmekapazität bei konstantem Volumen

$$c_v\,(T,v) = \left(\frac{\partial u}{\partial T}\right)_v , \tag{1-19}$$

bzw. spezifische Wärmekapazität bei konstantem Druck

$$c_p\,(T,p) = \left(\frac{\partial h}{\partial T}\right)_p \ . \tag{1-20}$$

22

Die Namen c_v und c_p lassen sich mit Hilfe des 1. HS erklären. Für reversible Wärmezufuhr bei konstantem Volumen folgt aus dem 1. HS für geschlossene Systeme (1-10) wegen $dv = 0$

$$q_{12,rev} = u_2(T_2,v) - u_1(T_1,v) = \int_1^2 c_v(T,v)dT \qquad (1-21)$$

und für reversible Wärmezufuhr bei konstantem Druck ergibt sich aus dem 1. HS für offene Systeme (1-18) wegen $dp = 0$

$$q_{12,rev} = h_2(T_2,p) - h_1(T_1p) = \int_1^2 c_p(T,p)dT \; . \qquad (1-22)$$

Mit Hilfe von c_v und c_p lassen sich also reversible Wärmezufuhr und die daraus resultierende Temperaturerhöhung bei bestimmtem Verlauf der Zustandsänderung beschreiben.

Die Unterscheidung zwischen c_p und c_v ist nur bei Gasen notwendig; bei Flüssigkeiten ist der Unterschied wegen der verschwindend geringen Volumenausdehnung bei isobarer Wärmezufuhr (p = konst.) vernachlässigbar.

1.2.3 Zweiter Hauptsatz

Für die Kennzeichnung und Beschreibung von thermodynamischen Prozessen reicht der erste Hauptsatz allein nicht aus, da er keine Aussage darüber erlaubt, ob eine bestimmte Zustandsänderung überhaupt möglich ist. Der zweite Hauptsatz der Thermodynamik (2. HS) beschreibt die Beschränkungen bei der Energieumwandlung. In ihm kommt die Erfahrungstatsache zum Ausdruck, daß alle natürlichen Prozesse (Ausgleichsvorgänge und dissipative Vorgänge) irreversibel sind und nur in einer bestimmten Richtung verlaufen. Daraus ergeben sich z.B. folgende qualitative Formulierungen des 2. HS:

"Wärme kann nie von selbst von einem Körper niederer Temperatur auf einen Körper höherer Temperatur übergehen" (Clausius).

"Es ist unmöglich, eine periodisch arbeitende Maschine zu konstruieren, die weiter nichts bewirkt, als eine Last zu heben und einem Wärmebehälter dauernd Wärme zu entziehen" (Planck).

Eine hypothetische Maschine, die, wie die von Planck beschriebene, nicht gegen den 1. HS verstößt, aber nach dem 2. HS unmöglich ist, bezeichnet man als perpetuum mobile 2. Art. Dementsprechend lautet eine weitere Formulierung des 2. HS:

"Ein perpetuum mobile 2. Art ist unmöglich" (Ostwald).

Die quantitative Beschreibung der Irreversibilitäten sowie der Unmöglichkeit gewisser Zustandsänderungen erfolgt mit Hilfe einer neuen Zustandsgröße, der Entropie.

1.2.3.1   Entropie

Für einen reversiblen Prozeß kann man den 1. HS für geschlossene Systeme (1-10) in der Form

$$dq_{rev} = du + pdv \tag{1-23}$$

schreiben. Hieraus definiert man

$$ds = \frac{dq_{rev}}{T} = \frac{du + pdv}{T} \tag{1-24}$$

und nennt die Größe s spezifische Entropie. Die Entropie ist eine kalorische Zustandsgröße.   Zum Verständnis der Bedeutung der Entropie betrachten wir in Abb. 1-8 drei Zustandsänderungen in einem geschlossenen adiabaten System.

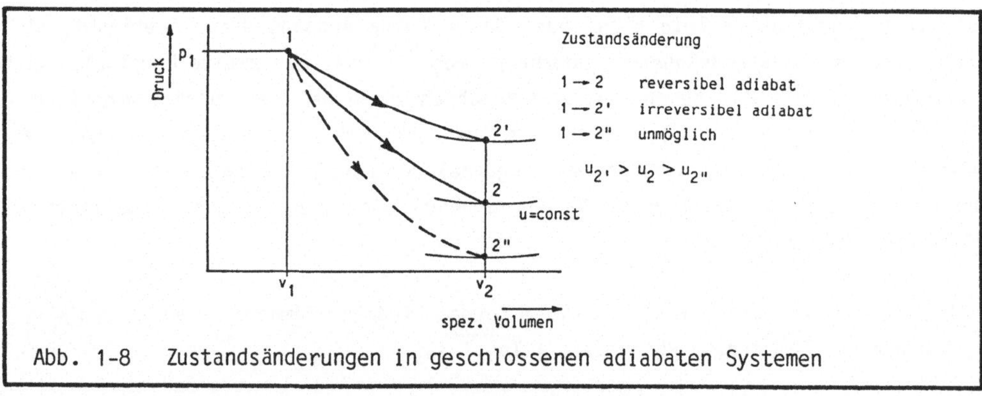

Abb. 1-8   Zustandsänderungen in geschlossenen adiabaten Systemen

Alle Zustandsänderungen, die unterhalb der reversibel adiabaten Zustandsänderung 1 → 2 verlaufen, sind erfahrungsgemäß unmöglich.

Für den reversiblen Übergang 1 → 2 folgt aus (1-24)

$$\frac{dq}{T} = ds = 0 \qquad \text{oder} \qquad s_2 - s_1 = 0 \ ,$$

d. h. bei einer reversiblen Zustandsänderung in einem geschlossenen adiabaten

System bleibt die Entropie konstant.

Um die Entropieänderung beim irreversiblen Prozeß $1 \to 2'$ zu bestimmen, zerlegt man diese Zustandsänderung gedanklich in die beiden Prozesse $1 \to 2$ und $2 \to 2'$ (da die Entropie eine Zustandsgröße ist, muß ihre Änderung unabhängig vom Weg sein). Für den Übergang $1 \to 2$ gilt wieder $ds = 0$; für $2 \to 2'$ folgt dagegen aus (1-24) mit $dv = 0$ und $u_2' > u_2$

$$ds = \frac{du}{T} > 0 \qquad \text{oder} \qquad s_2' - s_1 > 0 .$$

Der unmögliche Übergang $1 \to 2''$ wäre analog durch eine Entropieabnahme gekennzeichnet, so daß man den 2. HS mit Hilfe der Entropie folgendermaßen formulieren kann:

"In einem geschlossenen adiabaten System kann die Entropie bei allen natürlichen (irreversiblen) Prozessen nur zunehmen, bei reversiblen Prozessen bleibt die Entropie konstant".

Bei einem nicht adiabaten geschlossenen System kann die Entropieänderung aufgepalten werden in einen Anteil

$$ds_a = \frac{dq}{T} , \qquad\qquad\qquad (1-25)$$

der durch den Wärmetransport über die Systemgrenzen entsteht und in einen Anteil ds_i, der durch Irreversibilitäten im Innern des Systems hervorgerufen wird:

$$ds = ds_a + ds_i . \qquad\qquad\qquad (1-26)$$

ds_a kann dabei je nach Richtung des Wärmetransports positiv oder negativ werden, der Anteil ds_i ist dagegen immer positiv.

Mit (1-24) und dem 1.HS kann man für die Entropie schreiben

$$ds = \frac{du + pdv}{T} = \frac{dh - vdp}{T} \quad \text{(reversibel)} \qquad\qquad (1-27)$$

oder

$$ds = \frac{dq + dw_R}{T} \quad \text{(irreversibel)} . \qquad\qquad (1-28)$$

Aus den Gleichungen (1-25), (1-26) und (1-28) ergibt sich unter Vernachlässigung anderer Einflüsse der folgende Zusammenhang zwischen Reibungsarbeit dw_R und Entropieänderung durch Irreversibilitäten ds_i:

$$dw_R = T \cdot ds_i \ .$$

Bei der Kenntnis eines realen Prozeßverlaufs kann man mit Hilfe der Gleichungen (1-25), (1-26) und (1-29) die Irreversibilitäten beim Prozeßverlauf berechnen.

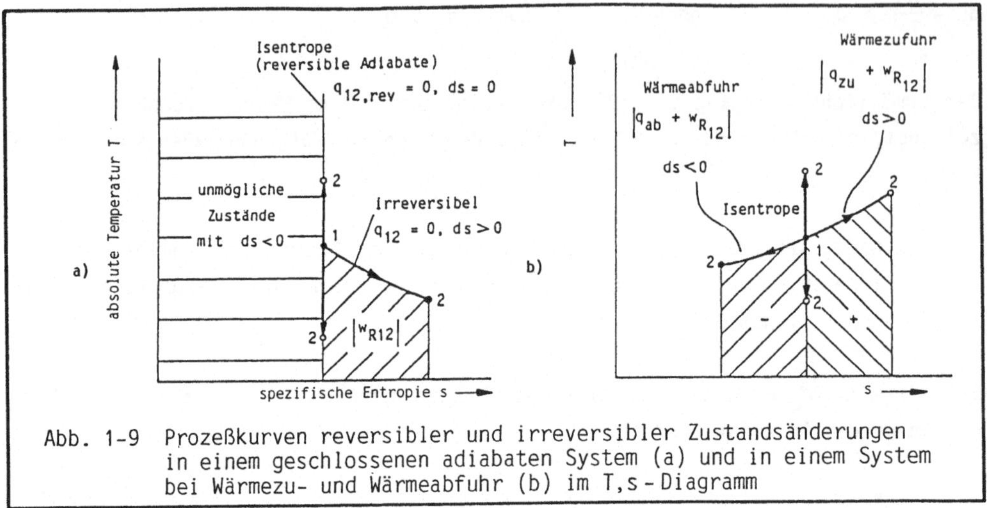

Abb. 1-9 Prozeßkurven reversibler und irreversibler Zustandsänderungen in einem geschlossenen adiabaten System (a) und in einem System bei Wärmezu- und Wärmeabfuhr (b) im T,s-Diagramm

Durch Integration von (1-28) ergibt sich

$$T ds = q_{12} + w_{R,12} \ ,$$

d. h. in einem Zustandsdiagramm, bei dem als Ordinate die thermodynamische Temperatur T und als Abszisse die Entropie s aufgetragen sind (T,s-Diagramm), beschreibt die Fläche unter einer Zustandskurve die Summe $q_{12} + w_{R,12}$. Für einen reversiblen Prozeß wird $w_{R,12}$ = 0 und damit stellt die Fläche die Wärme dar.

Bei einem reversibel adiabaten Prozeß wird q_{12} = $w_{R,12}$ = 0, d. h. die Fläche unter der Zustandslinie verschwindet; die Prozeßkurve verläuft senkrecht im T,s-Diagramm (ds = 0, Isentrope) /Abb. 1-9/.

1.2.3.2 Exergie und Anergie

Da die Entropie keine sehr anschauliche Größe ist, arbeitet man seit einiger Zeit häufig mit der technischen Arbeitsfähigkeit oder Exergie. Jedes thermodynamische System verfügt solange über ein Arbeitsvermögen, wie sein Zustand vom Umgebungszustand abweicht. Dieses Arbeitsvermögen, d. h. die maximal gewinnbare

Arbeit, läßt sich z. B. für einen stationären Stoffstrom unter Vernachlässigung der kinetischen und potentiellen Energien durch eine Kombination des 1. HS für offene Systeme

$$w_{t,12} + \int_1^2 dq = h_2 - h_1 \qquad (1-30)$$

mit dem (mit T_u erweiterten) 2. HS

$$\int_1^2 T_u \frac{dq}{T} = T_u (s_2 - s_1) - T_u \int_1^2 \frac{dw_R}{T} \qquad (1-31)$$

ermitteln. Subtrahiert man (1-31) von (1-30), so ergibt sich

$$\int_1^2 \frac{T - T_u}{T} dq + w_{t,12} = h_2 - h_1 - T_u (s_2 - s_1) + T_u \int_1^2 \frac{dw_R}{T} \quad . \qquad (1-32)$$

Die maximale technische Arbeit $w^*_{t,12,rev}$ ergibt sich bei reversibler Prozeßführung und wenn Wärme mit der Umgebung nur bei Umgebungstemperatur ausgetauscht wird (Zustand 2 = Umgebungszustand u).

$$w_{t,1u,rev}^* = h_u - h_1 - T_u (s_u - s_1) \quad . \qquad (1-33)$$

Diese maximal gewinnbare spezifische technische Arbeit, die aus einem stationären Stoffstrom ohne Berücksichtigung seiner kinetischen und potentiellen Energie gewonnen werden kann, wenn das System auf reversiblem Weg ins Gleichgewicht mit der Umgebung gebracht und dabei Wärme nur bei Umgebungstemperatur ausgetauscht wird, heißt spezifische Exergie e. Da e bei Zuständen oberhalb des Umgebungszustandes üblicherweise positiv gerechnet wird, ergibt sich

$$e = h - h_u - T_u (s - s_u) \quad . \qquad (1-34)$$

Die Exergie eines stationären Stoffstroms kann man z. B. im T,s-Diagramm veranschaulichen /Abb. 1-10/. Die stark umrandete Fläche stellt die Exergie e_1 dar ($e_u = 0$).

Der Teil der Enthalpie des Stoffstroms, der nicht Exergie ist, heißt Anergie

$$b = h - e = h_u + T_u (s - s_u) \quad ; \qquad (1-35)$$

dieser Teil ist auch bei günstigster Prozeßführung nicht in Arbeit umwandelbar.

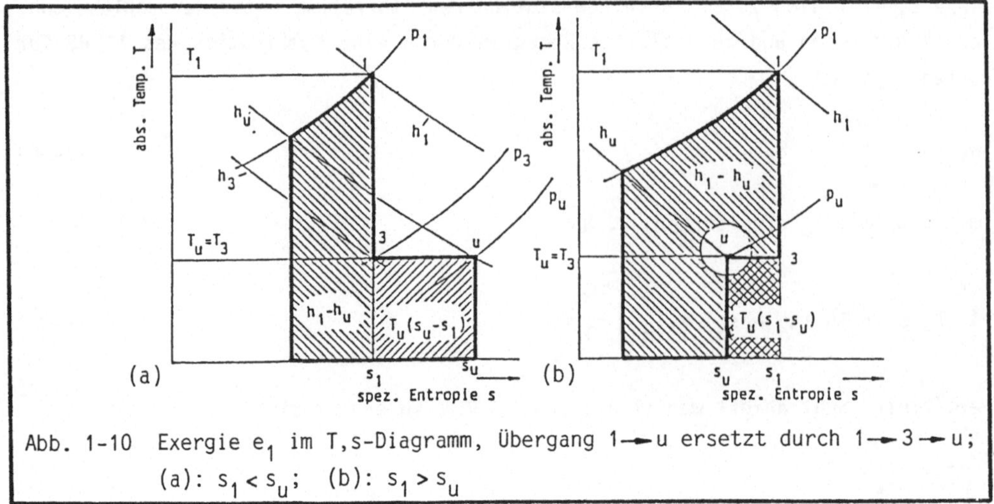

Abb. 1-10 Exergie e_1 im T,s-Diagramm, Übergang $1 \rightarrow u$ ersetzt durch $1 \rightarrow 3 \rightarrow u$;
(a): $s_1 < s_u$; (b): $s_1 > s_u$

Die Exergie ist für konstanten Umgebungszustand eine Zustandsgröße, da dann in ihrer Definitionsgleichung (1-34) nur Zustandsgrößen vorkommen.

Durch Kombination der Gleichungen (1-32) und (1-34) kann man für jeden beliebigen Prozeß die Exergiebilanz

$$e_2 - e_1 = \int_1^2 \frac{T - T_u}{T} \, dq + w_{t12} - T_u \int_1^2 \frac{dw_R}{T} \qquad (1\text{-}36)$$

aufstellen. Daraus sieht man, daß bei reversibel adiabater Zustandsänderung die gewonnene technische Arbeit gleich der Änderung der Exergie ist.

Bei irreversiblen Prozessen wird dagegen der Anteil

$$T_u \int_1^2 \frac{dw_R}{T} = T_u \int_1^2 ds_{irr} \qquad (1\text{-}37)$$

in Anergie verwandelt. Gleichung (1-37) stellt die Verbindung zwischen Entropiezunahme und Exergieverlust her.

Die Bedeutung des Exergiebegriffes ist darin zu sehen, daß mit seiner Hilfe erster und zweiter Hauptsatz miteinander verknüpft werden. Energie kann zwar nicht verlorengehen (1. HS), aber sie kann entwertet werden (2.HS), was sich darin ausdrückt, daß Exergie (unbeschränkt umwandelbare Energie) in Anergie (nicht umwandelbare Energie) verwandelt wird.

1.2.4   Zusammenfassung

Energien, die eine Systemgrenze überschreiten, sind

Arbeit W (w)
und Wärmemenge Q (q),

Energien, die den Zustand eines Systems beschreiben, sind die kalorischen
Zustandsgrößen

innere Energie U (u)
Enthalpie   H (h).

Zur Beschreibung von Energieverlusten benötigt man außerdem die kalorische
Zustandsgröße Entropie S (s).

1. Energieformen und kalorische Zustandsgrößen

a) Die Arbeit kann in verschiedenen Erscheinungsformen vorliegen:

- Volumenänderungsarbeit ohne Verluste $W_{12,rev}$:
  Beispiel: Zylinder mit Kolben /Abb. 1-11/

Allgemein gilt (für gleichbleibenden Druck):

Arbeit $W = \text{Kraft } F \cdot \text{Weg } s$
              $F = p \cdot A$
              $W = p \cdot A \cdot s$
              $W = p \cdot V$.

Wenn sich längs s der Druck ändert, gilt für das Wegelement ds
$dW = p \cdot A \cdot ds$
$dW = p \cdot dV$.

Zur Definition des Vorzeichens:

Verdichtung: V wird kleiner
             $dV < 0$ (negativ)
             Arbeit wird dem Gas zugeführt, d. h. $W > 0$ (positiv), d. h. mit

$$dW_{rev} = - p \cdot dV \text{ wird}$$

bei Verdichtung $W > 0$
bei Expansion $\quad W < 0$

$$W_{12,rev} = - \int_1^2 p \cdot dV \ .$$

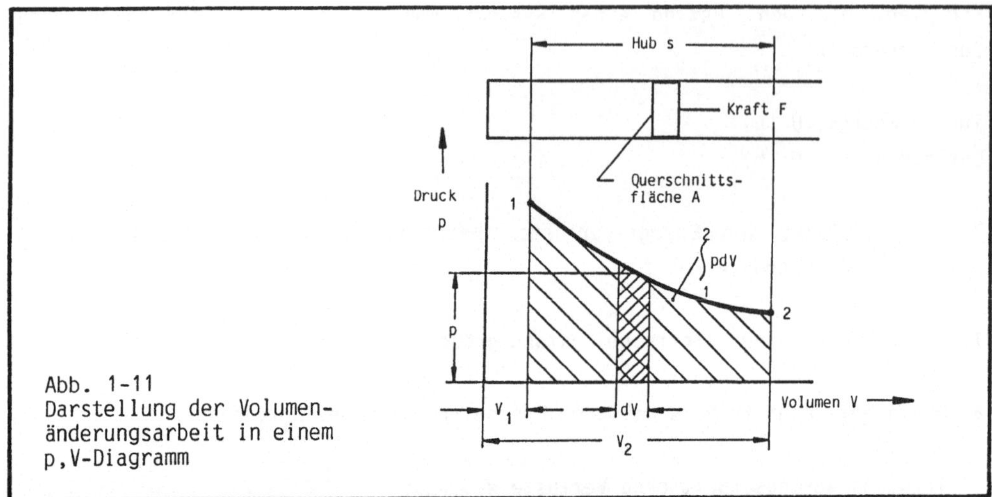

Abb. 1-11
Darstellung der Volumen-
änderungsarbeit in einem
p,V-Diagramm

Dieses Integral ist lösbar, wenn das Gesetz bekannt ist, nach dem sich der Druck während der Hubbewegung ändert (s. z.B. Zustandsgleichung). Bei jeder Zustands- änderung eines Gases, die mit einer Raumänderung verbunden ist, wird auch eine Raumänderungsarbeit übertragen. Diese Arbeit hängt vom Weg zwischen 1 und 2 ab und ist daher keine Zustandsgröße.

Reibungsarbeit W_R

ist dann vorhanden, wenn keine Volumenänderung vorliegt, obwohl ein Energietran- sport über die Systemgrenzen in ein geschlossenes adiabates System (also ohne Wärmetransport über die Systemgrenzen) hinein erfolgt, bzw. Schubkräfte an den Grenzen des Systems auftreten.

Beispiele: Energiezufuhr durch Rühren in einem adiabaten System oder durch Rei- bung von Kolben bzw. Lagern im adiabaten System.

Zusammengefaßt mit der Volumenänderungsarbeit ergibt sich die äußere Arbeit:
$$W_{12} = W_{12,rev} + W_{R,12} \ .$$

Technische Arbeit W_t

tritt in offenen Systemen (also bei Apparaten mit durchlaufenden Stoffströmen)
auf. Neben der Volumenänderungsarbeit tritt hier zusätzlich die Arbeit auf, die
zum Transport des Arbeitsmittels benötigt wird. (Die eventuell gleichzeitig
auftretende Änderung der kinetischen und potentiellen Energie ist hierbei nicht
berücksichtigt.)

$$W_{t,12} = W_{12} + W_{Transport}$$
$$W_{Transport} = p_2 V_2 - p_1 V_1 \ .$$

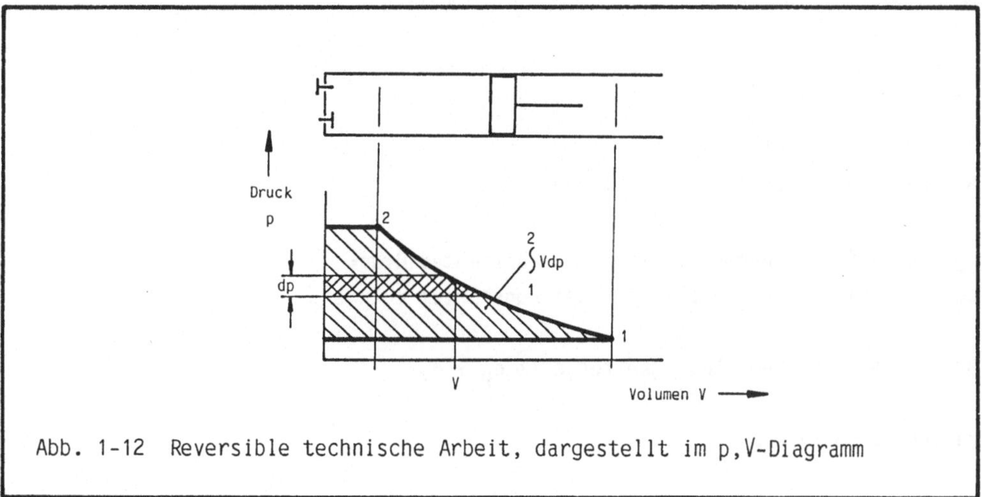

Abb. 1-12   Reversible technische Arbeit, dargestellt im p,V-Diagramm

Dies führt zu

$$W_{t,12,rev} = \int_1^2 V \cdot dp \ .$$

Vorzeichen: Verdichtung durch Zufuhr von Arbeit:

p steigt

$dp > 0$

$W_{t,12} > 0$

$$W_{t,12} = \int_1^2 Vdp + W_{R,12} \ .$$

b) Wärme

Energieübertragung in Form von Wärme ist an das Vorhandensein von Temperaturunterschieden gekoppelt. Die einem System zu- oder abgeführte Wärme wird

beschrieben durch

$$Q = m \cdot c(T) \, \Delta T \, .$$

$c(T)$ ist die spezifische Wärmekapazität, im allgemeinen abhängig von T:

c gibt die Wärmemenge an, die notwendig ist, um 1 kg eines Stoffes um 1 K zu erwärmen.

Zur genauen Berechnung muß die Funktion $c(T)$ bekannt sein, oft reicht ein Mittelwert im interessierenden Temperaturbereich:

$$q_{12} = \frac{Q_{12}}{m} = \int_1^2 c(T) \cdot dT = c_m \, (T_2 - T_1) \, .$$

Bei Gasen unterscheidet man zwischen

c_p, spezifischer Wärmekapazität bei konstantem Druck
c_v, spezifischer Wärmekapazität bei konstantem Volumen.

Bei Feststoffen und Flüssigkeiten gilt $c_p \approx c_v$.

c) Innere Energie U

U ist der Energieinhalt, den ein geschlossenes System besitzt und damit eine Zustandsgröße. U setzt sich im allgemeinen zusammen aus:

- kinetischer Energie der Moleküle
- potentieller Energie (Anziehungs- und Abstoßungsenergie zwischen den Molekülen)
- chemischer Bindungsenergie.

Bei idealen Gasen ist die innere Energie allein eine Funktion der Temperatur

$$u = f(T) \, ,$$

bei realen Gasen hängt sie zusätzlich vom spezifischen Volumen ab

$$u = f(v,T) \, .$$

Die Arbeit, die einem adiabaten System zugeführt wird, muß im System gespeichert werden. Die dadurch bewirkte Zustandsänderung des Systems wird durch die Änderung der inneren Energie des Systems beschrieben

$$W_{12\,ad} = U_2 - U_1 \ .$$

Zur inneren Energie eines Stoffes gehören auch die Energien, die zur Änderung eines Aggregatzustandes notwendig sind (Schmelzen, Verdampfen). Sie werden im Stoff gespeichert und bewirken keine Temperaturerhöhung: Latente Wärme.

d) Enthalpie H

H setzt sich aus der inneren Energie U und der Druckenergie $p \cdot V$ zusammen; die Enthalpiedifferenz ΔH dient zur Berechnung der technischen Arbeit W_t in adiabaten Systemen.

In einem mit Ein- und Auslaßventilen versehenen Zylinder (offenes System) lassen sich die einzelnen Arbeitsanteile beschreiben durch /Abb. 1-13/:

$$W_{01} = - p_1 \cdot (V_1 - V_0)$$
$$W_{12} = U_2 - U_1, \ w_{12} = u_2 - u_1, \ \text{da } m_2 = m_1$$
$$W_{23} = - p_2 \cdot (V_3 - V_2)$$
$$W_t \ = \ \sum W = (U_2 + p_2V_2) - (U_1 + p_1V_1), \ \text{da } V_3 = V_0 = 0$$
$$W_t \ = \ H_2 - H_1, \ w_t = h_2 - h_1 \ \text{mit } h = u + p \cdot v, \ H = U + pV$$

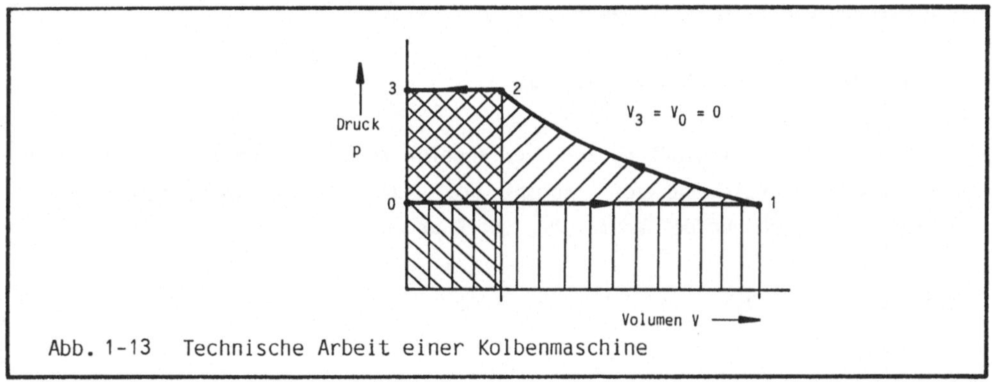

Abb. 1-13   Technische Arbeit einer Kolbenmaschine

e) Entropie S

Im Zusammenhang mit der Frage, ob ein Prozeß (Zustandsänderung) reversibel oder irreversibel abläuft, benötigt man eine weitere kalorische Zustandsgröße, die Entropie S (s). Sie ist die wesentliche Größe, mit deren Hilfe der zweite Hauptsatz der Thermodynamik formuliert wird.

Bei einfachen technischen Rechnungen wird sie oftmals nur als eine Hilfsgröße
angesehen, mit der Wärmemengen in einem Diagramm dargestellt werden können. Es
gilt nämlich für einen verlustlosen Vorgang:

$$dS = \frac{dQ_{rev}}{T} \qquad \text{oder} \qquad Q_{rev} = \int_1^2 T\, dS$$

So, wie sich die Arbeit in einem p,V (v) - Diagramm darstellen läßt, sind Wärmemengen bei verlustlosem Vorgang in T, S (s) - Diagrammen als Fläche darstellbar.

Bei genaueren thermodynamischen Untersuchungen besitzt die Entropie eine
herausragende Bedeutung. Sie ist u. a. ein Indikator, der die Richtung thermodynamischer Prozesse angibt und dient zur Bewertung und zum Vergleich realer
Prozesse (z.B. Arbeitsmaschinen) hinsichtlich ihrer Irreversibilitäten.

2. Hauptsätze der Thermodynamik

Es gibt 4 Hauptsätze, für technische Anwendungen sind der erste und der zweite
Hauptsatz von Bedeutung.

a) Erster Hauptsatz

Der erste Hauptsatz ist der Satz von der Erhaltung der Energie und verknüpft die
verschiedenen Energieformen miteinander. Es ist zweckmäßig, dabei zwischen
geschlossenen und offenen Systemen zu unterscheiden.

- 1. Hauptsatz für geschlossene Systeme

Die bei einer Energiewandlung zu- oder abgeführte Wärme kann zu einer Änderung
der inneren Energie und zur Abgabe oder Aufnahme von Raumänderungsarbeit
führen. Bei Beachtung der Vorzeichen von Q und W gilt dann:

$$Q_{12} + W_{12} = U_2 - U_1$$

oder

$$q_{12} - \int_1^2 pdv + w_R = u_2 - u_1 \ .$$

Verläuft der Prozeß bei konstantem Volumen, also v = konstant und verlustlos,
so gilt:

$$q_{12} = u_2 - u_1 \ .$$

34

Für die Änderung der inneren Energie läßt sich angeben:

$$\Delta u = c_v \, \Delta T$$
$$du = c_v \, dT,$$

so daß auch

$$q_{12} = c_v \, (T_2 - T_1) \text{ gilt.}$$

Wegen der Voraussetzung v = konstant, wird die spezifische Wärmekapazität c
mit dem Index v versehen:

c_v = spez. Wärmekapazität bei konstantem Volumen.

1. Hauptsatz für offene Systeme

Bei offenen Systemen müssen Massen transportiert werden, d. h. es werden hier
Wärmemenge, technische Arbeit und Enthalpie miteinander verknüpft. Vernachlässigt man die kinetische und potentielle Energie des Stoffstromes (bei vielen
technischen Anwendungen berechtigt), so ergibt sich:

$$Q_{12} + W_{t,12} = H_2 - H_1$$
$$q_{12} + \int_1^2 v\,dp + w_R = h_2 - h_1$$
$$w_{t,12} = \int_1^2 v\,dp + w_R \; .$$

Führt man einem verlustlosen System Wärme bei konstantem Druck zu, so ergibt
sich eine Enthalpieerhöhung:

$$q_{12} = h_2 - h_1$$

bzw. mit

$$\Delta h = c_p \, \Delta T$$
$$dh = c_p \, dT \quad \text{auch}$$
$$q_{12} = c_p \, (T_2 - T_1) \; .$$

c_p ist im Gegensatz zu c_v die spez. Wärmekapazität bei konstantem Druck. c_p
und c_v sind bei idealen Gasen allein von der Temperatur T abhängig, allgemeinen jedoch gibt es noch weitere Abhängigkeiten. Die Zahlenwerte von c_p und c_v
sind Tabellen zu entnehmen. Bei Flüssigkeiten und Festkörpern gilt
$c_p \approx c_v = c.$

b) Zweiter Hauptsatz

Zwischen den beiden Vorgängen der Umwandlung von mechanischer Arbeit in innere Energie und der Umwandlung von innerer Energie in mechanische Arbeit besteht ein grundlegender Unterschied.

Während die als Arbeit zugeführte Energie vollständig dissipiert werden kann und damit zur Erhöhung der inneren Energie eines Systems beiträgt, ist der umgekehrte Vorgang nicht bzw. nur beschränkt möglich. Zwischen zwei Reservoiren mit unterschiedlicher innerer Energie (unterschiedlicher Temperatur) kann ein Wärmestrom fließen. Speist man mit dieser Wärmeenergie eine Arbeitsmaschine (die z.B. nach einem Carnot-Prozeß mit größtmöglichem Wirkungsgrad η_c arbeitet), so ist der in Arbeit umgewandelte Teil der austauschbaren Wärmeenergie (s. auch Kapitel 1.7.3.1)

$$w_{12,rev} = \eta_c \cdot q_{12},$$

$$dw_{rev} = \frac{T - T_0}{T} \, dq_{rev}, \quad (T_0 < T)$$

$$= dq_{rev} - T_0 \frac{dq_{rev}}{T} = dq_{rev} - T_0 \cdot ds \,.$$

Nicht in Arbeit rückgewinnbar ist der Anteil $(1 - \eta_c) \, q_{12}$. Für einen nicht-adiabaten reversiblen Prozeß ist die Entropie durch

$$ds = \frac{dq_{rev}}{T}$$

gegeben.

Für die Umwandlung einer Energieform in eine andere gibt es also bevorzugte Umwandlungsrichtungen, manche Umwandlungsrichtungen treten überhaupt nicht auf. (Z.B. auch ein herabfallender Körper wandelt potentielle Energie in Formänderungsenergie und Wärme um; ein "Hochfallen" mit Abkühlung und Vergrößerung der potentiellen Energie gibt es nicht, obwohl dies dem ersten Hauptsatz nicht widersprechen würde.)

Es existiert also eine "Irreversibilität" bei der Umwandlung thermischer Energie. Ein Maß für diese Irreversibilität ist die Entropie.

Bei einem reversiblen Prozeß ist zu unterscheiden:

- im adiabaten System ist mit dq = 0 auch ds = 0 und s = const
- im nichtadiabaten System kann eine Entropieänderung nur durch Wärmeübertragung
  erfolgen

$$ds = ds_q = \frac{dq_{rev}}{T} \gtrless 0 \; .$$

Bei einem irreversiblen Prozeß kann die Entropieänderung sowohl durch die Dissipations- bzw. Ausgleichsverluste als auch durch die Wärmeübertragung bedingt sein.

$$ds = ds_q + ds_{irr} \; .$$

Es ist dann zu unterscheiden:

- adiabates System; $ds_q = 0$; $ds = ds_{irr} > 0$
- nichtadiabates Systems; $dq \gtrless 0$; $ds_q \gtrless 0$ und $ds_{irr} > 0$.

Als eine mögliche Aussage des 2. Hauptsatzes ergibt sich aus diesen Überlegungen ein Entscheidungskriterium für die Prozeßart im adiabaten System:

Die Entropie eines adiabaten Systems kann niemals abnehmen.

c) Exergie

Die Aussage des zweiten Hauptsatzes, daß innere Energie bzw. Wärme nicht vollständig in Arbeit umgewandelt werden kann, führt auf die Frage nach der Arbeitsfähigkeit der Energie. Ein Maß dafür ist die Exergie. Es gelten folgende leicht einzusehende Aussagen:

- Die Exergie eines Systems ist gleich der maximalen technisch nutzbaren Arbeit,
  die unter Berücksichtigung der Systemumgebung abgegeben werden kann.

- Steht ein System im Gleichgewicht mit der Umgebung (Gleichheit der Zustandsgrößen), so kann es keine Arbeit verrichten, die Exergie ist Null.

- Die Exergie ist stets positiv bzw. Null.

- Die Exergie eines Systems ist immer um den Betrag des Energieanteils geringer,
  der nach dem zweiten Hauptsatz als Irreversibilität verloren gehen kann.

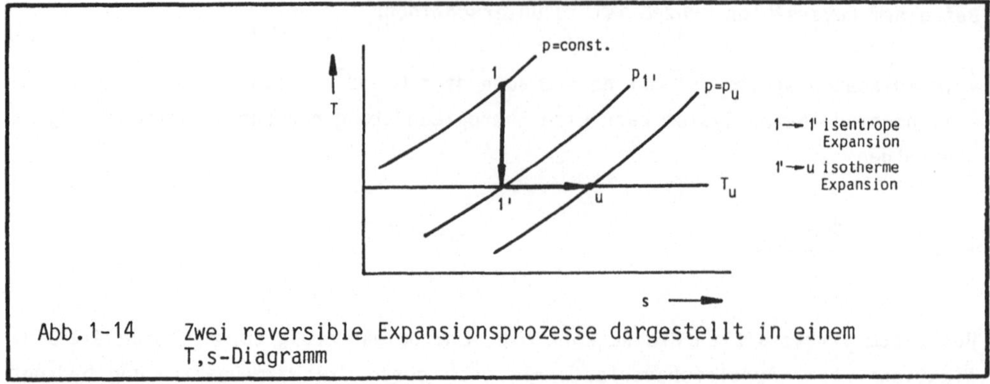

Abb. 1-14   Zwei reversible Expansionsprozesse dargestellt in einem
             T,s-Diagramm

Die maximale Nutzenergie wird aus einem Stoffstrom gewonnen, wenn dieser
reversibel in ein Gleichgewicht mit der Umgebung gebracht wird, wobei Wärmeaustausch nur bei Umgebungstemperatur stattfinden darf. Der Gesamtprozeß wird
aufgespalten in zwei reversible Teilprozesse /Abb. 1-14/.

Entsprechend dem ersten Hauptsatz für stationäre Fließprozesse gilt unter
Vernachlässigung von potentieller und kinetischer Energie:

$$\int_1^{1'} v\,dp = (h_1' - h_1)$$

$$\int_{1'}^{u} v\,dp = (h_u - h_1') - q_{1'u}$$

$$\int_1^{u} v\,dp = \int_1^{1'} v\,dp + \int_{1'}^{u} v\,dp = (h_1' - h_1) + (h_u - h_1') + q_{1'u}$$

$$\int_1^{u} v\,dp = (h_u - h_1) - q_{1'u} = (h_u - h_1) - T_u (s_u - s_1') .$$

Da weiterhin gilt $s_1' = s_1$, kann dafür auch geschrieben werden

$$w_{t,1u,max} = (h_u - h_1) - T_u (s_u - s_1) .$$

Da die Exergie gleich der negativen maximalen technischen Arbeit ist, folgt

$$e_1 = w_{t,1u,max} = (h_1 - h_u) - T_u (s_1 - s_u) .$$

Die Exergie eines Stoffstromes kann auch auf anderem Wege über die Verknüpfung
des ersten und zweiten Hauptsatzes der Thermodynamik ermittelt werden.

1. Hauptsatz:

$$w_{t,1u} + \int_1^u dq = h_u - h_1,$$

2. Hauptsatz, der mit T_u multipliziert wurde:

$$T_u \int_1^u \frac{dq}{T} = T_u \, (s_u - s_1) - T_u \int_1^u \frac{dw_R}{T} \; .$$

Durch Subtraktion ergibt sich:

$$\int_1^u \frac{T - T_u}{T} \; dq + w_{t,1u} = (h_u - h_1) - T_u \, (s_u - s_1) + \int_1^u \frac{dw_R}{T} \; .$$

Unter der Voraussetzung, daß der Prozeß reversibel läuft und Wärmeaustausch nur bei Umgebungstemperatur ($T=T_u$) stattfindet, lautet das Ergebnis:

$$e_1 = (h_1 - h_u) - T_u \, (s_1 - s_u) \; .$$

Aus der fundamentalen Beziehung

$$\int_1^u \frac{T - T_u}{T} \, dq + w_{t,12} = (h_2 - h_1) - T_u \, (s_2 - s_1) + T_u \cdot s_{12,irr},$$

die auch als Exergiebilanz geschrieben werden kann,

$$\int_1^u \frac{T - T_u}{T} \, dq = (e_2 - e_1) - w_{t,12} + T_u \cdot s_{12,irr} \; ,$$

läßt sich unter der Voraussetzung, daß bei der Wärmezufuhr die spezifische technische Arbeit $w_{t,12}$ den Wert Null hat und auch Irreversibilitäten nicht auftreten, die Exergie der Wärme bestimmen:

$$\Delta e_q = e_2 - e_1 = \int_1^2 \frac{T - T_u}{T} \, dq$$

$$\Delta e_q = e_2 - e_1 = \int_1^2 dq - T_u \int_1^2 \frac{dq}{T}$$

$$\Delta e_q = e_2 - e_1 = q_{12} - T_u \, (s_2 - s_1) \; .$$

Die Exergie der Wärme läßt sich bei beliebiger, jedoch reversibler Zustandsänderung im T,s-Diagramm als Fläche darstellen /Abb. 1-15/.

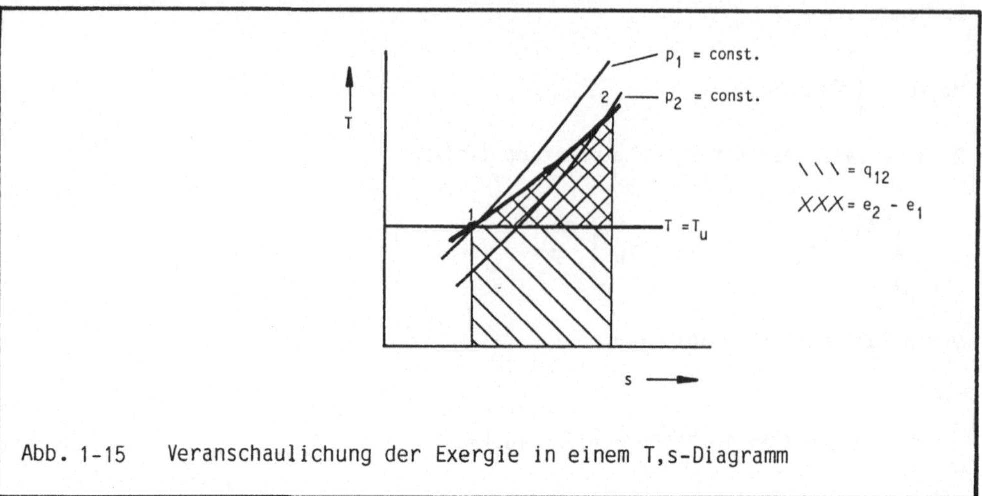

Abb. 1-15   Veranschaulichung der Exergie in einem T,s-Diagramm

1.3   Gase

1.3.1   **Thermische und kalorische Zustandsgleichungen idealer Gase**

Das ideale Gas ist ein thermodynamischer Modellstoff, dessen thermische und kalorische Zustandsgleichungen besonders einfach sind. Ideale Gase kommen in der Realität nicht vor; reale Gase nähern sich aber bei niedrigen Drücken in ihrem Verhalten sehr nahe an das idealer Gase an.

Aus den Gesetzen von BOYLE und MARIOTTE für T = const.

$$pv = const = f(T)$$

und von GAY-LUSSAC für p = const.

$$\frac{v}{T} = const = f(T)$$

läßt sich die thermische Zustandsgleichung idealer Gase

$$pv = RT \tag{1-38}$$

herleiten. Dabei ist R die von Druck und Temperatur unabhängige spezielle Gaskonstante, deren Wert für jedes Gas einen anderen, konstanten Wert hat. Erweitert man (1-38) mit der Masse m, so ergibt sich

$$pV = m \cdot RT \ . \tag{1-39}$$

40

Die Masse m kann man durch das Produkt aus molarer Masse M und Substanzmenge n ersetzen und erhält

$$pV = n \cdot MRT \ . \qquad\qquad (1-40)$$

Ideale Gase enthalten bei gleichem Druck und gleicher Temperatur in gleichen Volumina dieselbe Anzahl von Molekülen (Gesetz von AVOGADRO). Das Volumen, das 1 kmol eines beliebigen, idealen Gases im Normzustand (p_n = 1,01325 bar; t_n = 0 °C) einnimmt, beträgt $V_{m,n}$ = 22,414 m³/kmol (molares Normvolumen). Wendet man Gleichung (1-40) auf den Normzustand an, so ergibt sich mit p = p_n, T = T_n, n = 1 kmol und V = $V_{m,n}$, daß das Produkt aus molarer Masse und spezieller Gaskonstante einen für alle idealen Gase gleichen, konstanten Wert haben muß:

$$MR = R_m = 8314 \ J/kmol \ K \ .$$

R_m heißt universelle Gaskonstante und mit ihrer Hilfe läßt sich die universelle thermische Zustandsgleichung idealer Gase formulieren:

$$pv_m = R_m \cdot T \ . \qquad\qquad (1-41)$$

Dabei ist v_m das auf 1 kmol bezogene Volumen V/n. Um die Gasmengen vergleichen zu können, die sich in verschiedenen Volumina bei unterschiedlichem Druck und unterschiedlicher Temperatur befinden, wird ein sog. Normzustand festgelegt: 1 Normkubikmeter (V_n) ist die Gasmenge, die bei p_n = 1,013 $\cdot$ 10⁴ Pa und T_n = 273,15 K das Volumen 1 m³ einnimmt

$$m = V_n \frac{p_n}{RT_n} \ .$$

Die kalorischen Zustandsgleichungen (vgl. Abschnitt 1.2.2.6) nehmen für ideale Gase besonders einfache Formen an, da durch Versuche nachgewiesen wurde, daß die innere Energie eines idealen Gases nur von der Temperatur abhängt

$$u = u \ (T) \ .$$

Hieraus ergibt sich mit (1-19)

$$du = c_v \ (T) \ dT \ . \qquad\qquad (1-42)$$

Vernachlässigt man die Temperaturabhängigkeit von c_v, dann ergibt die Integration von (1-42)

$$u\,(T) = c_V\,(T - T_0) + u_0 \;, \qquad\qquad\qquad (1\text{-}43)$$

wobei $u_0 = u\,(T_0)$ eine Integrationskonstante ist (normalerweise interessieren jedoch nur Änderungen der inneren Energie, nicht ihr absoluter Wert). Für die Enthalpie ergibt sich aus (1-15) mit Hilfe von (1-38)

$$dh = du + RdT \;, \qquad\qquad\qquad (1\text{-}44)$$

d. h. auch die Enthalpie ist für ideale Gase nur temperaturabhängig. Auch die Temperaturabhängigkeit von c_p kann oft vernachlässigt werden und mit (1-20) folgt

$$h\,(T) = c_p\,(T - T_0) + h_0 \qquad\qquad\qquad (1\text{-}45)$$

wobei für $h_0 = h\,(T_0)$ das gleiche gilt wie für u_0; für technische Rechnungen wird zweckmäßigerweise meist $h_0 = 0$ gesetzt.

Aus den Gleichungen (1-19), (1-20) und (1-44) kann man ableiten, daß zwischen c_p, c_V und R der Zusammenhang

$$c_p = c_V + R$$

gilt. Mit Hilfe des 1. HS für geschlossene Systeme läßt sich außerdem noch zeigen, daß die Gaskonstante anschaulich als die Volumenänderungsarbeit eines idealen Gases bei isobarer Temperaturänderung um 1 K erklärt werden kann. Das Verhältnis c_p/c_V wird als Adiabatenexponent κ bezeichnet.

Für die Entropie idealer Gase läßt sich mit Hilfe der Gleichung (1-27)

$$ds = \frac{du + pdv}{T} = \frac{dh - vdp}{T}$$

schreiben:

$$ds = c_V\,(T)\,\frac{dT}{T} + R\,\frac{dv}{v} \qquad\qquad\qquad (1\text{-}47)$$

$$ds = c_p\,(T)\,\frac{dT}{T} - R\,\frac{dp}{p} \;. \qquad\qquad\qquad (1\text{-}48)$$

Vernachlässigt man die Temperaturabhängigkeit von c_p und c_V so ergibt sich

$$s\,(T,v) = c_V \ln \frac{T}{T_0} + R \ln \frac{v}{v_0} + s_0 \qquad\qquad (1\text{-}49)$$

$$s\,(T,p) = c_p \ln \frac{T}{T_0} - R \ln \frac{p}{p_0} + s_0 \ . \qquad\qquad (1\text{-}50)$$

Die Entropie ist also - anders als innere Energie und Enthalpie - eine Funktion zweier thermischer Zustandsgrößen.

1.3.2   Zustandsänderungen idealer Gase

In Tabelle 1-2 sind die möglichen Zustandsänderungen idealer Gase aufgeführt. Diese Beziehungen und ihre grafischen Darstellungen /Abb. 1-16/ sind unter der Voraussetzung quasistatischer, reversibler Prozeßführung gültig und mit Hilfe des 1. HS und der thermischen und kalorischen Zustandsgleichungen ableitbar. Eine Sonderstellung unter den Zustandsänderungen nimmt die Polytrope ein. Die Polytrope ist der allgemeinste Fall, der alle anderen Prozeßführungen als Sonderfälle umfaßt /Abb. 1-17/. Eine Polytrope wird durch die Beziehung

$$pv^n = const. \qquad\qquad (1\text{-}51)$$

beschrieben; je nachdem, welchen Wert der Polytropenexponent n annimmt, ergeben sich isochore, isobare, isotherme, isentrope (= reversibel adiabate) oder polytrope Zustandsänderungen /Tab. 1-2/.

Die Polytrope ist also definitionsgemäß eine reversible Zustandsänderung. Ihre große Bedeutung für die Thermodynamik hat sie jedoch hauptsächlich dadurch, daß sehr viele reale, irreversible Prozesse angenähert durch die Polytropenbeziehung beschrieben werden können, wenn Anfangs- und Endpunkt des Prozesses bekannt sind. Dabei muß allerdings darauf geachtet werden, daß bei irreversiblen Prozessen ("Quasi-Polytrope") die Gleichungen für Wärme und Arbeit /Tab. 1-2/ zu falschen Ergebnissen führen, wenn man nicht mit Hilfe des 2. HS die Irreversibilitäten herausrechnet.

Art der ZÄ	Verhalten bei ZÄ 1→2	Volumenänderungsarbeit $w_{12,rev} = -\int_1^2 p\,dv$	technische Arbeit $w_{t,12,rev}$	Wärmemenge $q_{12,rev}$	Polytropenexponent n
Isochor v = const	$\dfrac{p_1}{T_1} = \dfrac{p_2}{T_2}$	$w_{12} = 0$	$\begin{aligned}w_{t,12} &= v(p_2 - p_1)\\ &= R(T_2 - T_1)\end{aligned}$	$\begin{aligned}q_{12} &= u_2 - u_1\\ &= c_v(T_2 - T_1)\end{aligned}$	$n = \infty$
Isobar p = const	$\dfrac{v_1}{T_1} = \dfrac{v_2}{T_2}$	$\begin{aligned}w_{12} &= p(v_1 - v_2)\\ &= R\cdot(T_1 - T_2)\end{aligned}$	$w_{t,12} = 0$	$\begin{aligned}q_{12} &= h_2 - h_1\\ &= c_p(T_2 - T_1)\end{aligned}$	$n = 0$
Isotherm T = const	$p_1 v_1 = p_2 v_2$	$\begin{aligned}w_{12} &= R\cdot T\cdot\ln\dfrac{p_2}{p_1}\\ &= R\cdot T\cdot\ln\dfrac{v_1}{v_2}\end{aligned}$	$w_{t,12} = w_{12}$	$q_{12} = -w_{12}$	$n = 1$
Isentrop s = const	$\begin{aligned}&p_1 v_1^{\kappa} = p_2 v_2^{\kappa}\\ &\dfrac{T_1}{T_2} = \left(\dfrac{v_2}{v_1}\right)^{\kappa-1}\\ &\dfrac{T_1}{T_2} = \left(\dfrac{p_2}{p_1}\right)^{\frac{1-\kappa}{\kappa}}\end{aligned}$	$\begin{aligned}w_{12} &= c_v(T_2 - T_1)\\ &= \dfrac{R}{\kappa-1}(T_2 - T_1)\\ &= \dfrac{p_1 v_1}{\kappa-1}\left(\dfrac{T_2}{T_1} - 1\right)\end{aligned}$	$w_{t,12} = \kappa\cdot w_{12}$	$q_{12} = 0$	$n = \kappa$
polytrop	Beziehungen der Isentrope verwenden; dabei κ durch n ersetzen			$\begin{aligned}q_{12} &= c_v\dfrac{n-\kappa}{n-1}(T_2 - T_1)\\ &= \dfrac{n-\kappa}{\kappa-1}\,w_{12}\end{aligned}$	n

Tab. 1-2   Zustandsänderungen (ZÄ) idealer Gase

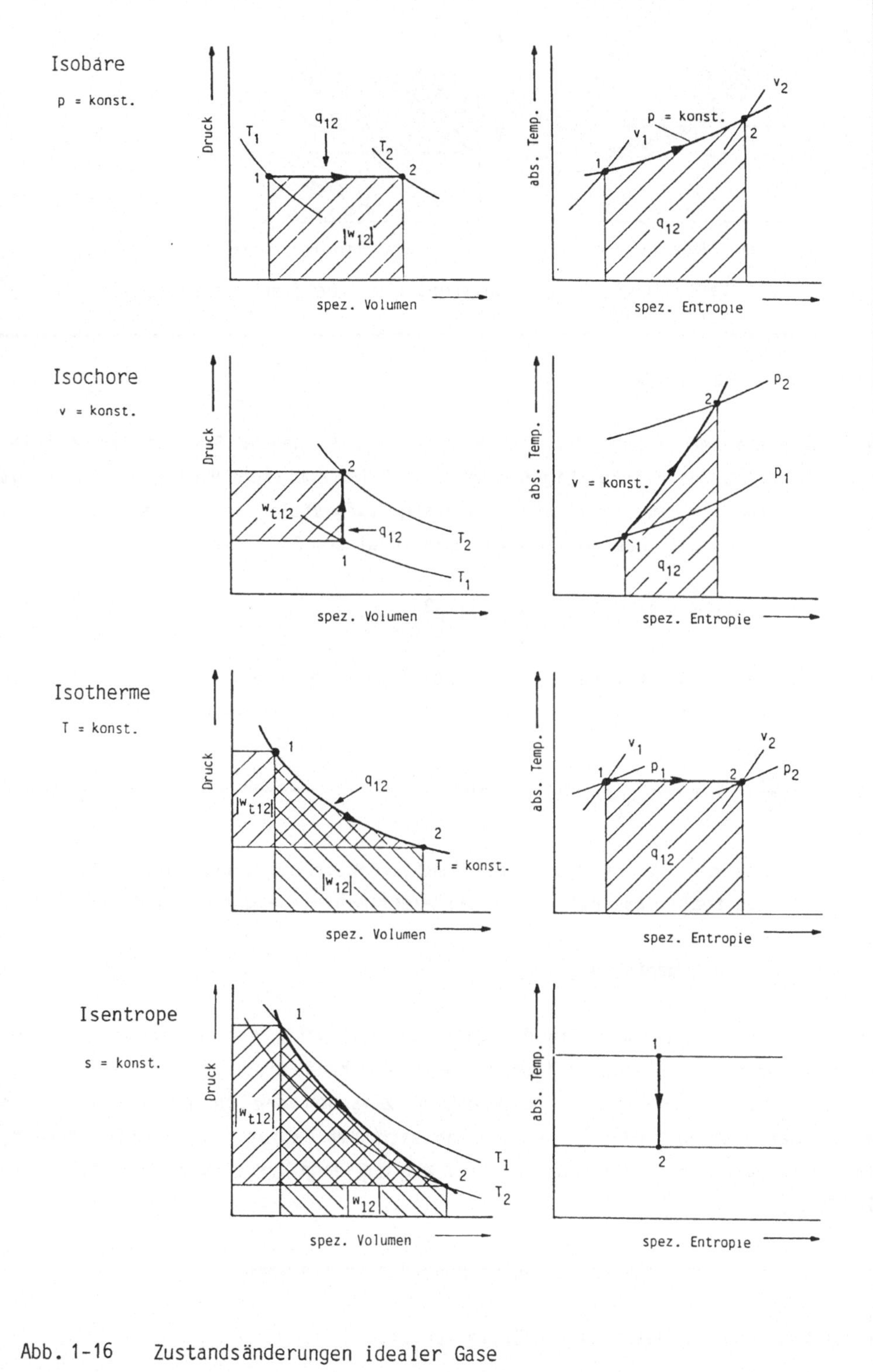

Abb. 1-16   Zustandsänderungen idealer Gase

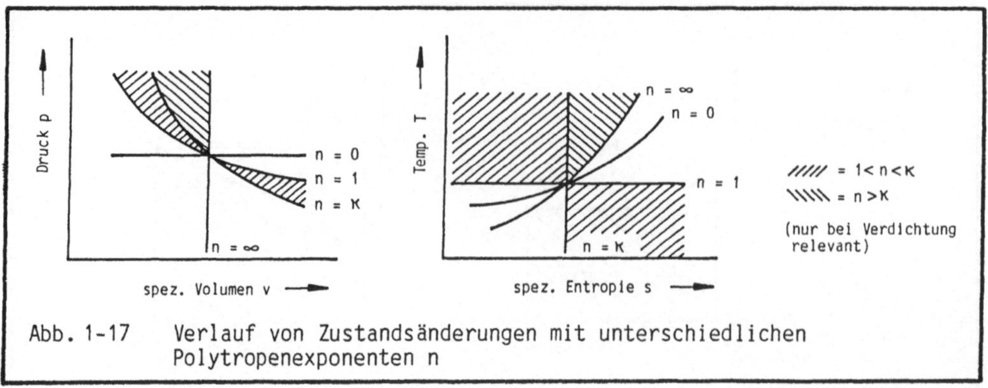

Abb. 1-17   Verlauf von Zustandsänderungen mit unterschiedlichen
             Polytropenexponenten n

1.3.3   Reale Gase

Reale Gase weichen insbesondere bei höheren Drücken und im Bereich der Verflüssigung aufgrund des Molekül-Eigenvolumens und des Kohäsionsdruckes so stark vom idealen Verhalten ab, daß mit empirisch aufgestellten Zustandsgleichungen gerechnet werden muß. Häufig verwendet man in diesem Fall die Virialform

$$pv = RT + B_1 (T) p + B_2 (T) p^2 + B_3 (T) p^3 + \ldots \tag{1-52}$$

Die Koeffizienten B_i (T) heißen Virialkoeffizienten; sie können im allgemeinen nur experimentell ermittelt werden. Gleichung (1-52) kann auch in der Form

$$z (p,T) = \frac{pv}{RT} = 1 + \frac{1}{RT} \sum_{(i)} B_i (T) p^i \tag{1-53}$$

geschrieben werden, wobei z(p,T) als Realgasfaktor bezeichnet wird. Für technisch wichtige reale Gase hat man z(p,T) experimentell ermittelt und tabelliert.

1.3.4   Zusammenfassung

Als ideale Gase bezeichnet man die gasförmigen Stoffe, die vom Zustand des aus der Flüssigkeit entstandenen Dampfes weit entfernt sind. Die Gasgesetze beschreiben den mathematischen Zusammenhang zwischen den thermischen bzw. den kalorischen Zustandsgrößen. Je mehr man sich dem Gebiet des Dampfes nähert, desto ungenauer werden diese Gasgesetze. Man muß dann Korrekturen für reale Gase einführen.

a) Allgemeine thermische Zustandsgleichung für ideale Gase

Die Verknüpfung des Gesetzes von Boyle-Mariotte

$$\frac{p_1}{p_2} = \frac{v_2}{v_1} \quad ; \quad p \cdot v = \text{const.}$$

und des Gesetzes von Gay-Lussac

$$\frac{T_1}{T_2} = \frac{v_1}{v_2} \quad ; \quad \frac{T}{v} = \text{const.}$$

führt zur Verallgemeinerung

$$\frac{p \cdot v}{T} = \text{const.}$$

Die Konstante ist die spezielle Gaskonstante R, die für die verschiedenen Gase einen unterschiedlichen Wert, z.B. mit der Einheit J/kg K hat (s. Tabellen)

$$p \cdot v = R \cdot T \quad \text{(für 1 kg Gas)} \quad \text{bzw.}$$

$$p \cdot V = m \cdot R \cdot T \quad \text{(für m kg Gas)}.$$

Nach Avogadro ist eine Verallgemeinerung möglich. Es gilt zunächst:

Ein Mol eines jeden Gases nimmt bei 0 °C und 1,013 bar (760 Torr) den Raum von 22,4 l ein. In diesem Volumen ist dieselbe Anzahl von Molekülen vorhanden: Avogadro-Zahl oder Loschmidt-Zahl $N_L = 6,02217 \cdot 10^{23}$ 1/mol.

Die Masse einer solchen Gasmenge wird als Molmasse M in kg/kmol bezeichnet, z.B.

$$1 \text{ kmol } O_2 = 32 \text{ kg}$$
$$M_{O_2} = 32 \text{ kg/kmol} .$$

Führt man nun in der Zustandsgleichung statt des Volumens V das Molvolumen v_m ein, dann muß für die Masse m die Molmasse M eingesetzt werden

$$p \cdot v_m = M \cdot R \cdot T .$$

Das Produkt M · R hat für alle Gase den gleichen Wert

$$M \cdot R = R_m = 8314 \text{ J/kmol K}$$

und heißt universelle Gaskonstante.

b) Die kalorischen Zustandsgleichungen

$$u = f (T,v)$$
$$h = f (T,p)$$

nehmen für ideale Gase die schon bekannten einfachen Formen an:

$$du = c_v \, dT$$
$$dh = c_p \, dT.$$

Daraus ergeben sich weitere Übereinstimmungen, die für alle idealen Gase gelten. Durch Verknüpfung der Zustandsgleichungen mit dem 1. Hauptsatz folgt:

$$c_p - c_v = R \ .$$

Bezieht man die Wärmekapazitäten nicht auf die Masse, sondern auf die Substanzmenge, so erhält man die molaren Wärmekapazitäten $c_{p,m}$ und $c_{v,m}$ in J/kmol K. Für diese gilt:

$$c_{p,m} - c_{v,m} = R_m$$

$$c_p = \frac{c_{p,m}}{M}$$

$$c_v = \frac{c_{v,m}}{M}$$

Für das Verhältnis der Wärmekapazitäten gilt:

$$\frac{c_p}{c_v} = \kappa \ ,$$

der sog. Isentropen- oder Adiabatenexponent, der bei der Berechnung von Zustandsänderungen von Bedeutung ist.

Weitere Zusammenhänge sind:

$$c_p = \frac{\kappa}{\kappa - 1} \, R$$

$$c_v = \frac{1}{\kappa - 1} \, R \ .$$

c) Zustandsänderungen

Eine wichtige Aufgabe der technischen Thermodynamik ist die Berechnung der Prozesse, die in Energiewandlern stattfinden. Diese Prozesse sind mit Zustandsänderungen verbunden, also mit einer Veränderung der thermischen und/oder kalorischen Zustandsgrößen. Zur Berechnung stehen die Zustandsgleichungen und die beiden Hauptsätze zur Verfügung.

Typische Zustandsänderungen sind:

Expansion, Kompression, Kondensation, Verdampfung, Schmelzen und Erstarren, Erwärmen und Abkühlen usw.

Eine graphische Verdeutlichung des (in der Regel reversiblen) Vorganges ist in den Zustandsdiagrammen möglich, z.B. im p,v-, im T,s- und im h,s-Diagramm.

Mathematisch beschreibt man nicht den Prozeß selbst, sondern nur das Resultat einer Zustandsänderung (s. auch Eigenschaften der Zustandsgrößen) in der allgemeinen Form:

$$\Delta Z = Z_2 - Z_1 \ .$$

Folgende reversible Zustandsänderungen werden unterschieden /auch Tab. 1-2/:

- Isochore, v = const.
  Zustandsänderung in Druckbehältern.
  Diese Zustandsänderung ist nur möglich, wenn dem Gas Wärme zugeführt oder entzogen wird. Dabei ändert sich die innere Energie, Raumänderungsarbeit kann nicht entstehen.

- Isobare, p = const.
  Zustandsänderung in Wärmeübertragern, bei Feuerungen und speziellen Kolbenmaschinen.

  Die Wärmezufuhr muß so gesteuert werden, daß sich das Gas ohne Druckerhöhung ausdehnt. Dabei entsteht Raumänderungsarbeit. Die Temperatur des Gases steigt. Bei Wärmezufuhr (mit p = const) an ein strömendes Medium wird dessen Enthalpie erhöht.

- Isotherme, T = const.
  Vollkommene Wärmedurchlässigkeit an die Umgebung, z. B. bei idealen Maschinen.

Bei einer Expansion wird Arbeit nach außen abgegeben, deren Größe von der Anfangstemperatur und dem Druckverhältnis abhängt.
Die Volumenänderungsarbeit ist gleich der technischen Arbeit und gleich der umgesetzten Wärme (Vorzeichen bedenken).

- Isentrope, S = const. (reversible Adiabate)
Vollkommene Wärmeundurchlässigkeit gegenüber der Umgebung, z.B. bei theoretischen Maschinen.
Bei isentroper Expansion gibt das Gas Arbeit ab, die aus der inneren Energie des Systems entsteht. Die Temperatur nimmt also ab.
Bei isentroper Kompression wird die aufgewendete Arbeit in innere Energie umgewandelt, die Temperatur steigt.
Alle drei thermischen Zustandsgrößen p,v,T ändern sich gleichzeitig. Technische Arbeit und Raumänderungsarbeit hängen über den Adiabatenkoeffizienten zusammen, die Beziehungen gelten nur für κ = const während der Zustandsänderung.

- Polytrope
Zustandsänderungen in realen Maschinen; im Gegensatz zu den übrigen Zustandsänderungen kann dieser Prozeß bezüglich der Wärmeeinwirkung verschiedenen Einflüssen unterliegen, d. h. es gibt nicht "eine" bestimmte Polytrope.
Im allgemeinen liegt der polytrope Verlauf einer Zustandsänderung zwischen der Isothermen und der Isentropen (Adiabaten), für den Polytropenexponenten gilt dann:

$$1 \leqslant n \leqslant \kappa \quad .$$

(In Sonderfällen kann allerdings $n < 1$, bzw. $n > \kappa$ sein).
Für die Vorausberechnung einer Zustandsänderung in einer Energieumwandlungsanlage muß n möglichst genau bekannt sein. Dies gelingt im allgemeinen nur durch Messung eines Indikatordiagramms an der realen Maschine mit anschließender graphischer oder rechnerischer Bestimmung von n. So ermittelte Werte sind oft während einer Zustandsänderung nicht konstant (veränderte Temperaturdifferenzen zwischen Gas und Zylinderwand bedingen während der Zustandsänderung unterschiedlichen Wärmeaustausch, d. h. n const.). Rechnen mit Mittelwerten.

d) Erklärungen zu den Darstellungen von Zustandsänderungen im T,s-Diagramm

Der Zustand eines Gases läßt sich nach den vorausgehenden Aussagen ändern

- durch Zu- oder Abfuhr von Wärme
- durch Aufwand oder Entnahme von Arbeit.

Die Arbeit läßt sich im p,v-Diagramm darstellen. Zur Darstellung der Wärmemengen ist die Beziehung

$$q = c \, (T_2 - T_1)$$

nicht geeignet, da c stoff-, temperatur- und druckabhängig ist.
Nach dem 2. HS jedoch gilt:

$$q_{rev} = \int T \, ds,$$

d. h. ein Diagramm mit der Entropie als Abszisse und T als Ordinate muß unabhängig von diesen Besonderheiten für die Darstellung von Wärmemengen als Flächen geeignet sein.

Bei Vorgabe von 2 der 3 thermischen Zustandsgrößen T, p, v läßt sich die benötigte Entropiedifferenz $s_2 - s_1$ für ideale Gase mit folgenden Gleichungen berechnen:

T und v gegeben: $\quad s_2 - s_1 = c_v \ln \dfrac{T_2}{T_1} + R \ln \dfrac{v_2}{v_1}$

p und v gegeben: $\quad s_2 - s_1 = c_v \ln \dfrac{p_2}{p_1} + c_p \ln \dfrac{v_2}{v_1}$

T und p gegeben: $\quad s_2 - s_1 = c_p \ln \dfrac{T_2}{T_1} - R \ln \dfrac{p_2}{p_1} \, .$

Für Dämpfe und Flüssigkeiten siehe "Entropietafeln"!

Bei den drei Zustandsänderungen isochor, isobar und isotherm erscheinen die zu- oder abgeführten Wärmemengen als Flächen unter der entsprechenden Prozeßkurve. Bei der Isentropen (reversible Adiabate) ist:

$$s_1 = s_2 \, .$$

1.4 Gasgemische

In der Thermodynamik hat man es häufig mit Gemischen verschiedener reiner Stoffe zu tun. Handelt es sich bei den Komponenten des Gemisches um ideale Gase, so läßt sich das Verhalten des Gemisches mit relativ einfachen Beziehungen beschreiben. Wichtige Beispiele für ideale Gasgemische sind Luft, Brenngase (Erdgas, Stadtgas) und die Rauchgase aus Verbrennungsprozessen.

1.4.1 Zusammensetzung

Der Zustand eines Gemisches kann nicht allein durch zwei Zustandsgrößen beschrieben werden. Man benötigt zusätzliche Größen, die die Zusammensetzung des Gemisches beschreiben. Hierzu können die Masseanteile g, Molanteile Ψ und Volumenanteile r verwendet werden.

1.4.1.1 Masseanteile

Die Gesamtmasse m des Gemisches ist die Summe der Massen der einzelnen Bestandteile A, B, C...

$$m = m_A + m_B + m_C + \ldots \qquad (1\text{-}54)$$

Der Masseanteil des Stoffes N wird definiert als

$$g_N = \frac{m_N}{m} \; . \qquad (1\text{-}55)$$

Für die Masseanteile gilt

$$g_A + g_B + g_C + \ldots = 1 . \qquad (1\text{-}56)$$

1.4.1.2 Molanteile

Die Substanzmenge n eines Gemisches ist gleich der Summe der Substanzmengen der einzelnen Bestandteile A, B, C...

$$n = n_A + n_B + n_C + \ldots \qquad (1\text{-}57)$$

Den Molanteil oder Molenbruch des Stoffes N definiert man als

$$\Psi_N = \frac{n_N}{n} \qquad (1\text{-}58)$$

Für die Molanteile gilt

$$\Psi_A + \Psi_B + \Psi_C + \ldots = 1 . \qquad (1\text{-}59)$$

1.4.1.3   Volumenanteile (Raumanteile)

Betrachtet man die Bestandteile des Gemisches einzeln, so würde jedes Einzelgas
bei einem bestimmten Druck p und einer Temperatur T ein bestimmtes Volumen
einnehmen. Das Volumen des Gemisches bei diesem Druck p und dieser Temperatur T
ist gleich der Summe der Einzelvolumina

$$V(T,p) = V_A (T,p) + V_B (T,p) + V_C (T,p) + \dots \tag{1-60}$$

Der Volumenanteil des Stoffes N ist

$$r_N = \frac{V_N}{V} . \tag{1-61}$$

Auch für die Volumenanteile gilt

$$r_A + r_B + r_C + \dots = 1 . \tag{1-62}$$

Nach dem Gesetz von Avogadro nehmen gleiche Substanzmengen verschiedener idealer
Gase bei gleichen Bedingungen die gleichen Volumina ein. Daraus ergibt sich, daß
Raumanteil r_N und Molanteil Ψ_N zahlenmäßig übereinstimmen.

1.4.1.4   Scheinbare molare Masse des Gemisches

Für jeden reinen Stoff gilt die Beziehung

$$m_N = M_N \cdot n_N . \tag{1-63}$$

M_N ist die molare Masse des Stoffes N.
Für eine Mischung kann man analog schreiben

$$M = \frac{m}{n} , \tag{1-64}$$

wodurch die scheinbare molare Masse M des Gemisches definiert wird. Aus (1-64)
folgt mit Hilfe der Gleichungen (1-54), (1-58) und (1-63)

$$M = \Psi_A M_A + \Psi_B M_B + \Psi_C M_C + \dots \tag{1-65}$$

bzw. mit (1-55), (1-57) und (1-63)

$$\frac{1}{M} = \frac{g_A}{M_A} + \frac{g_B}{M_B} + \frac{g_C}{M_C} + \ldots \qquad (1-66)$$

Bei Kenntnis der scheinbaren molaren Masse des Gemisches ergibt sich mit den Gleichungen (1-63) und (1-64) der Zusammenhang zwischen Massenanteil und Molanteil zu

$$g_N = \frac{M_N}{M} \, \Psi_N \; . \qquad (1-67)$$

1.4.2   Eigenschaften idealer Gasgemische

Um die thermische Zustandsgleichung für ein ideales Gasgemisch zu bestimmen, wird das Gesetz von DALTON herangezogen, wonach in einem Gasgemisch jedes Einzelgas den gesamten zur Verfügung stehenden Gemischraum einnimmt und sich dabei entsprechend seiner Zustandsgleichung so verhält, als ob die anderen Komponenten nicht vorhanden wären. Die Zusammenhänge zwischen den Zustandsgrößen der Einzelbestandteile und des Gemisches lassen sich anhand der Abb. 1-18 veranschaulichen.

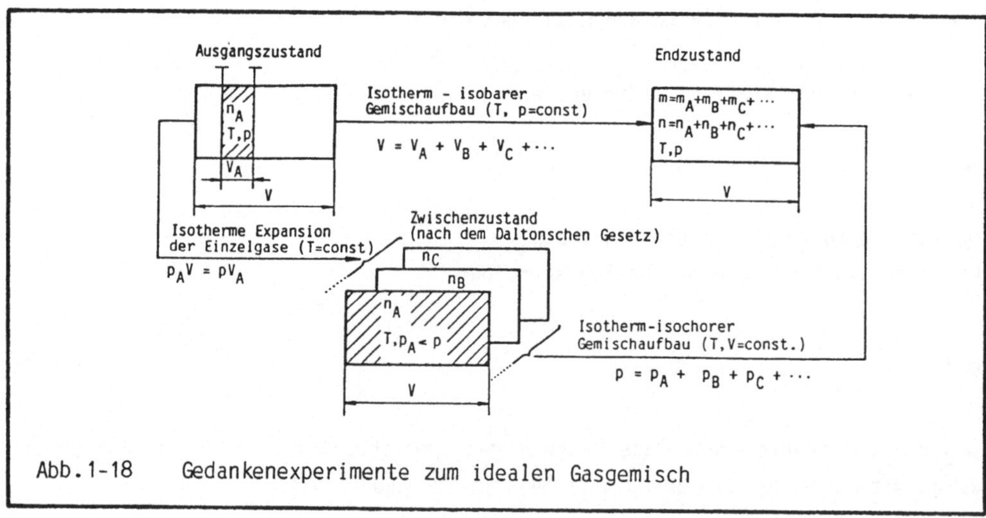

Abb.1-18   Gedankenexperimente zum idealen Gasgemisch

1.4.2.1   Partialdrücke

Man denkt sich zunächst im Ausgangszustand die Einzelgase voneinander getrennt
mit dem Druck p und der Temperatur T. Läßt man nun die Einzelgase isotherm in
einen Raum mit dem Volumen V expandieren, so sinkt der Druck z. B. des Gases A
auf

$$p_A = p \frac{V_A}{V} = \frac{n_A\,R_m\,T}{V} \qquad\qquad (1\text{-}68)$$

R_m ist die in Abschnitt 1.3.1 definierte universelle Gaskonstante.

Der Druck p_A heißt Partialdruck des Einzelgases A. Dehnt man die Betrachtung auf
alle Gemischpartner aus und bildet die Summe, so gilt

$$p_A + p_{B_V} + \dots = p\,\frac{(V_A + V_B + \dots)}{V} = \frac{(n_A + n_B + \dots)\,R_m T}{V} \qquad\qquad (1\text{-}69)$$

für den sogenannten isotherm-isochoren Gemischaufbau nach Abb. 1-18.

Aus (1-69) folgt, daß der Gesamtdruck p des Gasgemisches gleich der Summe der
Partialdrücke ist:

$$p = p_A + p_B + p_C + \dots \qquad\qquad (1\text{-}70)$$

und aus (1-68) ergibt sich mit (1-61)

$$p_A = p \cdot r_A = p \cdot \Psi_A \,, \qquad\qquad (1\text{-}71)$$

d.h. die Partialdrücke sind den Raumanteilen und Molanteilen direkt proportional.

1.4.2.2   Scheinbare Gaskonstante des Gemisches

Anhand der Abb. 1-18 kann man auch die scheinbare Gaskonstante R des Gemisches
ableiten. Man betrachtet hierzu den isotherm-isobaren Gemischaufbau; im Ausgangszustand gilt:

$$pV_A = n_A\,R_m T = m_A\,R_A\,T$$
$$pV_B = n_B\,R_m T = m_B\,R_B\,T$$
$$\cdot \qquad \cdot \qquad \cdot$$
$$\cdot \qquad \cdot \qquad \cdot$$

Addiert man diese Gleichungen, so ergibt sich

$$p\ (V_A + V_B + \ldots) = (n_A + n_B + \ldots)\ R_mT =$$
$$= (m_A\ R_A + m_BR_B + \ldots)\ T\ . \qquad (1\text{-}72)$$

Auch für das Gasgemisch gilt die thermische Zustandsgleichung

$$pV = m\ RT, \qquad (1\text{-}73)$$

und unter Berücksichtigung von Gleichung (1-60) ergibt sich aus (1-72) und (1-73) durch Koeffizientenvergleich

$$m\ R = m_A\ R_A + m_B\ R_B + \ldots \qquad \text{oder} \qquad R = g_A\ R_A + g_B\ R_B + \ldots. \qquad (1\text{-}74)$$

Berücksichtigt man den Zusammenhang zwischen spezieller Gaskonstante, allgemeiner Gaskonstante und molarer Masse, so folgt aus Gleichung (1-65)

$$R = \frac{R_m}{M} = \frac{R_m}{\Psi_A\ R_A + \Psi_B\ R_B + \ldots}\ . \qquad (1\text{-}75)$$

1.4.2.3 Kalorische Zustandsgrößen

Da nach dem Gesetz von DALTON sich die Gase nicht gegenseitig beeinflussen, setzen sich innere Energie u und Enthalpie h additiv aus den entsprechenden Zustandsgrößen der Komponenten zusammen

$$u\ (T) = g_A\ u_A\ (T) + g_B\ u_B\ (T) + \ldots \qquad (1\text{-}76)$$

$$h\ (T) = g_A\ h_A\ (T) + g_B\ h_B\ (T) + \ldots \qquad (1\text{-}77)$$

Für die spezifische Wärmekapazität eines idealen Gasgemisches ergibt sich

$$c_v\ (T) = \frac{du}{dT} = g_A\ c_{v,A}\ (T) + g_B\ c_{v,B}\ (T) + \ldots \qquad (1\text{-}78)$$

$$c_p\ (T) = \frac{dh}{dT} = g_A\ c_{p,A}\ (T) + g_B\ c_{p,B}\ (T) + \ldots \qquad (1\text{-}79)$$

Auch die Entropie eines Gasgemisches läßt sich additiv aus den Entropien der Einzelgase ermitteln:

$$s(T,p) = g_A\ s_A\ (T,\ p_A) + g_B\ s_B\ (T,\ p_B) + \ldots \qquad (1\text{-}80)$$

Will man jedoch die Entropien der Einzelgase beim Gesamtdruck p einsetzen, so muß ein Korrekturglied, die Mischungsentropie Δs, eingeführt werden. Für das Einzelgas A gilt nach Abschnitt 1.2.3 mit Gleichung (1-48)

$$
\begin{aligned}
s_A(T, p_A) &= s_{0,A} + \int_{T_0}^{T} c_{p,A}(T)\,\frac{dT}{T} - R_A \ln \frac{p_A}{p_0} \\
&= s_{0,A} + \int_{T_0}^{T} c_{p,A}(T)\,\frac{dT}{T} - R_A \ln \frac{p}{p_0} - R_A \ln \Psi_A \\
&= s_A(T, p) - R_A \ln \Psi_A \ .
\end{aligned}
\tag{1-81}
$$

Aus Gleichung (1-80) folgt mit dieser Beziehung

$$
\begin{aligned}
s(T,p) &= g_A\, s_A(T, p) + g_B\, s_B(T, p) + \ldots - \\
&\quad g_A\, R_A \ln \Psi_A - g_B\, R_B \ln \Psi_B \ .
\end{aligned}
\tag{1-82}
$$

Die ersten Glieder auf der rechten Seite von (1-82) entsprechen der Entropie der einzelnen Bestandteile im Ausgangszustand (Abb. 1-18). Die Entropie der Mischung ist um die Mischungsentropie

$$
\Delta s = - g_A\, R_A \ln \Psi_A - g_B\, R_B \ln \Psi_B - \ldots \quad \text{bzw. mit } R_N = \frac{\Psi_N}{g_N} \cdot R
$$

$$
\Delta s = - R\,(\, \Psi_A \ln \Psi_A + \Psi_B \ln \Psi_B + \ldots)
\tag{1-83}
$$

größer ($\Psi < 1$, d. h. $\ln \Psi < 0$), da die Mischung ein irreversibler Vorgang ist.

1.4.3 Zusammenfassung

Gasmischungen besitzen bei der Beschreibung realer Vorgänge eine große Bedeutung. Gase lassen sich in jedem Verhältnis gleichmäßig mischen. Aus der Orsat-Analyse sind meist die Volumenanteile der einzelnen Komponenten bekannt.

Um das Verhalten der Mischung beschreiben zu können, benötigt man für die Komponenten außerdem im allgemeinen folgende Angaben:

- Zustandsgrößen der Einzelgase
- Teildrücke der Einzelgase
- Gewichtsanteile der Einzelgase
- Gaskonstanten.

a) Verhalten der Einzelgase in der Mischung

Leitet man verschiedene Gase nacheinander in ein Gefäß, füllt jedes Gas den
Gesamtraum aus. Dagegen sind die Drücke der Einzelgase kleiner als der Gesamtdruck der Mischung, jedes Einzelgas steht unter seinem Teildruck, alle Teildrük-
ke summieren sich zum Gesamtdruck.

b) Gaskonstante einer Mischung

Für die Gasmischung gilt die Zustandsgleichung:

$$p \cdot V = m \cdot R \cdot T.$$

Besteht die Mischung z. B. aus zwei Komponenten A und B im Volumen V bei der
Temperatur T, so muß mit den Teildrücken p_A, p_B, den Massen m_A, m_B und den
Gaskonstanten R_A, R_B auch für jede Komponente und für deren Summe die Zustands-
gleichung gelten:

$$(p_A + p_B) \cdot V = (m_A \cdot R_A + m_B \cdot R_B) \cdot T.$$

Mit $p_A + p_B = p$ gilt demnach:

$$m \cdot R \cdot T = (m_A \cdot R_A + m_B \cdot R_B) \cdot T$$

$$R = \frac{m_A}{m} R_A + \frac{m_B}{m} R_B,$$

bzw. mit den Massenanteilen g

$$R = g_A \cdot R_A + g_B \cdot R_B .$$

c) Der Raumanteil eines Einzelgases in der Mischung

Denkt man sich die Komponenten im Gesamtvolumen V getrennt mit den Volumina V_A
und V_B, so müßte bei unverändertem Gesamtdruck p und Temperatur T der Mischung
gelten:

$$p \cdot (V_A + V_B) = (m_A \cdot R_A + m_B \cdot R_B) \cdot T = m \cdot R \cdot T .$$

Die Zustandsgleichung gilt also auch für die Vorstellung: $V = V_A + V_B$. Für die

Volumenanteile gilt:

$$1 = \frac{V_A}{V} + \frac{V_B}{V} = r_A + r_B .$$

d) Dichte einer Gasmischung

Für die Gesamtmasse gilt:

$$m = m_A + m_B$$

$$\rho = \frac{m}{V} = \frac{m_A}{V} + \frac{m_B}{V}$$

$$= \frac{\rho_A \cdot V_A}{V} + \frac{\rho_B \cdot V_B}{V}$$

$$= r_A \cdot \rho_A + r_B \cdot \rho_B$$

also Wichtung mit den Volumenanteilen.

e) Molmasse der Mischung

Die Molmasse muß mit dem Molanteil gewichtet werden. Da Molanteil und Volumenanteil entsprechend dem Gesetz nach Avogadro übereinstimmen, gilt auch:

$$M = r_A \cdot M_A + r_B \cdot M_B .$$

f) Verknüpfung von Massen- und Volumenanteilen

Es gilt für den Massenanteil:

$$g_A = \frac{m_A}{m} = \frac{\rho_A \cdot V_A}{\rho \cdot V} = \frac{\rho_A}{\rho} \cdot r_A .$$

Für das Verhältnis der Dichten läßt sich nach den vorausgehenden Aussagen auch angeben

$$\frac{\rho_A}{\rho} = \frac{M_A}{M} \qquad \text{also} \qquad g_A = r_A \cdot \frac{M_A}{M} .$$

g) Teildrücke der Komponenten in der Mischung

Der Teildruck ist besonders wichtig, wenn man das Verhalten des Einzelgases in
der Mischung beurteilen will. So sind z. B. für die Beschreibung der feuchten
Luft und den Übergang des darin enthaltenen Dampfes in die Wasserphase die
Drücke und Temperaturen maßgebend, denen der Wasserdampfanteil in der feuchten
Luft unterliegt. (Probleme der Taupunktunterschreitung bei Feuerungen.)

Aus den Zustandsgleichungen für die Komponenten und für die Mischung ergibt sich
z.B.

$$p_A = p \cdot \frac{m_A}{m} \cdot \frac{R_A}{R}$$

$$p_A = p \cdot g_A \cdot \frac{R_A}{R} \quad \text{oder aber} \quad p_A = p \cdot \frac{V_A}{V} = p \cdot r_A \; .$$

h) Kalorische Zustandsgrößen der Mischung

Die kalorischen Zustandsgrößen u, h der Mischung werden aus dem durch die
Massenanteile g gewichteten Zustandsgrößen der Komponenten berechnet in der
allgemeinen Form

$$Z = g_A \cdot Z_A + g_B \cdot Z_B \; .$$

1.5   Dämpfe

Jeder reine Stoff kann in den Aggregatzuständen (Phasen) fest, flüssig und
gasförmig vorliegen. In der Gasphase unterscheidet man zwischen idealem Gas und
Dampf, wobei der Dampf durch die Nähe des Verflüssigungszustandes charakterisiert ist. Es gibt nur einen Zustand, bei dem alle drei Phasen nebeneinander
existieren können, den Tripelpunkt. Unterhalb des Tripeldrucks geht die feste
Phase bei Erwärmung direkt in die Gasphase über (z.B. Trockeneis, festes CO_2 bei
Umgebungsdruck), sonst erfolgt bei Erwärmung zunächst ein Übergang in die
flüssige Phase.

1.5.1   Der Verdampfungsvorgang

Wird einer Flüssigkeit isobar Wärme zugeführt, so steigt zunächst die Temperatur
bis zum druckabhängigen Siedepunkt; bei konstanter Temperatur beginnt dann die
Flüssigkeit zu sieden. Dabei bildet sich ein Flüssigkeits-Dampf-Gemisch (Naßdampf), d. h. flüssige und gasförmige Phase stehen im Gleichgewicht. Wenn der

letzte Flüssigkeitstropfen verdampft ist, liegt trocken gesättigter Dampf vor, der Taupunkt ist erreicht. Der stoffspezifische Zusammenhang zwischen Druck und Siedetemperatur heißt Dampfdruckkurve. Die Dampfdruckkurve wird nach unten durch den Tripelpunkt, nach oben durch den kritischen Punkt begrenzt /vgl. Abb. 1-19/. Der kritische Punkt ist dadurch gekennzeichnet, daß Siedepunkt und Taupunkt zusammenfallen, d. h. bei einer Verdampfung bei $p > p_k$ wird das Naßdampfgebiet nicht durchlaufen, Gas und Flüssigkeit sind nicht mehr unterscheidbar, sie haben insbesondere das gleiche spezifische Volumen.

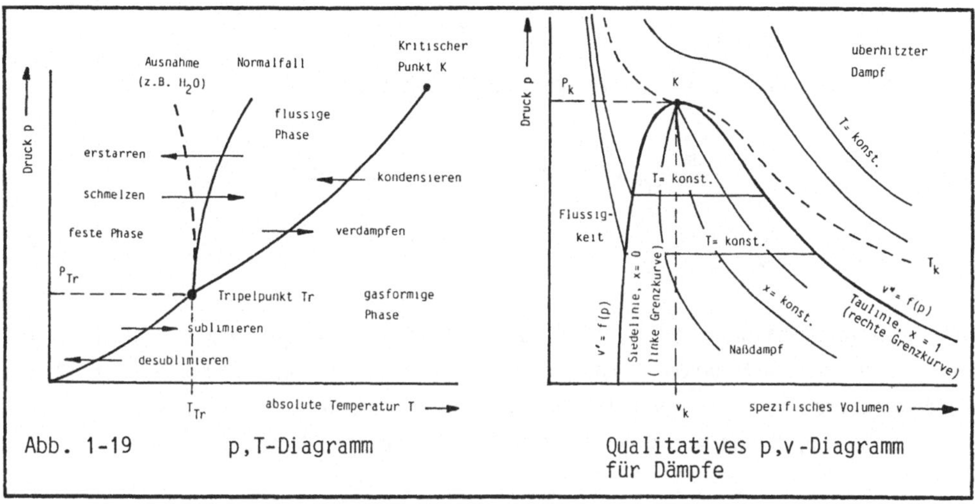

Abb. 1-19   p,T-Diagramm   Qualitatives p,v-Diagramm für Dämpfe

1.5.2   Naßdampf

Es sei nun die Verdampfung bei $p_{Tr} < p < p_k$ genauer betrachtet. Im p,v-Diagramm /Abb. 1-19/ werden die Zustandsgrößen auf der Siedelinie mit einem Strich, die auf der Taulinie mit zwei Strichen gekennzeichnet. Da das Volumen v" des Sattdampfes größer ist als das Volumen v' der siedenden Flüssigkeit, ist die Verdampfung mit einer Volumenzunahme verbunden. Die Zustandsgleichung v = v (T, p) ist damit nicht mehr eindeutig; man benötigt zur Beschreibung des Zustandes des Naßdampfes eine weitere Größe, den Dampfgehalt x. Er wird definiert als

$$x = \frac{\text{Masse des trocken gesättigten Dampfes}}{\text{Masse des Naßdampfes}} = \frac{m''}{m' + m''} \; .$$

Auf der Siedelinie ist m" = 0 und damit x = 0, auf der Taulinie m' = 0 und x = 1.

Das spezifische Volumen des Naßdampfes kann aus den (druckabhängigen) Größen v'
und v" ermittelt werden. Das Volumen des Naßdampfes setzt sich zusammen aus dem
Volumen der Flüssigkeit und dem Volumen des Sattdampfes:

$$V = m' \, v' + m'' \, v''.$$

Für die Massen gilt analog

$$m = m' + m''$$

und damit ist das spezifische Volumen des Naßdampfes v

$$v = \frac{V}{m} = \frac{m'}{m' + m''} \, v' + \frac{m''}{m' + m''} \, v'' = (1 - x) \, v' + x \, v'' \quad \text{bzw.}$$

$$v = v' + x \, (v'' - v') \, .$$

Die Grenzvolumina v' und v" sind für technisch wichtige Dämpfe bekannt, und
damit kann bei bekanntem x das spezifische Volumen des Naßdampfes ermittelt
werden. Ebenso wie das spezifische Volumen v lassen sich die kalorischen Zustandsgrößen u, h und s aus den Werten für die beiden Phasen ermitteln:

$$u = u' + x \, (u'' - u')$$

$$h = h' + x \, (h'' - h')$$

$$s = s' + x \, (s'' - s') \, .$$

Die Werte der Zustandsgrößen auf den Grenzkurven sind für technisch wichtige
Dämpfe (H_2O, Kältemittel) in Dampftafeln tabelliert.

1.5.3   Verdampfungsenthalpie

Die zur vollständigen isobaren Verdampfung von siedender Flüssigkeit zuzuführende Wärme heißt Verdampfungsenthalpie r (auch Verdampfungswärme) und ergibt sich
nach dem 1. Hauptsatz mit dp = 0 zu

$$r = h'' - h'.$$

Mit der Definition der Enthalpie

$$h = u + pv$$

kann man für r auch schreiben

$$r = u'' - u' + p (v'' - v').$$

Die Verdampfungsenthalpie setzt sich also zusammen aus der Änderung der inneren Energie($\varphi = u'' - u'$; innere Verdampfungswärme) und der Volumenänderungsarbeit ($\Psi = p (v'' - v')$; äußere Verdampfungswärme).

1.5.4   Überhitzter Dampf

Wird dem Sattdampf weiter Wärme zugeführt, so entsteht überhitzter Dampf. Bei niedrigen Drücken verhält sich der überhitzte Dampf wie ein ideales Gas. Bei höheren Drücken kann das Verhalten des Dampfes nicht mehr durch die thermische Zustandsgleichung für ideale Gase beschrieben werden. Man verwendet dann meist die Virialform der Zustandsgleichung (s. dazu 1.3.3). Den Realgasfaktor z von Wasserdampf als Funktion von p und T zeigt Abb. 1-20.

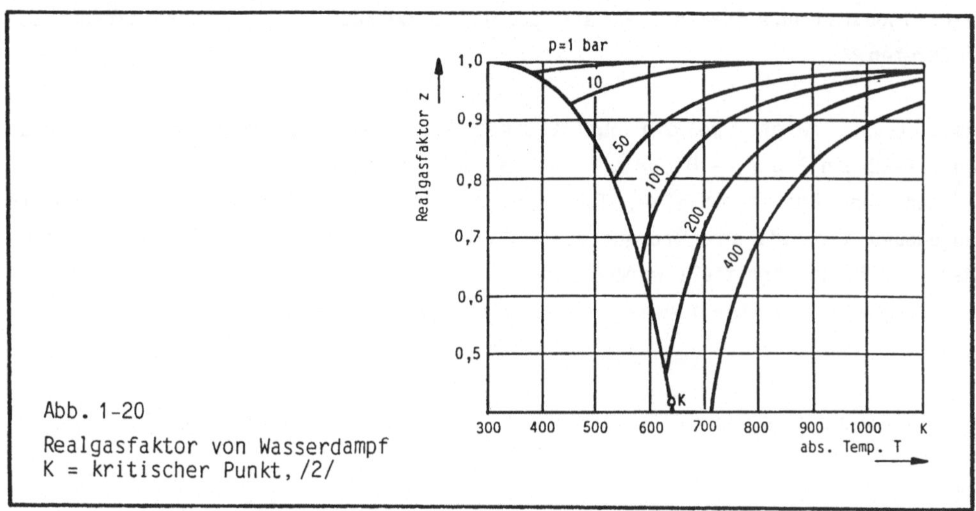

Abb. 1-20

Realgasfaktor von Wasserdampf
K = kritischer Punkt, /2/

Die kalorischen Zustandsgrößen h und s lassen sich für überhitzten Dampf aus den Werten h'' und s'' für den zugehörigen Druck nach den folgenden Beziehungen berechnen:

$$h = h'' + \int_{T_s}^{T} c_p (T)\, dT$$

$$s = s'' + \int_{T_s}^{T} \frac{dh}{T} = s'' + \int_{T_s}^{T} c_p (T)\, \frac{dT}{T} \ .$$

1.5.5   Zustandsdiagramme und Zustandsänderungen

Anstelle des p,v-Diagramms werden für die Lösung technischer Aufgaben oft T,s- oder h,s-Diagramme angewandt.

Bei T,s-Diagrammen können reversibel übertragene Wärmemengen als Flächen dargestellt werden, da nach dem 2. Hauptsatz gilt

$$q_{12,rev} = \int_1^2 T\ ds \ .$$

h,s-Diagramme haben den Vorteil, daß reversibel isobar übertragene Wärmemengen und bei adiabaten Zustandsänderungen verrichtete technische Arbeiten direkt als Strecken abgegriffen werden können, da sich nach dem 1. Hauptsatz für offene Systeme bei Vernachlässigung von potentieller und kinetischer Energie die Beziehungen

$$q_{12,rev} = h_2 - h_1 \qquad \text{und} \qquad w_{t,12,ad} = h_2 - h_1$$

ergeben.

In der Kältetechnik wird hauptsächlich mit log p,h- Diagrammen gearbeitet, da hier Isobaren und Isenthalpen als parallele Geraden zu den Koordinatenachsen auftreten.

Abb. 1-21 zeigt je ein qualitatives T,s- und h,s-Diagramm für Dämpfe, Abb. 1-22 ein log p,h- Diagramm. In Tab. 1-3 sind die wichtigsten Zustandsänderungen von Dämpfen im p,v-, T,s- und h,s-Diagramm aufgeführt, wobei jeweils angegeben ist, wie die Prozeßgrößen Wärme und Arbeit mit Hilfe der Diagramme dargestellt und ermittelt werden können.

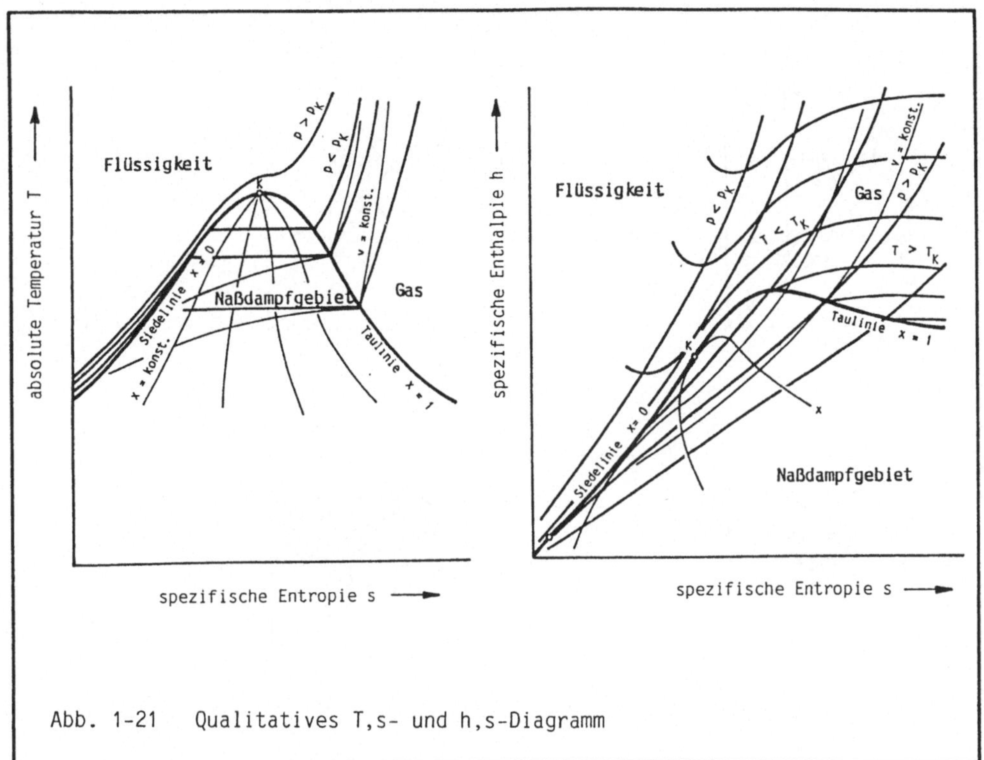

Abb. 1-21   Qualitatives T,s- und h,s-Diagramm

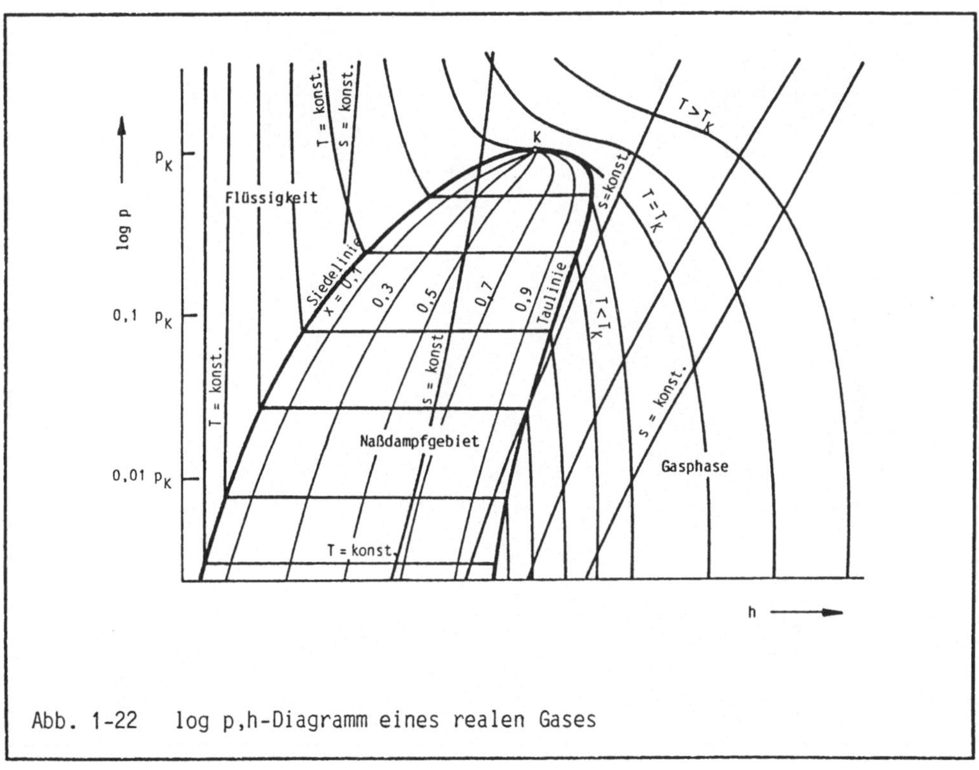

Abb. 1-22   log p,h-Diagramm eines realen Gases

Tab. 1-3   Zustandsänderungen von Dämpfen, nach /13/

            Blatt 1

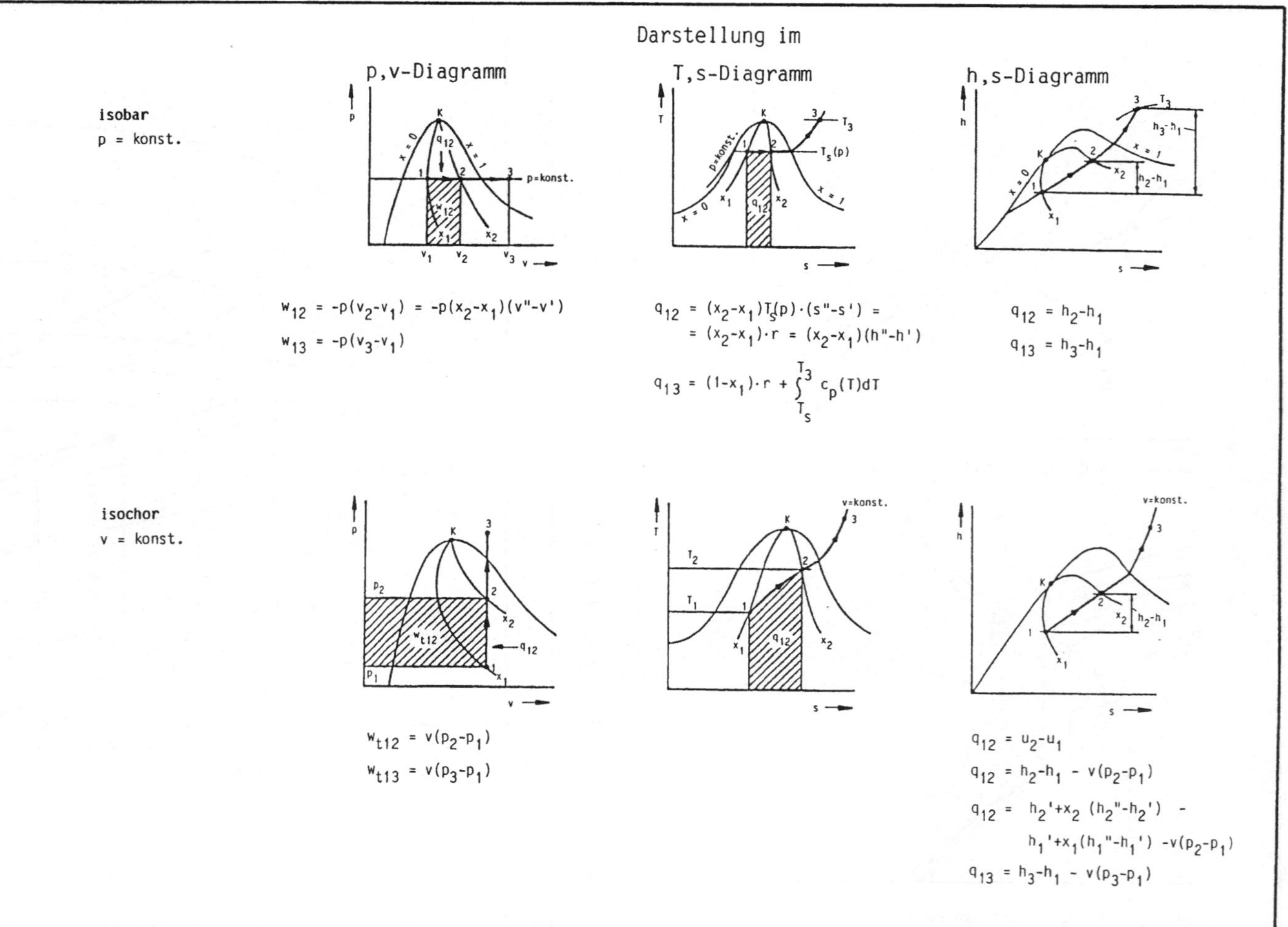

Darstellung im

| p,v-Diagramm | T,s-Diagramm | h,s-Diagramm |

isobar
p = konst.

$$w_{12} = -p(v_2-v_1) = -p(x_2-x_1)(v''-v')$$

$$w_{13} = -p(v_3-v_1)$$

$$q_{12} = (x_2-x_1)T_s(p)\cdot(s''-s') =$$
$$= (x_2-x_1)\cdot r = (x_2-x_1)(h''-h')$$

$$q_{13} = (1-x_1)\cdot r + \int_{T_s}^{T_3} c_p(T)dT$$

$$q_{12} = h_2-h_1$$

$$q_{13} = h_3-h_1$$

isochor
v = konst.

$$w_{t12} = v(p_2-p_1)$$

$$w_{t13} = v(p_3-p_1)$$

$$q_{12} = u_2-u_1$$

$$q_{12} = h_2-h_1 - v(p_2-p_1)$$

$$q_{12} = h_2'+x_2 (h_2''-h_2') - h_1'+x_1(h_1''-h_1') -v(p_2-p_1)$$

$$q_{13} = h_3-h_1 - v(p_3-p_1)$$

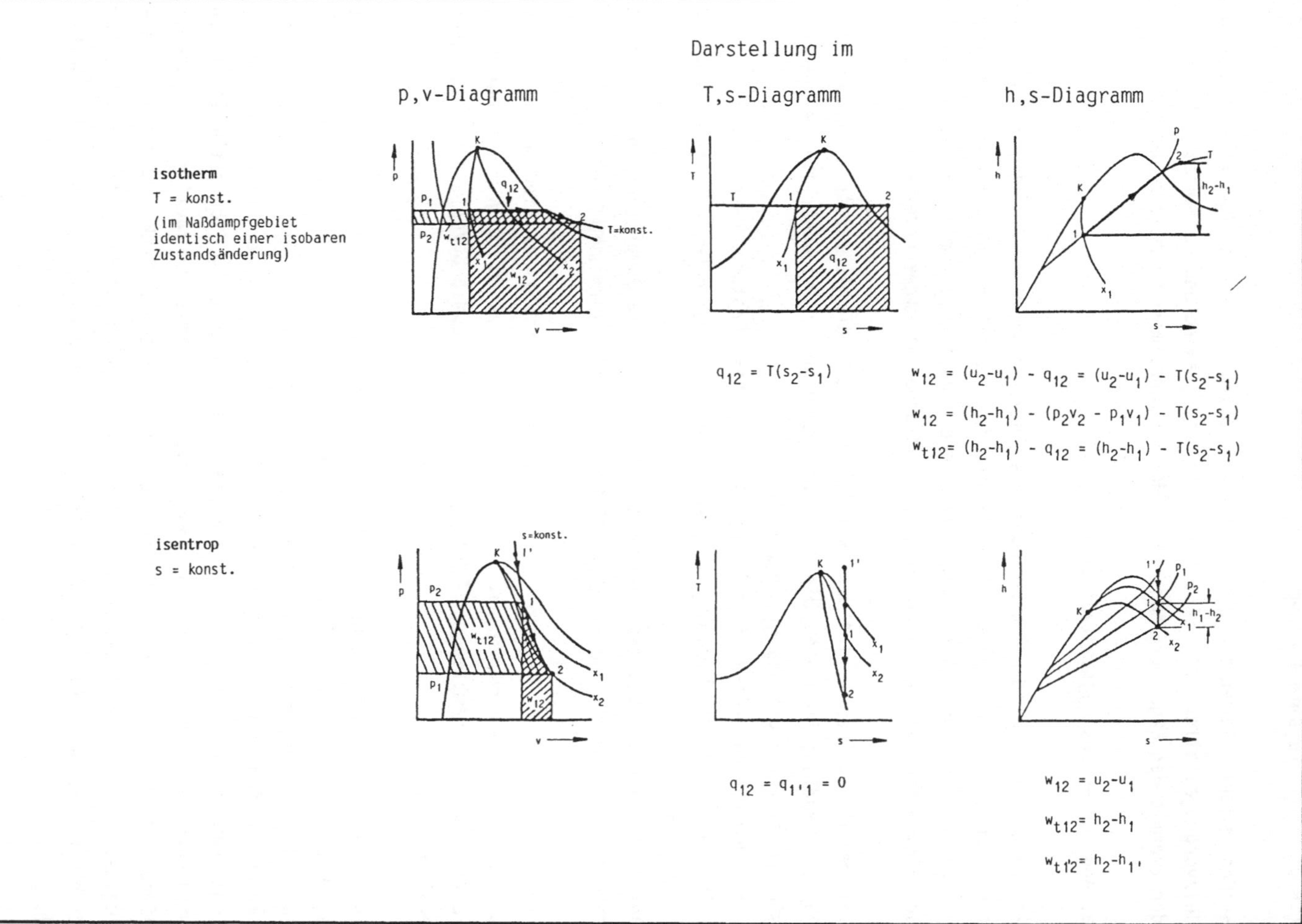

Tab. 1-3   Zustandsänderungen von Dämpfen, nach /13/
Blatt 2

1.5.6   Zusammenfassung

Heißes Wasser, Sattdampf und überhitzter Dampf sind wichtige Wärmeträger bei
Heizvorgängen aller Art. Eine Reihe von Energiewandlungsverfahren basieren auf
den thermischen Eigenschaften dieser Medien (Dampfmaschinenprozesse).

a) Änderungen des Aggregatzustandes

Phasenumwandlungen (d.h. Änderungen des Aggregatzustandes) finden bei bestimmten, vom Stoff abhängigen Temperaturen bzw. Drücken statt. Bei Wärmezufuhr
gelangt man so vom festen Zustand über die Flüssigkeit zum gasförmigen Zustand.
Bei Wärmeentzug verlaufen die Phasenumwandlungen in umgekehrter Reihenfolge.

Bei reinen Stoffen bleibt bei konstantem Druck die Temperatur während einer
Phasenumwandlung konstant. Die für die Phasenumwandlung benötigten Wärmemengen
sind ebenfalls stoffabhängig und heißen
- für den Übergang fest $\rightleftharpoons$ flüssig: Schmelz- bzw. Erstarrungsenthalpie
- für den Übergang flüssig $\rightleftharpoons$ gasförmig: Verdampfungs- bzw. Kondensationsenthalpie
Der Zustandspunkt, bei dem Feststoff, Flüssigkeit und Dampf (Gas) eines Stoffes
untereinander im Phasengleichgewicht stehen, heißt Tripelpunkt /Abb. 1-19/.

Findet der Übergang flüssig $\rightarrow$ dampfförmig unterhalb des Siedepunktes statt,
spricht man von Verdunstung. Die Intensität dieses Vorganges ist durch den
Partialdruck des Dampfes der Flüssigkeit im Dampfraum außerhalb der Flüssigkeit
bestimmt.

Reale Gase und Dämpfe verhalten sich bei hohen Temperaturen wie ideale Gase: Im
p,v-Diagramm sind die Isothermen gleichseitige Hyperbeln, d.h. $p \cdot v = const.$,
/Abb. 1-19/. Bei niedrigeren Temperaturen (kleineren Werten von v) gilt diese
Beziehung nicht mehr, die Hyperbeln verformen sich. Weitere Wärmeabfuhr führt zu
Kondensation, der Bereich, in dem Flüssigkeit und Dampf gleichzeitig vorliegen,
wird durch die linke und rechte Grenzkurve (Siedelinie und Taulinie) abgegrenzt.
Diese beiden Grenzkurven treffen sich im kritischen Punkt. Oberhalb dieses
Punktes ist eine Verflüssigung von Gas nicht möglich, es liegt dann ein hochver-
dichtetes Gas mit Flüssigkeitscharakter ohne Phasentrennung oder Tröpfchenbil-
dung vor.

Im p,v-Diagramm sind dann folgende Bereiche zu erkennen:

- linke Grenzkurve: Beginn der Verdampfung, Ende der Kondensation, alle Größen
  auf der Grenzkurve erhalten ', z.B. v',

- rechte Grenzkurve: Beginn einer Kondensation, Ende der Verdampfung, alle
  Größen auf der Grenzkurve erhalten   ", z.B. v",
- dazwischen liegt das Naßdampf-(Zweiphasen-) Gebiet; längs p und T = const.
  ergeben sich unterschiedliche spezifische Dampfgehalte von x = x' = 0 bis
  x = x" = 1. Dabei ist:

$$x = \frac{\text{Masse des Dampfes}}{\text{Masse des Dampfes + Masse der Flüssigkeit}}$$

$$x = \frac{m"}{m" + m'} \quad .$$

Mit den Größen, die zu den Grenzkurven gehören, lassen sich alle weiteren
Größen im Naßdampfgebiet berechnen.

- Gebiet der Flüssigkeit links von der Siedelinie.
- Gebiet des überhitzten Dampfes rechts von der Taulinie.

Charakteristische Werte, z.B. v', v", h', h" usw. für Wasser sind in den
Dampftafeln tabelliert.

b) Mollier-Diagramme

Zur Berechnung von Zustandsänderungen im Naßdampfgebiet bzw. in dessen Nähe gibt
es neben dem p,v-Diagramm eine Reihe weiterer nützlicher Darstellungen, die für
bestimmte Stoffe gelten und die für bestimmte Anwendungen entwickelt wurden.

Z.B.:
T,s-Diagramme
Wärmemengen werden bei reversibler Prozeßführung als Flächen dargestellt.

h,s-Diagramme
Enthalpiedifferenzen sind als Strecken abgreifbar, nach dem 1. HS entspricht die
Enthalpiedifferenz zwischen Anfangs- und Endzustand

- bei adiabater Expansion bzw. Kompression der freiwerdenden bzw. benötigten
  technischen Arbeit
- bei einer Verdampfung bzw. Kondensation mit p = const. der benötigten bzw.
  freigesetzten Wärmemenge.

p,h- und log p,h-Diagramme

Hier lassen sich isobare Zustandsänderungen besonders übersichtlich darstellen.
Diese Diagramme haben sich in der Kältetechnik (und Wärmepumpentechnik) einge-
bürgert. Will man einen größeren Druckbereich darstellen, ist es günstig, den
Druck logarithmisch aufzutragen.

Beispiele für Zustandsänderungen von Dämpfen und ihre Darstellung im p,v-, T,s-
und h,s-Diagramm sind in Tab. 1-3 aufgeführt.

1.6	Feuchte Luft
1.6.1	Definitionen

Feuchte Luft ist ein Gasgemisch, bestehend aus trockener Luft und Wasserdampf.
Im Gegensatz zu anderen idealen Gasgemischen sind Luft und Wasserdampf nicht
unbeschränkt miteinander mischbar; der Partialdruck des Wasserdampfes p_W hat
einen temperaturabhängigen Maximalwert, den Sättigungsdruck $p_S = p_S(t)$. Die
Druckabhängigkeit von p_S ist im technisch relevanten Bereich vernachlässigbar
gering. Für $p_W < p_S$ heißt die feuchte Luft ungesättigt, für $p_W = p_S$ gesättigt.
Werte von p_S können den Wasserdampftafeln entnommen werden. Da die auftretenden
Partialdrücke des Wasserdampfes sehr klein sind, kann der Wasserdampf wie ein
ideales Gas behandelt werden.

1.6.1.1   Wassergehalt

Die Masse der feuchten Luft m setzt sich aus der Masse der trockenen Luft m_L und
der Masse des Wassers m_W zusammen

$$m = m_L + m_W,$$

wobei das Wasser gasförmig, flüssig oder fest vorliegen kann. In technischen
Prozessen bleibt m_L meist konstant, m_W ändert sich dagegen. Daher wählt man als
Bezugsgröße die Masse der trockenen Luft m_L und definiert den Wassergehalt

$$x = \frac{m_W}{m_L} \quad \text{in} \quad \frac{\text{kg Wasser}}{\text{kg trockene Luft}} \, . \tag{1-84}$$

Bei $p_W < p_S$ ist das Wasser gasförmig, und mit dem Partialdruck der Luft p_L und
den Gaskonstanten des Wasserdampfes R_W und der Luft R_L gilt

$$p_W = m_W \cdot R_W \cdot \frac{T}{V} \tag{1-85}$$

$$p_L = m_L \cdot R_L \cdot \frac{T}{V}$$

und damit

$$x = \frac{m_W}{m_L} = \frac{R_L}{R_W} \cdot \frac{p_W}{p_L} = 0{,}622 \, \frac{p_W}{p_L} \; .$$

Der Gesamtdruck ist die Summe der Partialdrücke, woraus weiter folgt

$$p_L = p - p_W \quad \text{und} \quad x = 0{,}622 \, \frac{p_W}{p - p_W} \; . \tag{1-86}$$

Im Sättigungszustand ergibt sich mit $p_W = p_S$ aus (1-86)

$$x_S = 0{,}662 \, \frac{p_S}{p - p_S} = x_S(t,p) . \tag{1-87}$$

Wird $x > x_S$, so liegt ein Teil des Wassers in flüssiger ($t > 0 \, °C$) oder fester ($t < 0 \, °C$) Form vor.

1.6.1.2   Relative Feuchte

Die relative Feuchte φ wird definiert als das Verhältnis aus dem Partialdruck des Wasserdampfes p_W und dem Sättigungsdruck p_S

$$\varphi = \frac{p_W}{p_S} \; . \tag{1-88}$$

Für ungesättigte Luft ist $\varphi < 1$, für gerade gesättigte Luft ist $\varphi = 1$. Zwischen und x bestehen die Zusammenhänge

$$x = 0{,}622 \, \frac{\varphi \, p_S}{p - \varphi \, p_S}$$

und

$$\varphi = \frac{p}{p_S} \cdot \frac{x}{0{,}622 + x} \; . \tag{1-90}$$

Es ist zu beachten, daß die relative Feuchte φ nur für $x < x_S$ ein sinnvolles, eindeutiges Maß für den Wassergehalt der feuchten Luft darstellt.

1.6.1.3   Absolute Feuchte

Neben Wassergehalt x und relativer Feuchte φ wird manchmal auch die absolute
Feuchte

$$\rho = \frac{m_W}{V}$$

zur Kennzeichnung der Feuchtigkeit von ungesättigter Luft verwendet. Mit
Gleichung (1-85) ergibt sich folgende Beziehung zwischen absoluter Feuchte und
Partialdruck p_W

$$\rho = \frac{p_W}{R_W \cdot T} \; .$$

1.6.1.4   Taupunkt

Kühlt man ungesättigte feuchte Luft isobar ab, so bleiben p_W und x konstant. Der
Punkt, bei dem der Sättigungsdruck des Wasserdampfes dem vorliegenden Partial-
druck entspricht, d. h. an dem die feuchte Luft gesättigt ist, heißt Taupunkt.
Die zugehörige Temperatur heißt Taupunkttemperatur. Bei einer Abkühlung unter
den Taupunkt geht ein Teil des Wasserdampfes in die flüssige oder feste Phase
(Reif) über.

1.6.2   Spezifische Enthalpie feuchter Luft

Die Enthalpie H der feuchten Luft ergibt sich aus der Summe der Enthalpien der
Bestandteile

$$H = H_L + H_W = m_L \, h_L + m_W \, h_W \; .$$

Aus dem schon beim Wassergehalt genannten Grund wählt man als Bezugsmasse die
Masse der trockenen Luft m_L. Die spezifische Enthalpie von (1 + x) kg feuchter
Luft (= 1 kg trockener Luft) errechnet sich dann zu

$$h_{1+x} = h_L + \frac{m_W}{m_L} \, h_W = h_L + x \, h_W \; .$$

Der Nullpunkt der Enthalpie wird auf 0 °C festgelegt, und zwar bei Wasser für
den flüssigen Zustand.

Dann wird die Enthalpie der Luft

$$h_L = c_{p,L} \cdot t$$

und die Enthalpie des Wasserdampfes (bei Betrachtung als ideales Gas ist h_W nur eine Funktion von T)

$$h_W = r_0 + c_{p,W} \cdot t \ .$$

Für ungesättigte feuchte Luft ergibt sich damit

$$h_{1+x} = c_{p,L} \cdot t + x \, (r_0 + c_{p,W} \cdot t) \ . \tag{1-91}$$

Bei gesättigter feuchter Luft müssen zwei Fälle unterschieden werden:

a) $t > 0\ °C$; d.h. die feuchte Luft enthält 1 kg trockene Luft, x_S kg Wasserdampf und $(x - x_S)$ kg flüssiges Wasser je kg trockene Luft.

$$h_{1+x} = c_{p,L} \cdot t + x_S \, (r_0 + c_{p,W} \cdot t) + (x - x_S) \, c_W \cdot t \ . \tag{1-92}$$

b) $t < 0\ °C$; d. h. die feuchte Luft enthält 1 kg trockene Luft, x_S kg Wasserdampf und $(x - x_S)$ Eis je kg trockene Luft. Für die Enthalpie gilt

$$h_{1+x} = c_{p,L} \cdot t + x_S \cdot (r_0 + c_{p,W} \cdot t) + (x - x_S) \, (c_E \cdot t - r_E) \ . \tag{1-93}$$

Im technisch relevanten Bereich sind die Stoffwerte konstant.

Bezeichnung	Formelzeichen	Zahlenwert
spez. Wärmekapazität der Luft	$c_{p,L}$	$1{,}004$ kJ $(kgK)^{-1}$
spez. Wärmekapazität des Dampfes	$c_{p,W}$	$1{,}86$ kJ $(kgK)^{-1}$
spez. Wärmekapazität des Wassers	c_W	$4{,}19$ kJ $(kgK)^{-1}$
spez. Wärmekapazität des Eises	c_E	$2{,}05$ kJ $(kgK)^{-1}$
Verdampfungsenthalpie Wasserdampf	r_0	2500 kJ kg^{-1}
Schmelzwärme des Eises	r_E	333 kJ kg^{-1}

Tab. 1-4 Stoffwerte für feuchte Luft

1.6.3   h,x-Diagramm für feuchte Luft

Zur Darstellung der Zustandsänderungen feuchter Luft verwendet man das h,x-Diagramm mit der Enthalpie h_{1+x} der feuchten Luft als Ordinate und dem Wassergehalt x als Abszisse. Um den technisch wichtigen Bereich der ungesättigten feuchten Luft größer darzustellen, entwirft man das Diagramm schiefwinklig, und zwar so, daß die 0 °C-Isotherme im ungesättigten Gebiet horizontal verläuft. Abb. 1-23 zeigt die Konstruktion der Isothermen im h,x-Diagramm. Aus Gleichung (1-91) ergibt sich, daß die Isothermen im ungesättigten Gebiet Geraden mit der Steigung $(r_0 + c_{p,W} \cdot t)$ sind. Die Steigung der Isothermen nimmt also mit der Temperatur zu.

Da für $x > x_S$ ein Teil des Wassers in flüssiger Form (Nebel) in der feuchten Luft vorliegt und die Enthalpie von flüssigem Wasser kleiner ist als die Enthalpie von Wasserdampf gleicher Temperatur, knicken die Isothermen bei $x = x_S$ ab. Die Steigung der Nebelisothermen ergibt sich für $t > 0°$ C aus Gleichung (1-92) zu $c_W \cdot t$, für $t < 0$ °C aus Gleichung (1-93) zu $-(r_E - c_E \cdot t)$.

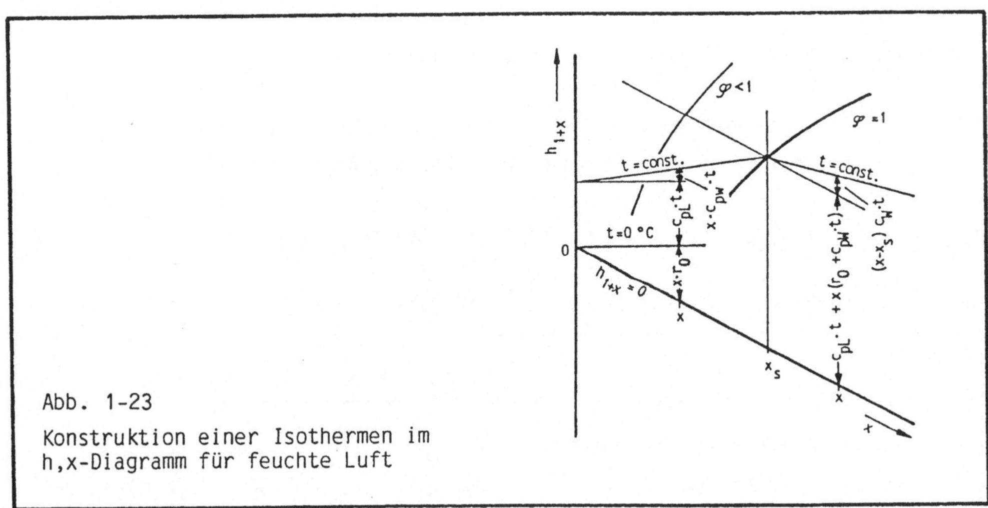

Abb. 1-23

Konstruktion einer Isothermen im
h,x-Diagramm für feuchte Luft

Abb. 1-24 zeigt genauer das Nebelgebiet im h,x-Diagramm. Für t = 0 °C ergeben sich zwei Nebelisothermen, da das Wasser sowohl flüssig als auch eisförmig vorliegen kann. Der zwischen den beiden Nebelisothermen t = 0 °C eingeschlossene Keil enthält die Zustände, bei denen Wasser- und Eisnebel nebeneinander auftreten. Gebräuchliche h,x-Diagramme werden durch Projektion der Abszisse in die Waagerechte rechtwinklig gemacht.

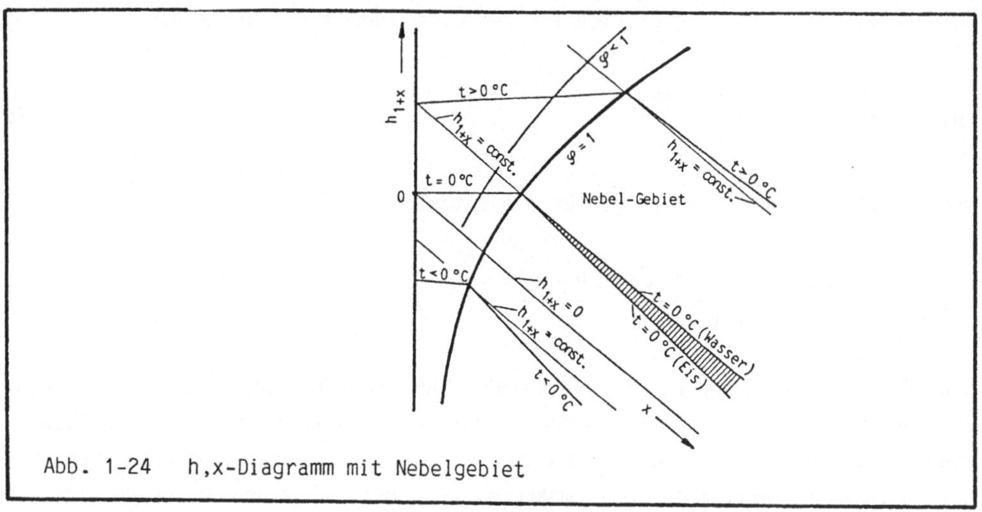

Abb. 1-24   h,x-Diagramm mit Nebelgebiet

Nach Gleichung (1-87) ist der Sättigungswassergehalt x_S nicht nur von der Temperatur, sondern auch vom Gesamtdruck abhängig. Daher hängt der Verlauf der Sättigungslinie $\varphi = 1$ als Verbindung aller Zustände $x = x_S$ vom Gesamtdruck ab; das h,x-Diagramm gilt also nur für den Gesamtdruck p.

1.6.4 Zustandsänderungen feuchter Luft
1.6.4.1 Mischung

Eine wichtige Zustandsänderung ist die isobare, adiabate Mischung von zwei Luftmassen m_{L1} und m_{L2} mit unterschiedlichen Zuständen. Für die Ermittlung des Mischungszustandes (Index Mi) stellt man die folgenden Massen- und Enthalpiebilanzen auf:

Massenbilanz der trockenen Luft

$$m_{L1} + m_{L2} = m_{LMi} \qquad (1-94)$$

Massenbilanz des Wassers

$$m_{L1} \cdot x_1 + m_{L2} \cdot x_{L2} = m_{LMi} \cdot x_{Mi} \qquad (1-95)$$

Enthalpiebilanz

$$m_{L1} \cdot h_{1+x,1} + m_{L2} \cdot h_{1+x,2} = m_{LMi} \cdot h_{1+x,\,Mi} \cdot \qquad (1-96)$$

Aus (1-94) und (1-95) ergibt sich für den Wassergehalt der Mischung

$$x_{Mi} = \frac{m_{L1} \cdot x_1 + m_{L2} \cdot x_2}{m_{L1} + m_{L2}} \qquad (1-97)$$

und aus (1-94) und (1-96) folgt für die Enthalpie

$$h_{1+x,\,Mi} = \frac{m_{L1} \cdot h_{1+x,1} + m_{L2} \cdot h_{1+x,2}}{m_{L1} + m_{L2}} \quad . \qquad (1-98)$$

Anhand der Gleichungen (1-97) und (1-98) läßt sich zeigen, daß der Mischungs-
zustand auf der Geraden zwischen den Zuständen 1 und 2 liegt und diese Mischge-
rade im umgekehrten Verhältnis der Massen m_{L1} und m_{L2} teilt /Abb. 1-25/. Das
gilt auch dann, wenn einer oder mehrere der Punkte 1, 2 und Mi im Nebelgebiet
liegen.

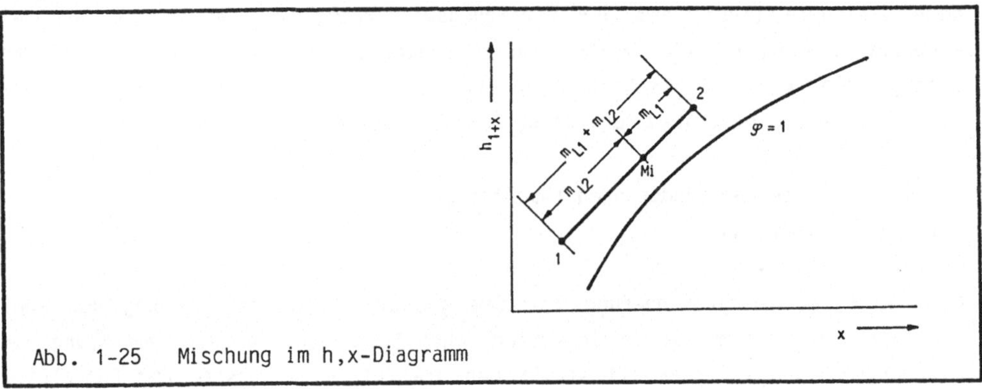

Abb. 1-25   Mischung im h,x-Diagramm

1.6.4.2   Kühlung und Erwärmung

Die Kühlung feuchter Luft läßt sich gedanklich auf die Mischung zurückführen. In
der Grenzschicht an der Kühleroberfläche kühlt sich die Luft auf die Kühlflächentemperatur ab. Aufgrund der Strömung lösen sich die abgekühlten Luftteilchen
von der Kühlfläche ab und vermischen sich mit der übrigen Luft. Abb. 1-26 zeigt
zwei mögliche Fälle bei der Kühlung feuchter Luft vom Zustand 1. Für den Fall,
daß die Kühlflächentemperatur t_2 kleiner als die Taupunkttemperatur t_T ist,
liegt an der Grenzfläche gesättigte feuchte Luft vor; die Zustandsänderung
folgt der Linie 1 → 2, die Luft wird abgekühlt und entfeuchtet.

Ist die Kühlflächentemperatur t_3 dagegen größer als t_T, so ist auch die Luft in
der Grenzschicht ungesättigt und die Zustandsänderung folgt der Linie 1 → 3, der
Wassergehalt bleibt konstant.

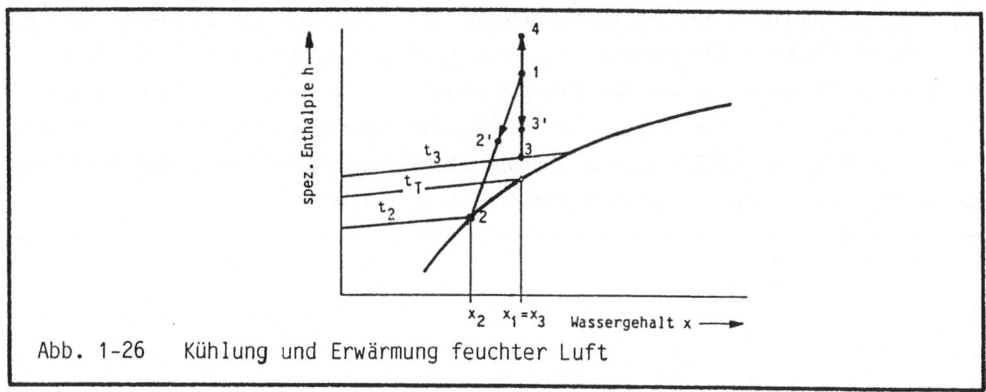

Abb. 1-26   Kühlung und Erwärmung feuchter Luft

Die Lage der Endpunkte 2 bzw. 3 der Zustandsänderungen hängt von der Größe der Kühlfläche und den Wärmeaustauschverhältnissen ab; die Punkte 2 bzw. 3 werden nur im theoretischen Grenzfall unendlich großer Flächen erreicht.

Bei der Erwärmung feuchter Luft bleibt der Wassergehalt x konstant, die Zustandsänderung verläuft also entsprechend der Linie 1 → 4 in Abb. 1-26.

1.6.4.3   Befeuchtung

Schließlich kann der Zustand feuchter Luft durch Einspritzen von Wasser (flüssig oder dampfförmig) mit der Enthalpie h_W verändert werden. Es handelt sich hierbei um einen Spezialfall der Mischung, bei dem m_{L2} Null und x_2 unendlich ist. Der Zustandspunkt 2 liegt in diesem Fall außerhalb des Diagramms, so daß die Darstellung nach Abb. 1-25 nicht möglich ist. Für die Mischung gilt

$$m_L (x_{Mi} - x_1) = m_W \tag{1-99}$$

und

$$m_L (h_{1+x, Mi} - h_{1+x,1}) = m_W h_W \, ,$$

woraus folgt

$$\frac{h_{1+x, Mi} - h_{1+x,1}}{x_{Mi} - x_1} = h_W \, . \tag{1-100}$$

In Gleichung (1-100) steht links die Steigung der Mischungsgeraden $\Delta h / \Delta x$; d.h. die Steigung der Mischungsgeraden ist gleich der Enthalpie des eingespritzten Wassers h_W. Die meisten h,x-Diagramme verfügen über einen Randmaßstab,

auf dem die Richtung der Zustandsänderung $\Delta h / \Delta x$ für verschiedene Wasser-
bzw. Dampfenthalpien eingetragen ist. Abb. 1-27 zeigt beispielhaft die Darstellung einer Einspritzung von überhitztem Dampf mit der Enthalpie h_W in ungesättigte feuchte Luft. Den Endpunkt Mi der Zustandsänderung kann man bei Kenntnis
von m_L und m_W mit Hilfe von Gleichung (1-99) ermitteln; er ergibt sich als
Schnittpunkt der Mischungsgeraden mit der Linie $x = x_{Mi}$.

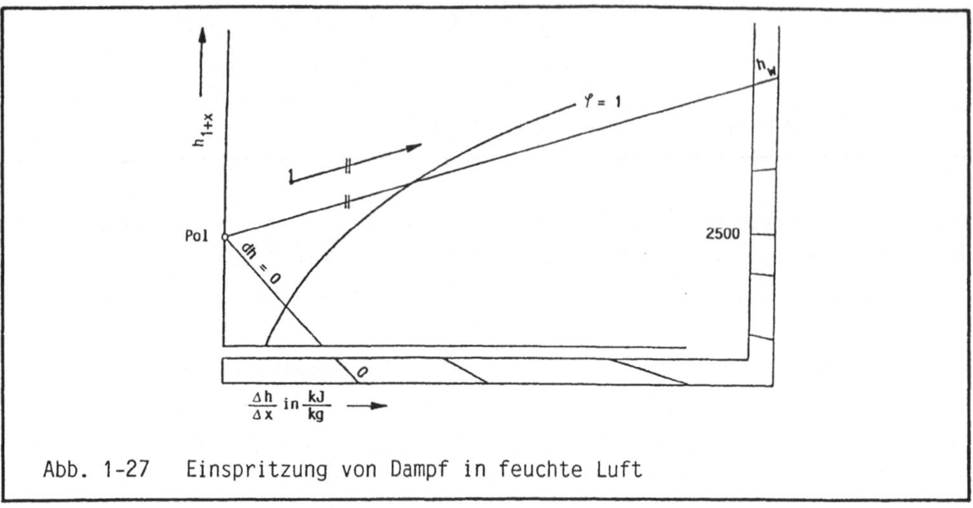

Abb. 1-27   Einspritzung von Dampf in feuchte Luft

1.6.5   Zusammenfassung

Feuchtes Gas ist eine Mischung eines oder mehrerer Gase mit Dämpfen, z.B.
Gemisch aus Luft (vornehmlich Stickstoff und Sauerstoff) mit Wasserdampf.
Zustandsänderungen feuchter Luft spielen eine Rolle bei der Abwärmenutzung und
in der Klimatechnik.

a) Definitionen

Luft löst je nach Temperatur und Druck verschieden viel Wasserdampf. Der
Dampfgehalt (auch Wassergehalt oder Beladung) ist

$$x = \frac{\text{Masse des Wasserdampfes}}{\text{Masse Luft}} = \frac{m_W}{m_L} \ .$$

Die je nach Temperatur und Druck maximal lösliche Wassermenge pro Masseneinheit
Luft ist der Grenzwassergehalt im Sättigungszustand $x = x_S$.

Damit ergibt sich der Sättigungsgrad:

$$\chi = \frac{x}{x_S}$$

78

Die Meteorologie rechnet mit der relativen Feuchtigkeit. Sie ist definiert als

$$\varphi = \frac{\text{Masse des Wasserdampfes}}{\text{mögliche Dampfmasse im Sättigungszustand}}$$

$$\varphi = \frac{m_W}{m_{Ws}} = \frac{p_W}{p_s} \leqslant 1 \ .$$

Dabei ist p_W der Partialdruck des Wasserdampfes und p_s der Sättigungsdruck. Setzt man für die Gas- und die Dampfkomponente die Zustandsgleichung für ideale Gase ein, so ergibt sich z.B. folgende Verknüpfung von Zustandsgrößen:

$$p_W \cdot V = m_W \cdot R_W \cdot T$$
$$p_L \cdot V = m_L \cdot R_L \cdot T$$

$$x = \frac{p_W}{p_L} \cdot \frac{R_L}{R_W}, \text{ mit } p_W + p_L = p \text{ auch}$$

$$x = \frac{p_W}{p - p_W} \cdot \frac{R_L}{R_W} \ ,$$

$$p_W = \frac{x \cdot p}{\frac{R_L}{R_W} + x} \ .$$

Für Wasserdampf-Luft-Gemisch ist:

$$\frac{R_L}{R_W} = 0,622 \ .$$

Andere Verknüpfungen sind analog einfach aus den Grunddefinitionen ableitbar.

b) Das h,x-Diagramm

Im schiefwinkligen h,x-Diagramm wird die Enthalpie der feuchten Luft über dem Wassergehalt der Luft dargestellt (wegen der besseren Übersichtlichkeit schiefwinklig).

h ist dabei die Enthalpie des Gemisches, bestehend aus 1 kg trockener Luft und x kg Wasserdampf je kg trockener Luft, auch als h_{1+x} bezeichnet. Die Linie $\varphi = 1$ trennt das Gebiet der feuchten Luft vom Nebelgebiet (bestehend aus Kondensat und gesättigter feuchter Luft). Die Isothermen sind leicht ansteigend und knicken an der Linie $\varphi = 1$ ab. Die Nebelisothermen im Übersättigungsgebiet verlaufen bei Kondensatausscheidung in Tropfen fast parallel zu den Isenthalpen (h = const) und bei fester Ausscheidung in Form von Reif etwas steiler als die Isenthalpen.

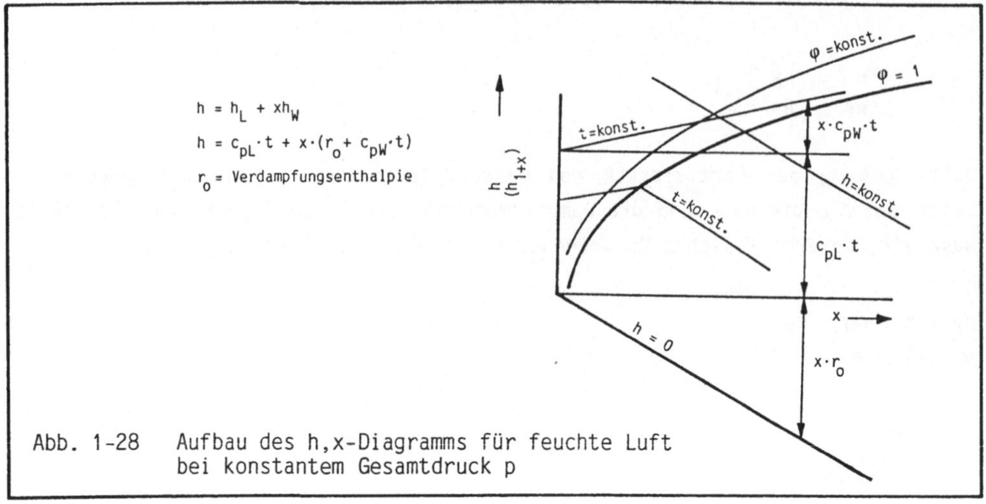

Abb. 1-28   Aufbau des h,x-Diagramms für feuchte Luft
bei konstantem Gesamtdruck p

c) Zustandsänderungen feuchter Luft

Folgende Fälle kommen häufig vor:

(1) Wassergehalt x bleibt konstant:
Erwärmung oder Abkühlung ohne Wasserzu- oder -abfuhr; im h,x-Diagramm direkt abgreifbar.

(2) Enthalpie h bleibt konstant:
Ohne Wärmezu- oder -abfuhr mit Aufnahme oder Abgabe von Wasser; im h,x-Diagramm direkt abgreifbar.

(3) Adiabate Mischung zweier Luftmassen
mit unterschiedlichen Zuständen. Der Mischzustand liegt auf der "Mischgeraden" zwischen den Zustandspunkten der Ausgangszustände. Die Lage des Mischpunktes hängt von den Massen m_1 und m_2 ab. Interpretiert man die Länge der Mischgeraden mit der Gesamtmasse $m_1 + m_2$, so teilt der Mischpunkt die Gesamtstrecke im Verhältnis m_1 und m_2 im Sinne abgewandter Hebelarme.

(4) Zumischung von Wasser oder Dampf zur feuchten Luft (Befeuchtung):
Da der Wassergehalt $x \rightarrow \infty$ im Diagramm nicht darstellbar ist, bedient man sich des Randmaßstabes.

Aus der Enthalpie- und der Massenbilanz folgt für die Enthalpie der zuge-
mischten Flüssigkeit

$$h_W = \frac{h_2 - h_1}{x_2 - x_1} \quad ,$$

dies entspricht der Steigung $\tan \alpha$ des resultierenden Zustandsverlaufs. Je
nach Neigung dieser Enthalpieänderung kann Abkühlung oder Erwärmung des
Gemisches erfolgen. Im h,x-Diagramm ist die Neigung der Enthalpielinien
h_W = const. als Verhältnis $\Delta h / \Delta x$ als Randmaßstab eingetragen, so daß nach
Ermittlung von h_W die Richtung der Zustandsänderung am Randmaßstab entnommen
werden kann. Bei Befeuchtung mit Wasser stellt der Schnittpunkt der Zustandsänderung von der Neigung h_W mit $\varphi = 1$ die Kühlgrenze dar.

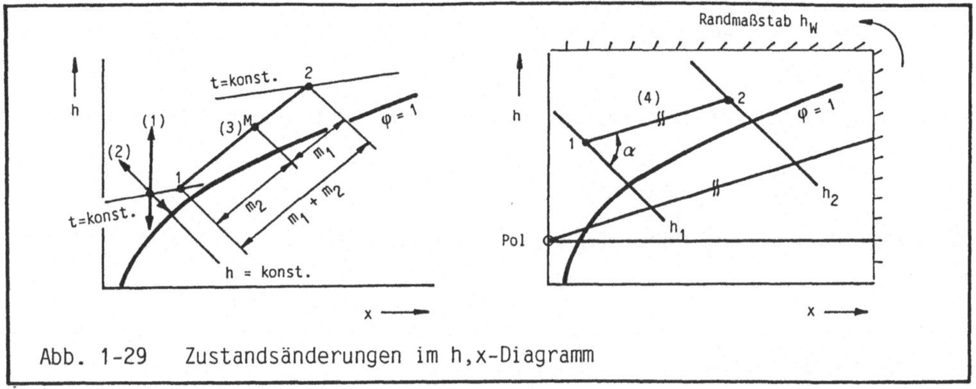

Abb. 1-29   Zustandsänderungen im h,x-Diagramm

1.7   Kreisprozesse

Kreisprozesse sind in der technischen Thermodynamik wichtig, weil mit ihrer
Hilfe kontinuierliche Energiewandlungsprozesse z. B. in Kraftwerken, Verbrennungsmotoren, Kälteanlagen und Wärmepumpen möglich sind. Ein Kreisprozeß ist
eine Folge von sich zyklisch wiederholenden Zustandsänderungen, wobei das
Arbeitsmedium nach jedem Zyklus wieder in seinen Ausgangszustand überführt wird.
Bei der folgenden Behandlung der Kreisprozesse werden folgende Voraussetzungen
gemacht:

- Das Arbeitsmittel durchläuft den Kreisprozeß mit unveränderlicher Masse und
  Zusammensetzung
- Die thermischen und kalorischen Zustandsgleichungen sind bekannt
- Jede Zustandsänderung des Kreisprozesses verläuft quasistatisch

Man kann unter diesen Voraussetzungen jeden Kreisprozeß in einem Zustandsdiagramm (p,v-oder T,s-Diagramm) als geschlossenen Linienzug darstellen. Verläuft der Linienzug im Uhrzeigersinn, so spricht man von einem Rechtsprozeß, bei Verlauf gegen den Uhrzeigersinn von einem Linksprozeß. Bei Rechtsprozessen kann man kontinuierlich Arbeit entnehmen, bei Linksprozessen muß man dagegen kontinuierlich Arbeit aufwenden (Kälteanlage, Wärmepumpe).

1.7.1 Der erste Hauptsatz für Kreisprozesse

Einen Kreisprozeß kann man sich als die Folge einer sehr großen Zahl infinitesimal kleiner Zustandsänderungen vorstellen. Für jede einzelne Zustandsänderung gilt der 1. Hauptsatz

$$dq = du - dw = dh - dw_t + d\left(\frac{c^2}{2}\right) + gdz \ . \tag{1-101}$$

Stellt man (1-101) für jede Zustandsänderung auf und summiert alle Gleichungen, so ergibt sich

$$\oint dq = \oint (du - dw) = \oint \left[dh - dw_t + d\left(\frac{c^2}{2}\right) + gdz\right], \tag{1-102}$$

wobei mit dem Kreisintegralzeichen ($\oint$) angedeutet werden soll, daß Anfangs- und Endzustand übereinstimmen. Da Zustandsgrößen unabhängig vom Weg sind, muß das Kreisintegral für jede Zustandsgröße gleich Null werden, d. h. Gleichung (1-102) wird zu

$$\oint dq = - \oint dw = - \oint dw_t \ . \tag{1-103}$$

Bei Kreisprozessen muß also nicht mehr zwischen Volumenänderungsarbeit und technischer Arbeit unterschieden werden. Man spricht nun von der Kreisprozeßarbeit w; w ist diejenige spezifische Arbeit, die dem System bei einem Rechtsprozeß (Linksprozeß) laufend entnommen (zugeführt) wird

$$w = \oint dw = \oint dw_t \ . \tag{1-104}$$

Nach dem ersten Hauptsatz kann man $\oint dw$ bzw. $\oint dw_t$ ersetzen:

$$w = - \oint pdv + \oint dw_R = \oint vdp + \oint dw_R \ . \tag{1-105}$$

Die Kreisprozeßarbeit w kann also in einem p,v-Diagramm für eine reversible Prozeßführung ($\oint dw_R = 0$) als die von der Zustandslinie eingeschlossene Fläche dargestellt werden (Abb. 1-30).

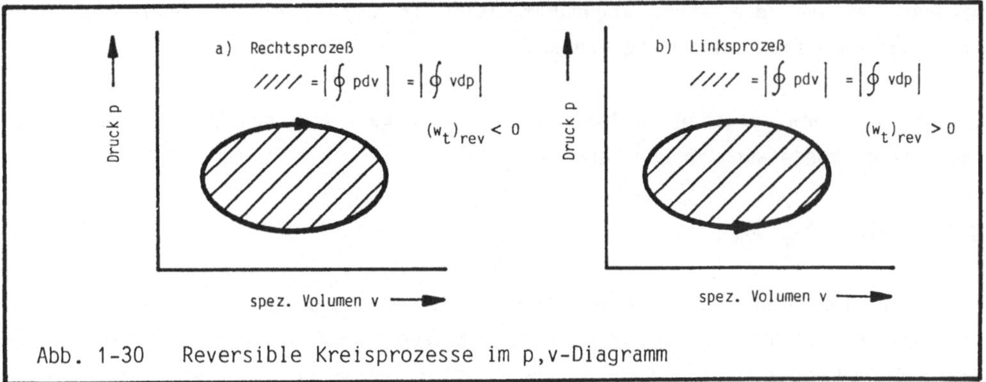

Abb. 1-30   Reversible Kreisprozesse im p,v-Diagramm

Bei irreversibler Prozeßführung ist die tatsächliche Kreisprozeßarbeit um die Reibungsarbeit kleiner (Rechtsprozeß) bzw. größer (Linksprozeß) als die von der Zustandslinie eingeschlossene Fläche.

Das Kreisintegral über die Wärme kann in zugeführte und abgeführte Wärme zerlegt werden

$$\oint dq = q_{zu} + q_{ab} = q_{zu} - \left| q_{ab} \right|, \tag{1-106}$$

und damit ergibt sich aus (1-103), daß - unabhängig von der Prozeßführung - immer gilt

$$q_{zu} + q_{ab} + w = 0 \quad \text{oder} \quad q_{zu} - \left| q_{ab} \right| + w = 0 . \tag{1-107}$$

1.7.2   Der zweite Hauptsatz für Kreisprozesse

Analog zum Vorgehen in Abschnitt 1.7.1 kann man den 2. HS auf Kreisprozesse anwenden und erhält durch Integration

$$\oint \frac{dq}{T} + \oint ds_{irr} = 0 . \tag{1-108}$$

Zerlegt man auch hier $\oint dq$ in zu- und abgeführte Wärme, so erhält man

$$\int \left(\frac{dq}{T} \right)_{zu} - \int \left(\frac{dq}{T} \right)_{ab} + \oint ds_{irr} = 0 . \tag{1-109}$$

Da $\oint ds_{irr}$ positiv ist und zugeführte Wärme ebenfalls positiv gerechnet wird, folgt aus Gleichung (1-109), daß ein Kreisprozeß ohne Wärmeabgabe unmöglich ist. Die abgeführte Wärme, die nach Gleichung (1-107) möglichst klein sein sollte, um $\left| w \right|$ zu maximieren, kann nur durch eine Senkung der Temperatur verringert werden, bei der die Wärme abgeführt wird. In der Regel ist aber hier die Umgebungstemperatur die untere Grenze.

Entsprechend dem Vorgehen in Abschnitt 1.2.3.1 kann man den zweiten Hauptsatz für Kreisprozesse auch in der Form

$$\oint T\,ds = \oint dq + \oint dw_R \qquad\qquad (1\text{-}110)$$

schreiben. Der Ausdruck $\oint T \cdot ds$ stellt in einem T,s-Diagramm die von der Zustandslinie des Kreisprozesses eingeschlossene Fläche dar, d.h. für einen reversiblen Prozeß ($dw_R = 0$) ist wegen der Gleichungen (1-106) und (1-107) diese Fläche ebenfalls ein Maß für die Kreisprozeßarbeit (Abb.1-31).

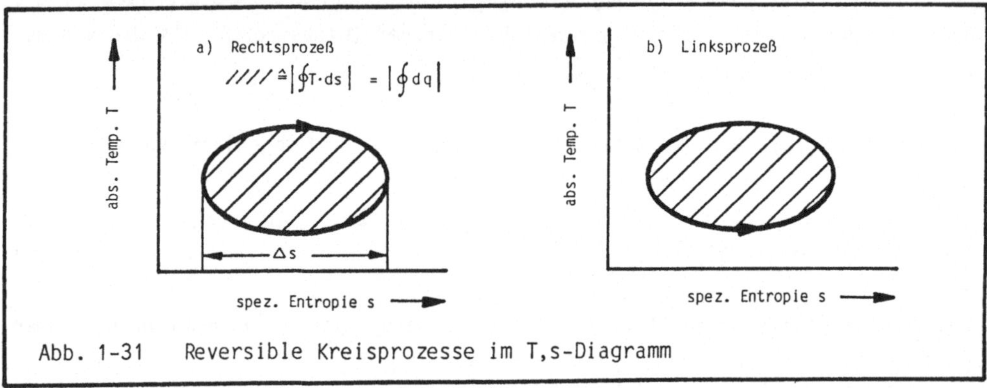

Abb. 1-31   Reversible Kreisprozesse im T,s-Diagramm

Die Kombination von erstem und zweitem Hauptsatz für Kreisprozesse ergibt (vgl. auch Abschnitt 1.2.3.2)

$$\oint \frac{T - T_u}{T}\, dq = -\oint dw + T_u \oint ds_{irr}\ . \qquad\qquad (1\text{-}111)$$

Mit Hilfe der Gleichung (1-111) werden die Vorgänge bei Kreisprozessen exergetisch beschrieben.

1.7.3   Bewertung von Kreisprozessen

Die Beurteilung von Energieumwandlungsprozessen kann nach ökonomischen oder thermodynamischen Gesichtspunkten erfolgen, wobei eine thermodynamische Bewertung Rückschlüsse auf die Wirtschaftlichkeit eines Prozesses zuläßt. Ganz allgemein werden Kreisprozesse mit Hilfe von Bewertungskennzahlen beurteilt, die Quotienten aus Nutzen und Aufwand sind.

$$\text{Bewertungskennzahl} = \frac{\text{Nutzen}}{\text{Aufwand}}\ .$$

Nutzen und Aufwand sind in der Regel Energien oder Energieströme (Leistungen), die entweder direkt (energetische Bewertungskennzahl) oder als Exergie (exergetische Bewertungskennzahl) eingesetzt werden.

Für den Fall, daß ein Kreisprozeß über einen längeren Zeitraum unter konstanten Bedingungen betrieben wird (z. B. Dampfkraftwerk), kann man Nutzen und Aufwand über einen sehr kurzen Zeitraum betrachten. Man spricht in diesem Fall von (zeitpunktbezogenen) Wirkungsgraden (Leistungsverhältnisse). Ändert sich dagegen der Betriebszustand einer Energieumwandlungsanlage über die Zeit (z. B. Variation der Verdampfungstemperatur einer Luft-Wasser-Wärmepumpe mit dem Tages- und Jahresgang der Außentemperatur), dann sind Wirkungsgrade wenig aussagefähig. Man muß in diesem Fall Nutzen und Aufwand über einen längeren Zeitraum (z. B. eine Heizperiode) integrieren und dann zueinander ins Verhältnis setzen. Die auf diese Art entstehenden Bewertungskennzahlen heißen (zeitraumbezogene) Nutzungsgrade (Arbeitsverhältnisse). Im folgenden wird die zeitpunktbezogene Bewertung von Kreisprozessen behandelt.

1.7.3.1 Beispiele für Rechtsprozesse und ihre energetische Bewertung

Eine übliche Kennzahl zur energetischen Bewertung von Rechtsprozessen ist der thermische Wirkungsgrad (stationärer Betrieb)

$$\eta_{th} = \frac{-W}{Q_{zu}} = \frac{|w|}{q_{zu}} \, . \tag{1-112}$$

Mit Hilfe von (1-107) läßt sich (1-112) auch in der Form

$$\eta_{th} = \frac{q_{zu} - |q_{ab}|}{q_{zu}} = 1 - \frac{|q_{ab}|}{q_{zu}} \tag{1-113}$$

schreiben. Für Wärmezu- und -abfuhr gilt für einen reversiblen Prozeß nach dem 2. Hauptsatz

$$q_{zu} = \int_{zu} T ds \qquad \text{bzw.} \qquad q_{ab} = \int_{ab} T ds \, .$$

Aus der Darstellung des Prozesses im T,s-Diagramm ergibt sich, daß die Entropiezunahme bei der Wärmezufuhr gleich der Entropieabnahme bei der Wärmeabfuhr ist (Δs in Abb.1-31). Für Wärmezu- und -abfuhr kann man mittlere Temperaturen definieren

$$T_{m,zu} = \frac{q_{zu}}{\Delta s} \qquad \text{und} \qquad T_{m,ab} = \frac{|q_{ab}|}{\Delta s}$$

und kann damit schreiben

$$\eta_{th} = 1 - \frac{T_{m,ab}}{T_{m,zu}} \; . \qquad\qquad (1\text{-}114)$$

Der thermische Wirkungsgrad wird also um so größer, je höher die mittlere Temperatur bei der Wärmezufuhr und je niedriger die mittlere Temperatur bei der Wärmeabfuhr ist.

Der thermische Wirkungsgrad η_{th} ist allerdings nicht das einzige Kriterium zur energetischen Bewertung eines Kreisprozesses. Die Leistung einer Wärmekraftmaschine errechnet sich nach der Beziehung

$$P = \dot{m} \cdot w \; ,$$

d.h. neben der spezifischen Kreisprozeßarbeit w geht auch der umlaufende Massenstrom $\dot{m}$ des Arbeitsmediums ein. Eine kleine spezifische Kreisprozeßarbeit bedeutet daher bei vorgegebener Leistungsanforderung eine große Maschine mit entsprechenden Investitionskosten. Anhand eines Carnot-Prozesses soll nun gezeigt werden, daß eine Maximierung des thermischen Wirkungsgrades dazu führen kann, daß die spezifische Kreisprozeßarbeit sehr klein und der Prozeß damit unbrauchbar wird.

Der Carnot-Prozeß besteht aus zwei Isothermen und zwei Isentropen (Abb. 1-32).

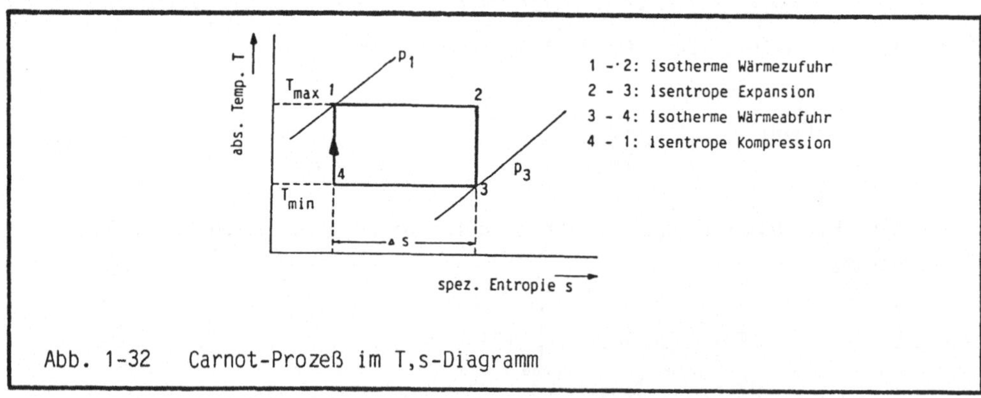

Abb. 1-32   Carnot-Prozeß im T,s-Diagramm

Für den thermischen Wirkungsgrad des Carnot-Prozesses ergibt sich mit Gleichung (1-114)

$$\eta_{th,C} = 1 - \frac{T_{min}}{T_{max}} \; ,$$

d.h. der thermische Wirkungsgrad wird bei gegebener Umgebungstemperatur ($=T_{min}$) um so größer, je höher T_{max} gewählt wird. In der Realität ist aber nicht nur T_{max}, sondern auch p_{max} aus Werkstoffgründen begrenzt. Innerhalb der gegebenen Grenzen (p_{max}, T_{max}, p_{min}, T_{min}) sind verschiedene Prozeßrealisationen denkbar (Abb. 1-33).

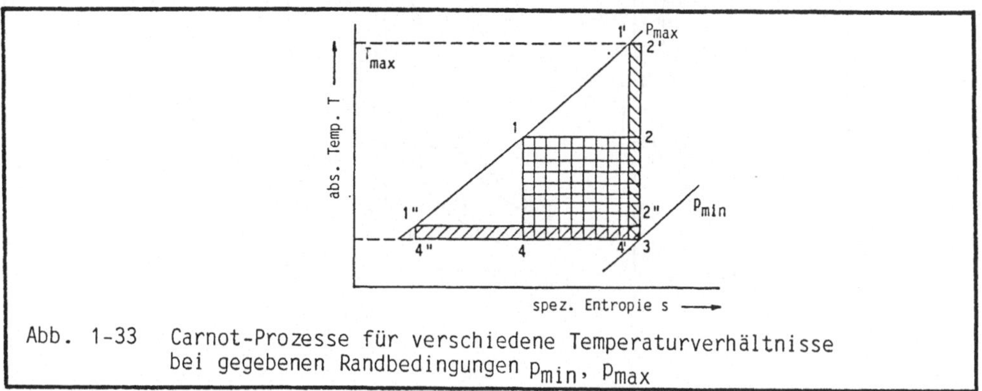

Abb. 1-33   Carnot-Prozesse für verschiedene Temperaturverhältnisse bei gegebenen Randbedingungen p_{min}, p_{max}

Der Prozeß 1'-2'-3 -4'-1' ist der Prozeß mit dem höchsten thermischen Wirkungsgrad, aber gleichzeitig wird deutlich, daß die spezifische Kreisprozeßarbeit (dargestellt durch die eingeschlossene Fläche) für maximalen thermischen Wirkungsgrad gegen Null geht (bei gegebener Leistung würde der Massenstrom gegen Unendlich gehen, starkes Ansteigen der Investitionskosten).

Je nach Anwendungsfall haben sich andere Vergleichsprozesse eingebürgert, über die Tabelle 1-5 einen Überblick gibt.

Bei Gasturbinenanlagen verwendet man den Ackeret-Keller-Prozeß (Ericson-Prozeß) für geschlossene und den Joule-Prozeß für offene Prozeßführung. Der Joule-Prozeß mit Regeneration stellt dabei eine Variante dar, bei der der thermische Wirkungsgrad durch Rückgewinnung eines Teils der Abwärme verbessert wird.

Für Verbrennungsmotoren werden Otto- und Dieselprozeß angewandt; da jedoch weder reine Gleichraum- noch Gleichdruckverbrennung annähernd realisiert werden können, hat sich zusätzlich der Seiligerprozeß eingebürgert.

Für Dampfkraftanlagen gilt der Clausius-Rankine-Prozeß in verschiedenen Variationen als Vergleichsprozeß, wobei die Regeneration und die Zwischenüberhitzung zur Steigerung des thermischen Wirkungsgrades durch eine Erhöhung der mittleren Wärmezufuhrtemperatur dienen.

Bezeichnung/ Zustandsänderung	Kreisprozeßarbeit w	therm. Wirkungsgrad η_{th}	Darstellung im p,v - und im T,s-Diagramm
Otto-Prozeß $1 \rightarrow 2$ isochore Wärmezufuhr $2 \rightarrow 3$ isentrope Expansion $3 \rightarrow 4$ isochore Wärmeabfuhr $4 \rightarrow 1$ isentrope Kompression	$w = c_v\,(T_4 - T_1 + T_2 - T_3)$	$\eta_{th} = 1 - \dfrac{T_4}{T_1} = 1 - \dfrac{1}{\varepsilon^{K-1}}$ $\varepsilon = \dfrac{v_4}{v_1}$ (Verdichtungsverhältnis)	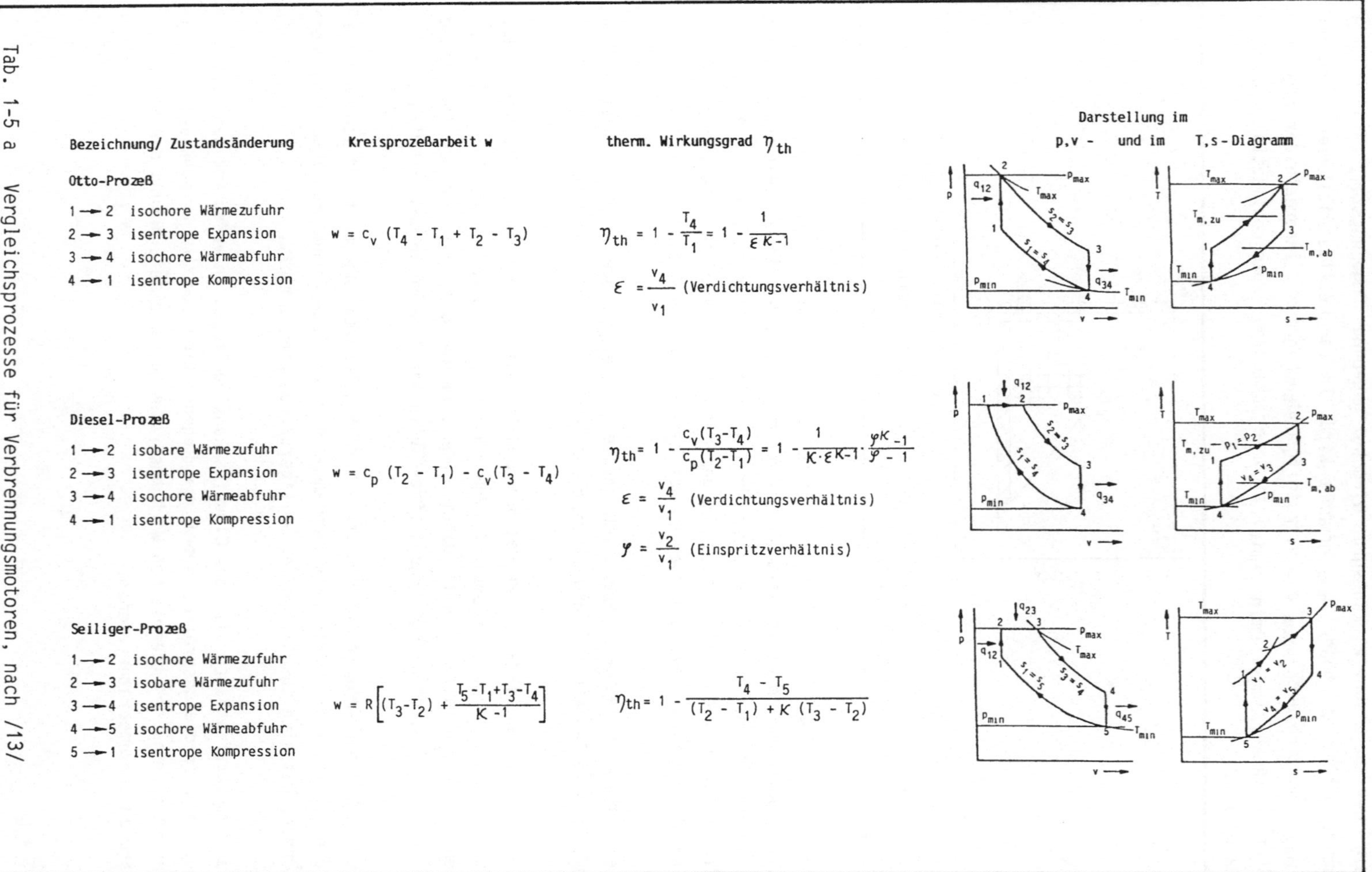
Diesel-Prozeß $1 \rightarrow 2$ isobare Wärmezufuhr $2 \rightarrow 3$ isentrope Expansion $3 \rightarrow 4$ isochore Wärmeabfuhr $4 \rightarrow 1$ isentrope Kompression	$w = c_p\,(T_2 - T_1) - c_v\,(T_3 - T_4)$	$\eta_{th} = 1 - \dfrac{c_v(T_3-T_4)}{c_p(T_2-T_1)} = 1 - \dfrac{1}{K \cdot \varepsilon^{K-1}} \cdot \dfrac{\varphi^{K}-1}{\varphi - 1}$ $\varepsilon = \dfrac{v_4}{v_1}$ (Verdichtungsverhältnis) $\varphi = \dfrac{v_2}{v_1}$ (Einspritzverhältnis)	
Seiliger-Prozeß $1 \rightarrow 2$ isochore Wärmezufuhr $2 \rightarrow 3$ isobare Wärmezufuhr $3 \rightarrow 4$ isentrope Expansion $4 \rightarrow 5$ isochore Wärmeabfuhr $5 \rightarrow 1$ isentrope Kompression	$w = R\left[(T_3 - T_2) + \dfrac{T_5 - T_1 + T_3 - T_4}{K - 1}\right]$	$\eta_{th} = 1 - \dfrac{T_4 - T_5}{(T_2 - T_1) + K\,(T_3 - T_2)}$	

Tab. 1-5 a   Vergleichsprozesse für Verbrennungsmotoren, nach /13/

Bezeichnung/Zustandsänderung	Kreisprozeßarbeit w	therm. Wirkungsgrad η_{th}	Darstellung im p,v- und im T,s-Diagramm
Ackeret-Keller-Prozeß $1 \to 2$ isobare Wärmezufuhr $2 \to 3$ isotherme Expansion $3 \to 4$ isobare Wärmeabfuhr $4 \to 1$ isotherme Kompression innerer Wärmeaustausch $q_{12} = \lvert q_{34} \rvert$	$\lvert w \rvert = R(T_{max} - T_{min})\ln\dfrac{p_2}{p_3} =$ $= (T_{max} - T_{min}) \cdot (s_3 - s_2)$	$\eta_{th} = 1 - \dfrac{T_{min}}{T_{max}}$	
Joule-Prozeß (einstufig, ohne Regeneration) $1 \to 2$ isobare Wärmezufuhr $2 \to 3$ isentrope Expansion $3 \to 4$ isobare Wärmeabfuhr $4 \to 1$ isentrope Kompression	$\lvert w \rvert = c_p\left[(T_2 - T_1) - (T_3 - T_4)\right]$	$\eta_{th} = 1 - \dfrac{T_4}{T_1} = \dfrac{T_{m,ab}}{T_{m,zu}}$ $= 1 - \left(\dfrac{p_{min}}{p_{max}}\right)^{\frac{\kappa-1}{\kappa}}$	
Joule-Prozeß (einstufig, mit Regeneration) $q_{1\,1'} = \lvert q_{3\,3'} \rvert$	$\lvert w \rvert = q_{zu} - \lvert q_{ab} \rvert =$ $= c_p\left[(T_2 - T_{1'}) - (T_{3'} - T_4)\right] =$ $= c_p\left[(T_2 - T_3) - (T_1 - T_4)\right]$	$\eta_{th} = 1 - \dfrac{T_{m,ab}}{T_{m,zu}}$ $= 1 - \dfrac{T_{min}}{T_{max}} \cdot \left(\dfrac{p_1}{p_4}\right)^{\frac{\kappa-1}{\kappa}}$	

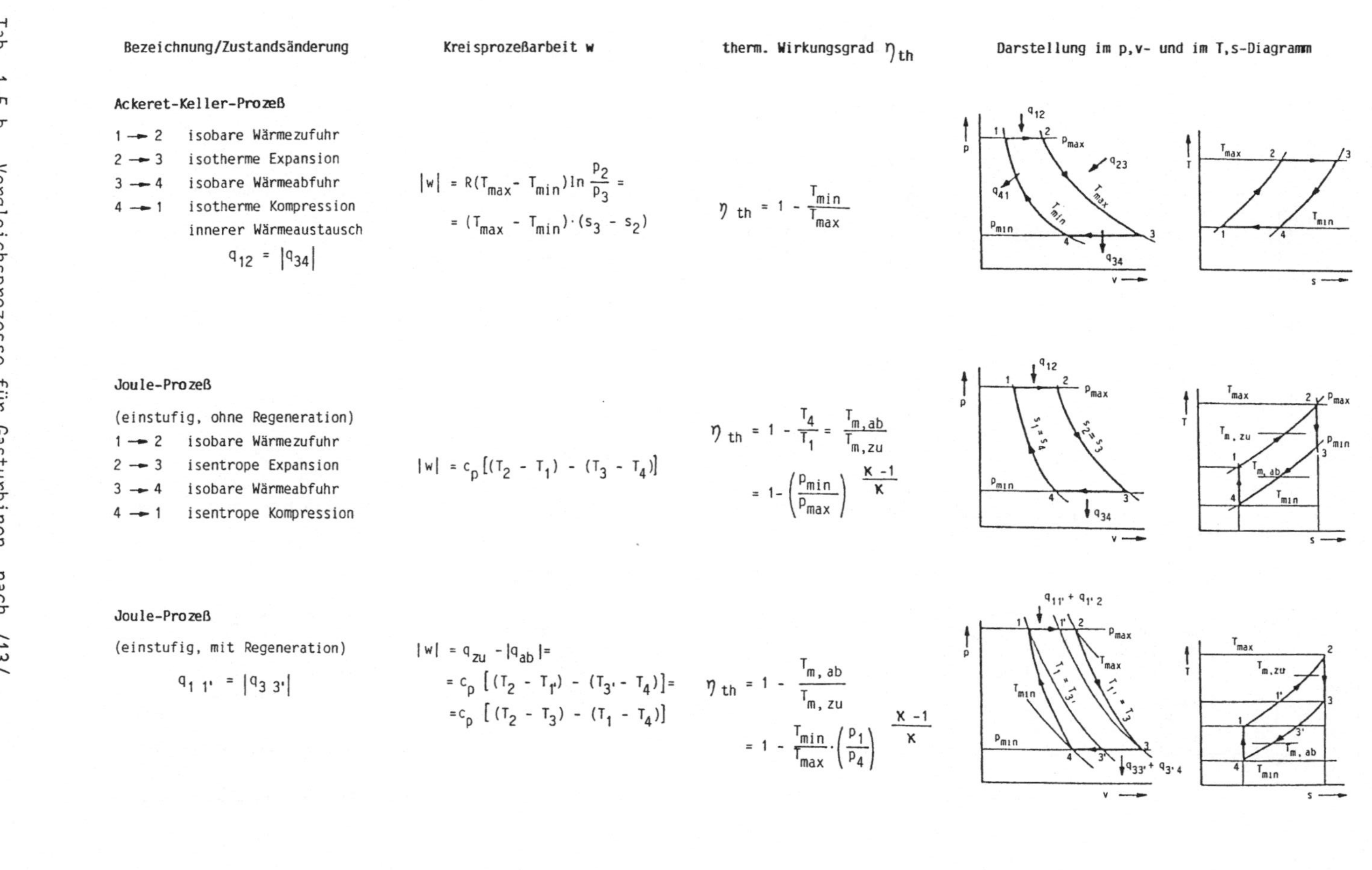

Tab. 1-5 b   Vergleichsprozesse für Gasturbinen, nach /13/

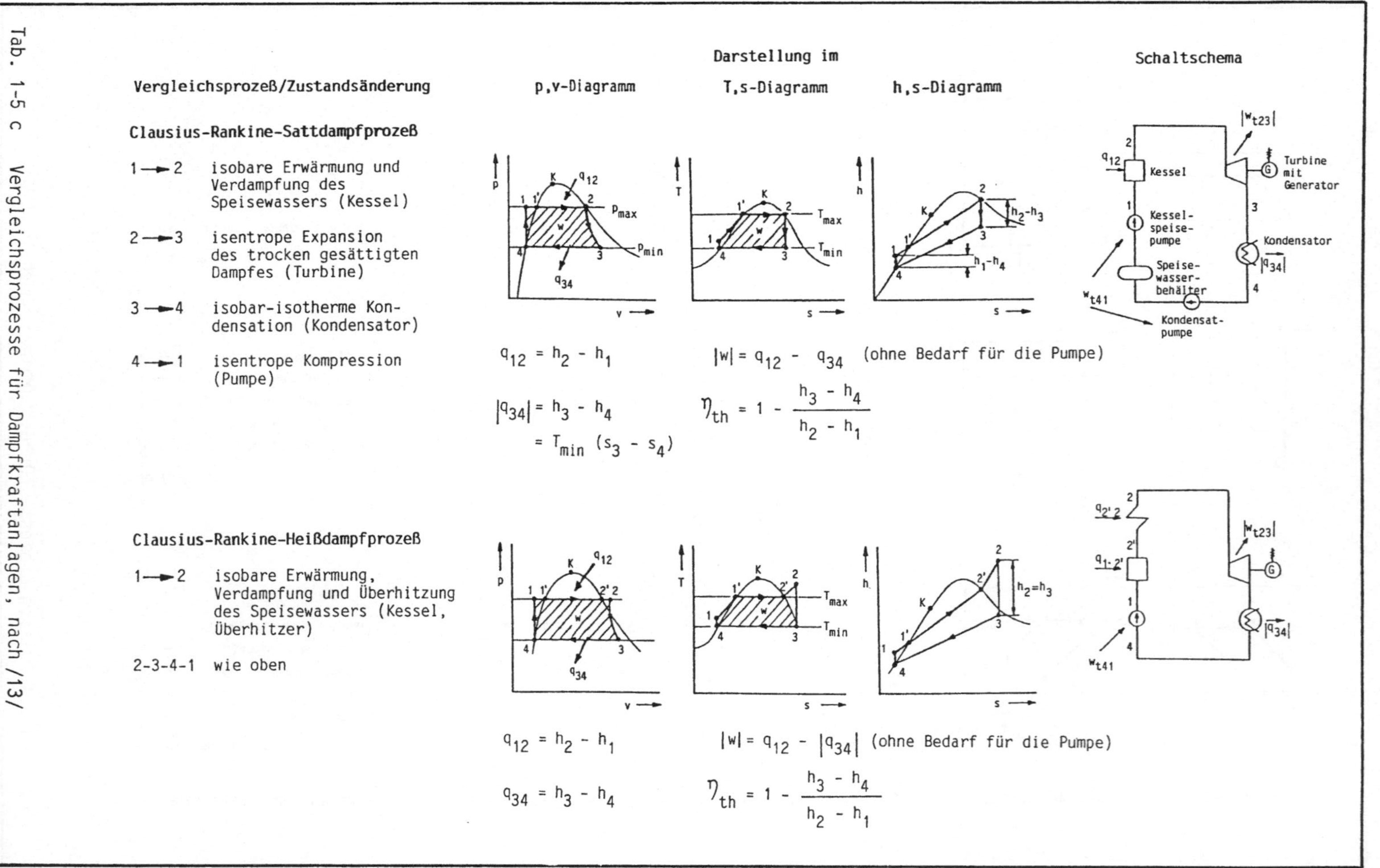

Tab. 1-5 c   Vergleichsprozesse für Dampfkraftanlagen, nach /13/

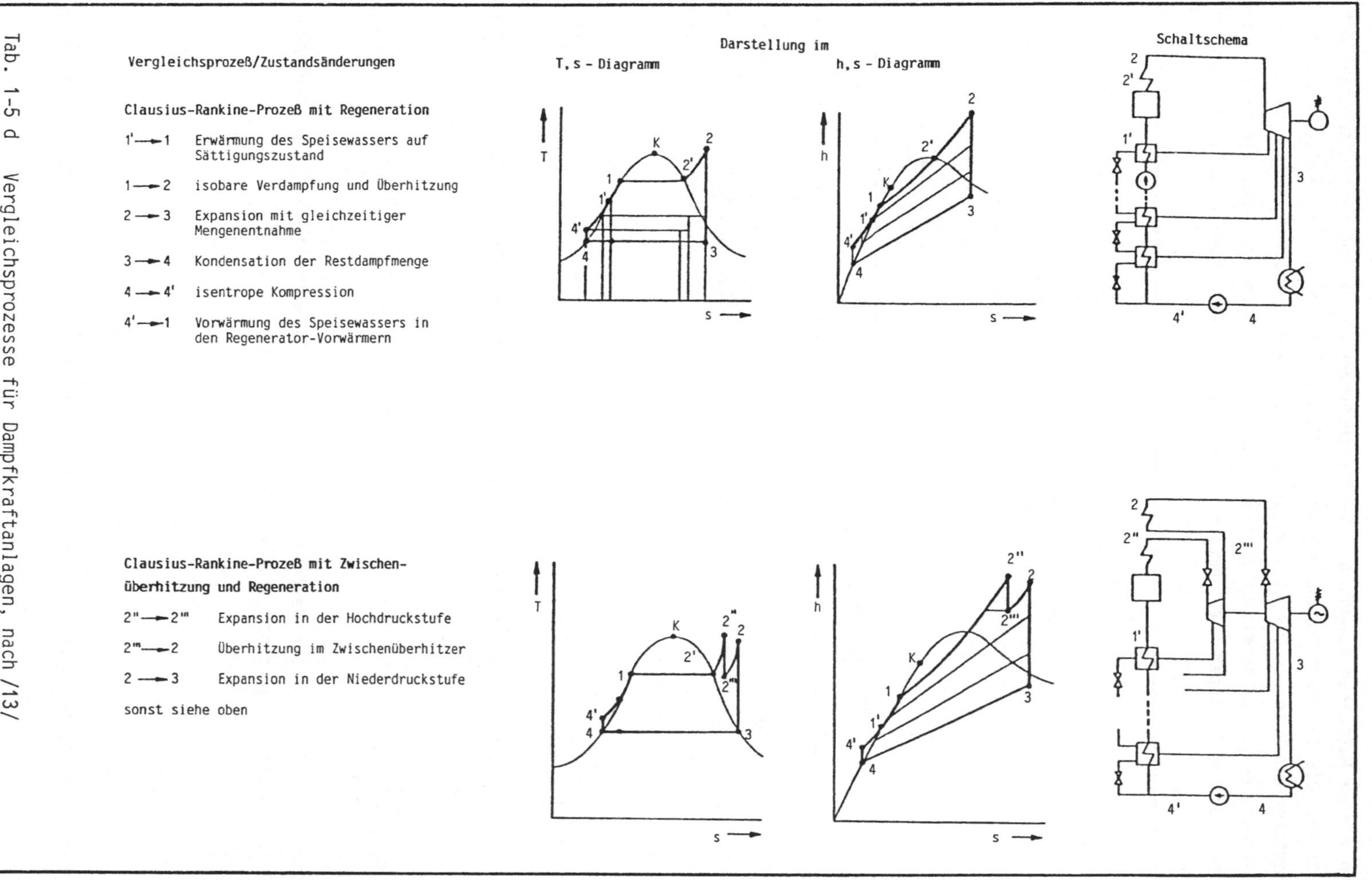

Tab. 1-5 d   Vergleichsprozesse für Dampfkraftanlagen, nach /13/

In realen Maschinen können die Vergleichsprozesse nur angenähert durchgeführt werden. Das Maß der Annäherung des realen Prozesses an den Vergleichsprozeß bestimmt die Güte der Energieumwandlungsanlage. Bei Kolbenmaschinen bestimmt man die Güte der Maschine mit Hilfe eines Indikatordiagramms, bei dem der tatsächliche Druck im Zylinder über dem Hub s (als Maß für das Volumen) aufgetragen wird (Abb.1-34).

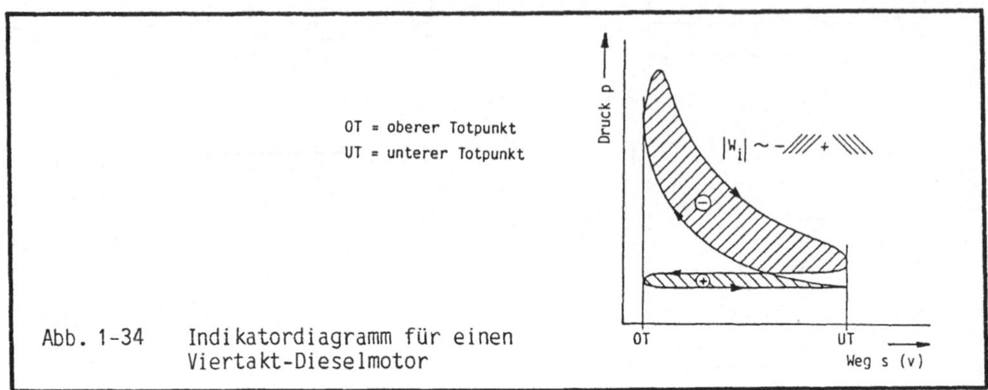

Abb. 1-34   Indikatordiagramm für einen Viertakt-Dieselmotor

Die vom Indikatordiagramm umschlossene Fläche ist ein Maß für die indizierte Arbeit $|w_i|$, d. h. die Arbeit, die das Arbeitsmedium tatsächlich am Kolben leistet. $|w_i|$ ist kleiner als die Kreisprozeßarbeit des Vergleichsprozesses $w_{vergl.}$ Das Verhältnis

$$\nu_g = \frac{|w_i|}{|w_{vergl.}|} \tag{1-115}$$

bezeichnet man als Gütegrad der Maschine. Außerdem definiert man den indizierten Wirkungsgrad

$$\eta_i = \frac{|w_i|}{q_{zu}} . \tag{1-116}$$

Die tatsächlich an der Welle abzunehmende Arbeit $|w_e|$ ist um die mechanischen Reibungsverluste geringer als $|w_i|$. Das Verhältnis

$$\eta_m = \frac{|w_e|}{|w_i|} \tag{1-117}$$

heißt mechanischer Wirkungsgrad. Unter Verwendung des thermischen Wirkungsgrades

des Vergleichsprozesses kann man für den Gesamtwirkungsgrad einer realen Kolbenmaschine demnach schreiben

$$\eta_{ges} = \frac{|w_e|}{q_{zu}} = \eta_{th} \cdot \nu_g \cdot \eta_m = \eta_i \, \eta_m \,. \tag{1-118}$$

Bei Strömungsmaschinen ist die Aufnahme eines Indikatordiagramms unmöglich. Den Gütegrad ermittelt man in diesem Fall durch Vergleich des realen und des idealen Enthalpiegefälles

$$\nu_g = \frac{\Delta h_{tats}}{\Delta h_{ideal}} \tag{1-119}$$

Häufig wird bei Strömungsmaschinen für ν_g auch der Begriff innerer (isentroper) Wirkungsgrad η_s verwendet.

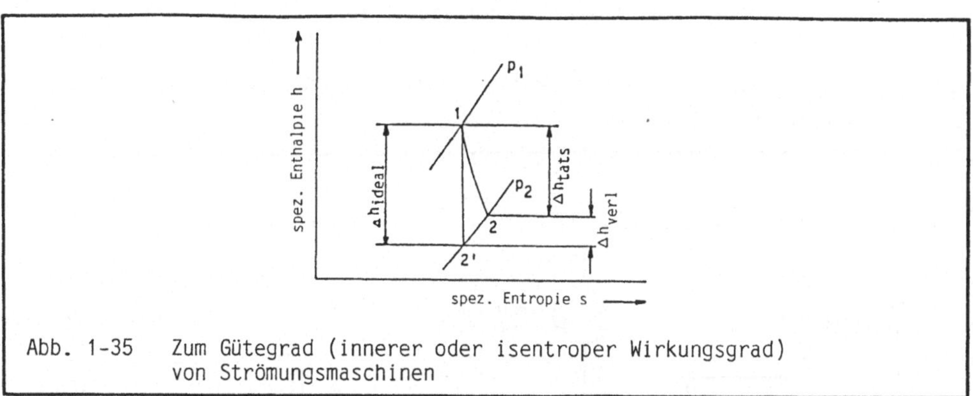

Abb. 1-35　Zum Gütegrad (innerer oder isentroper Wirkungsgrad)
von Strömungsmaschinen

Es muß beachtet werden, daß sich der innere Wirkungsgrad nur auf eine Strömungsmaschine bezieht. Besteht eine Anlage aus mehreren Strömungsmaschinen (z. B. Gasturbinenanlage: Turbine und Verdichter), so muß der innere Wirkungsgrad für jede einzelne Maschine berücksichtigt werden.

1.7.3.2　Energetische Bewertung von Linksprozessen

Bei der Bewertung von Linksprozessen gilt prinzipiell das gleiche Vorgehen wie bei Rechtsprozessen, d. h. man bildet einen Quotienten aus Ertrag und Aufwand. Je nach Anwendungsfall muß festgelegt werden, was als Ertrag und was als Aufwand zu sehen ist.

Bei einer Wärmepumpe ist als Ertrag die abgeführte Wärme $|q_{ab}|$, als Aufwand die zugeführte Kreisprozeßarbeit w zu sehen. Man definiert also mit den Leistungen $\dot{Q}$ und P

$$\epsilon_{WP} = \frac{|\dot{Q}_{ab}|}{P} \ . \tag{1-120}$$

ϵ_{WP} nimmt immer Werte größer als 1 an, man spricht daher nicht von einem Wirkungsgrad, sondern von der Leistungszahl.

Bei einer Kälteanlage ist als Ertrag die dem Prozeß zugeführte Wärme q_{zu} (d.h. die dem Kühlraum entzogene Energie) anzusehen. Die Leistungszahl einer Kälteanlage errechnet sich also zu

$$\epsilon_{KM} = \frac{\dot{Q}_{zu}}{P} \ , \tag{1-121}$$

auch ϵ_{KM} nimmt in der Praxis meist Werte über 1 an.

Als Vergleichprozeß für Linksprozesse kommt hauptsächlich der linksläufige Clausius-Rankine-Prozeß in Frage /Abb.1-36/.

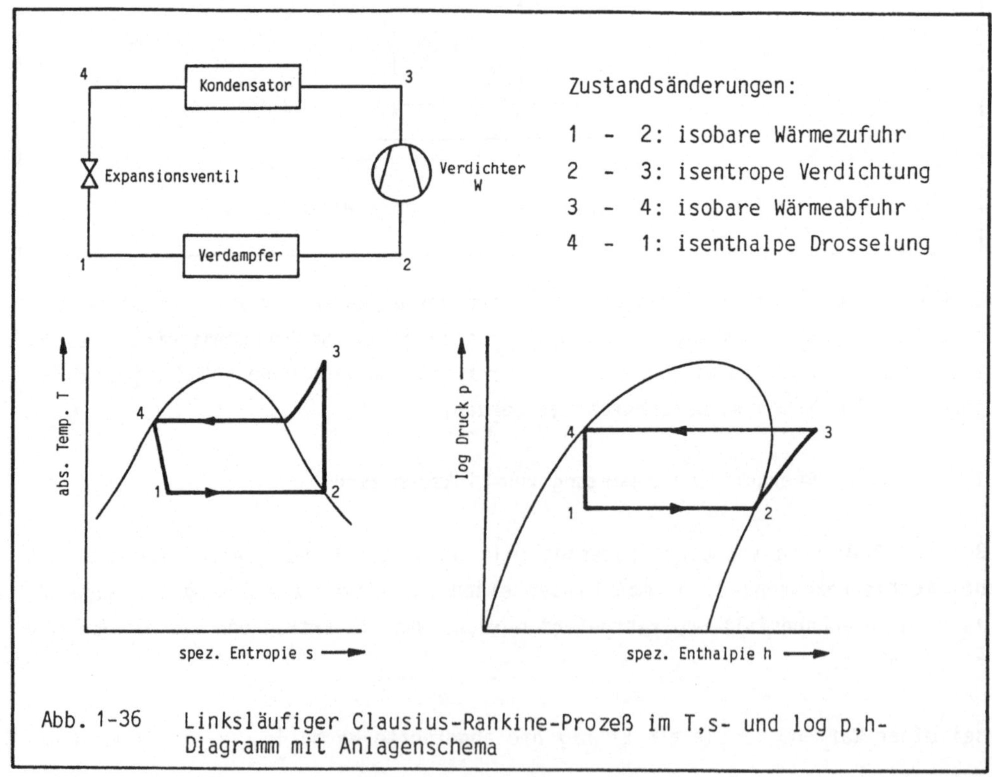

Abb. 1-36   Linksläufiger Clausius-Rankine-Prozeß im T,s- und log p,h-Diagramm mit Anlagenschema

Führt man entsprechend dem Vorgehen in 1.7.3.1 mittlere Temperaturen ein, dann zeigt sich, daß die Leistungszahlen ϵ_{WP} und ϵ_{KM} um so größer werden, je kleiner der Unterschied zwischen $T_{m,zu}$ und $T_{m,ab}$ ist.

Die Beurteilung eines realen Linksprozesses erfolgt meist durch den Vergleich der tatsächlichen Leistungszahl mit der Leistungszahl eines Carnot-Prozesses zwischen den Temperaturen T_1 und T_4

$$\epsilon_{C,\,WP} = \frac{T_4}{T_4 - T_1} \qquad\qquad (1\text{-}122)$$

für eine Wärmepumpe bzw.

$$\epsilon_{C,\,KM} = \frac{T_1}{T_4 - T_1} \qquad\qquad (1\text{-}123)$$

für eine Kälteanlage.

1.7.3.3 Exergetische Bewertung von Kreisprozessen

In manchen Fällen ist eine energetische Bewertung von Kreisprozessen nicht ausreichend. Das gilt insbesondere, wenn analysiert werden soll, welche der für den Kreisprozeß verlorenen Energieströme für andere Prozesse genutzt werden können bzw. welchen Verlustenergieströmen bei Prozeßverbesserungen besondere Beachtung geschenkt werden sollte. So ist der größte Energieverlust eines Dampfkraftwerkes die im Kondensator abgeführte Wärme. Wegen ihres niedrigen Temperaturniveaus ist diese Wärme aber praktisch wertlos. Dagegen sind die Energieverluste bei der Verbrennung und der Wärmeübertragung vom Rauchgas auf den Dampf wesentlich kleiner als im Kondensator. Exergetisch betrachtet entstehen hier jedoch die größten Verluste.

Exergetische Bewertungskennzahlen werden prinzipiell genauso aufgebaut wie energetische; Nutzen und Aufwand werden aber mit Hilfe der Exergie bewertet (vgl. Abschnitt 1.7.2 und 1.7.4).

1.7.4 Zusammenfassung

a) Allgemeines

Kontinuierlich ablaufende Energiewandlungsprozesse werden in der Technik meist als Kreisprozeß geführt:

Bei mehreren hintereinander ablaufenden Prozessen ist der Endzustand des letzten
Prozesses gleich dem Anfangszustand des ersten.

Im p,v-Diagramm entspricht der eingeschlossenen Fläche die Nutzarbeit (falls
reibungsfrei gearbeitet wird).

rechtslaufend ($\frown$) : Es wird Arbeit frei, $w < 0$
linkslaufend ($\frown$) : Es wird Arbeit benötigt, $w > 0$.

Da die eingeschlossene Fläche unabhängig von den Bezugsachsen ist, sind technische Arbeit und Volumenänderungsarbeit gleich:

$$w_t = w .$$

Im T,s-Diagramm entspricht die umrandete Fläche der umgesetzten Wärme.

$$\sum q = q_{zu} + q_{ab}$$

rechtslaufend: $q_{zu} > 0$; $q_{ab} < 0$
$$\sum q = q_{zu} - |q_{ab}| > 0$$
Wärme muß insgesamt zugeführt werden.

linkslaufend: $\sum q = q_{zu} - |q_{ab}| < 0$
Wärme muß insgesamt abgeführt werden.

Wegen der Geschlossenheit der Kreisprozesse gilt:

$$u_{Anf} - u_{Ende} = h_{Anf} - h_{Ende} = 0$$

und mit dem 1. HS (falls der Prozeß reversibel ist, entspricht die eingeschlossene Fläche der Arbeit)

$$\sum q = -w$$

d.h.   rechtslaufend: $w = -(q_{zu} + q_{ab}) = -(q_{zu} - |q_{ab}|)$, $q_{zu} > |q_{ab}|$
$w < 0$; die Differenz aus zu- und abgeführter Wärme wird
als Arbeit frei.

linkslaufend: $w = -(q_{zu} + q_{ab}) = -q_{zu} + |q_{ab}|$
$w > 0$; die zugeführte Wärme und die aufgewandte Arbeit wird als
Wärme abgeführt, der Prozeß nimmt also Arbeit auf, $q_{zu} < |q_{ab}|$

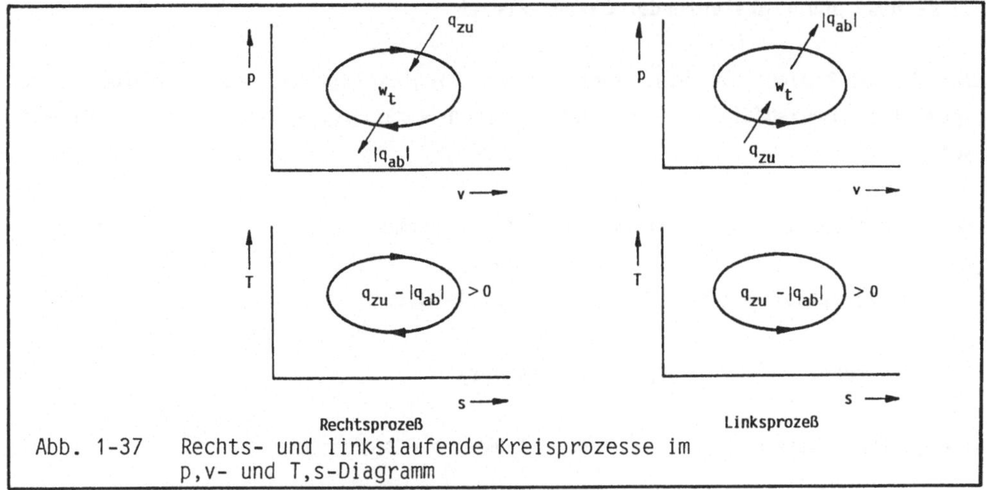

Abb. 1-37   Rechts- und linkslaufende Kreisprozesse im p,v- und T,s-Diagramm

Der Kreisprozeß mit dem höchstmöglichen Wirkungsgrad (bei vorgegebenem Druckverhältnis) ist der Carnot-Prozeß.

Reale Kreisprozesse werden durch andere, den tatsächlichen Verhältnissen besser angepaßte Vergleichsprozesse beschrieben.

b) Bewertungskenngrößen

Zur Bewertung der Kreisprozesse bedient man sich unterschiedlicher Kenngrößen.

- Wirkungsgrade sind Leistungsverhältnisse (der Energie bzw. Exergie) ≤ 1, sie beschreiben also den stationären (zeitunabhängigen) Vorgang und dienen zum Vergleich zwischen verschiedenen Prozessen.

- Nutzungsgrade
  sind Energie- bzw. Exergieverhältnisse $\lessgtr 1$, sie beschreiben den Vorgang über eine längere Periode unter Einschluß zeitlicher Veränderungen (bes. in der Heizungstechnik). Bei zeitlich konstanten Verhältnissen sind Nutzungsgrade und Wirkungsgrade zahlenmäßig gleich.

- Gütegrade (Begriff nicht eindeutig)
  sind entweder spezielle exergetische Kennzahlen oder Wirkungsgradverhältnisse spezieller Kreisprozesse.

c) Rechts- und linksläufender Carnot-Prozeß

Der Carnot-Prozeß ist ein theoretischer Vergleichsprozeß, der infolge seiner speziellen Prozeßführung den bestmöglichen Wirkungsgrad (s. auch 2. HS) aufweist.

Er besteht aus zwei Isentropen und zwei Isothermen.

- Beim rechtsläufigen Prozeß gelten /Abb. 1-38/:

Wärmezufuhr:
$$q_{zu} = T \cdot (s - s_0)$$

umgesetzte Wärme:
$$q = (T - T_0) \cdot (s - s_0) > 0$$
$$q = R \cdot (T - T_0) \cdot \ln \frac{p_1}{p_2}$$

abgegebene Arbeit:
$$w = - R \cdot (T - T_0) \cdot \ln \frac{p_1}{p_2}$$
$$w = - R \cdot (T - T_0) \cdot \ln \frac{v_2}{v_1}$$
$$w < 0$$

thermischer Wirkungsgrad:
$$\eta_{th} = \frac{|w|}{q_{zu}} = \frac{T - T_0}{T}$$
$$\eta_{th} = 1 - \frac{T_0}{T} \quad , \text{ d.h. Wärme kann nie vollständig in Arbeit umgewandelt werden.}$$

- Beim linksläufigen Prozeß sind zu unterscheiden:
  Kältemaschine, Zweck: Wärmeentzug bei tiefer Temperatur
  Wärmepumpe, Zweck : Wärmeabgabe bei hoher Temperatur .

Allgemein gelten:

zugeführte Wärme
$$q_{zu} = R \cdot T_0 \cdot \ln \frac{p_4}{p_3} = T_0 \cdot (s - s_0)$$

abgegebene Wärme
$$q_{ab} = R \cdot T \cdot \ln \frac{p_2}{p_1} = T \cdot (s_0 - s)$$

zugeführte Arbeit
$$w = R \cdot (T - T_0) \cdot \ln \frac{p_1}{p_2}$$

Kältezahl beim Carnot-Prozeß
$$\epsilon_{C,KM} = \frac{q_{zu}}{w} = \frac{T_0}{T - T_0} \gtrless 1$$

Leistungszahl der Wärmepumpe beim Carnot-Prozeß
$$\epsilon_{C,WP} = \frac{|q_{ab}|}{w} = \frac{T}{T - T_0} > 1 \; .$$

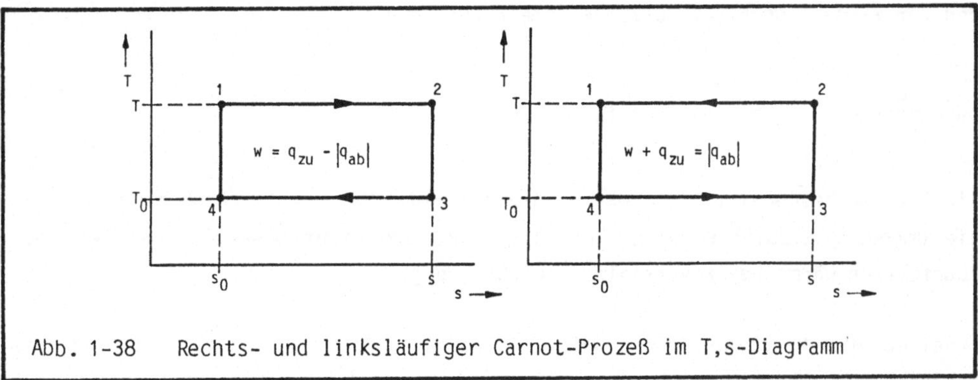

Abb. 1-38   Rechts- und linksläufiger Carnot-Prozeß im T,s-Diagramm

d) Exergetische Bewertung

Der Begriff "Energieverlust" bedeutet, daß Teile der Energie in technisch nicht nutzbare Formen der Energie umgewandelt werden, die dann für den Prozeß nicht mehr zur Verfügung stehen. Mit dem Begriff der Exergie läßt sich dieser Umstand besonders einfach beschreiben.

Der bestmögliche Wirkungsgrad einer reversibel arbeitenden Wärmekraftmaschine ergibt sich bei einem reversiblen Carnot-Prozeß:

$$\eta_C = 1 - \frac{T_0}{T} \; .$$

Mit der Umgebungstemperatur als unterer Prozeßtemperatur $T_u = T_0$ auch:

$$\eta_C = 1 - \frac{T_u}{T} \; .$$

Die bei der Temperatur T zur Verfügung stehende Wärmeenergie q setzt sich zusammen aus einem technisch nutzbaren Anteil (Exergie e_q, nutzbar zwischen T und T_u) und einem nicht nutzbaren Anteil (Anergie b_q, zwischen T_u und $T = 0$):

$$q = e_q + b_q \; .$$

Führt man mit der Wärme q einen (reversiblen) Carnot-Prozeß zwischen T und T_u, so ergibt sich als bestenfalls technisch nutzbarer Anteil (Exergie der Wärme)

$$e_q = (1 - \frac{T_u}{T}) \cdot q = \eta_C \cdot q$$

und der mindestens nicht nutzbare Anteil (Anergie)

$$b_q = \frac{T_u}{T} \cdot q \quad (e_q = 0 \text{ für } T = T_u) \ .$$

Die Anergie beschreibt die Abwärme, die bei jedem Wärmekraftprozeß mindestens an die Umgebung abzuführen ist. Sie entspricht dem nicht umwandelbaren Teil der zugeführten Wärme bei reversibler Prozeßführung.

Arbeitet die Maschine irreversibel, wird ein Teil der zugeführten Exergie zusätzlich in Anergie umgewandelt und ebenfalls an die Umgebung abgeführt

$$q_{ab} = b_q + e_V \ .$$

Diese Exergieverluste charakterisieren die Unvollkommenheit der Maschine (im Prinzip vermeidbare Verluste).

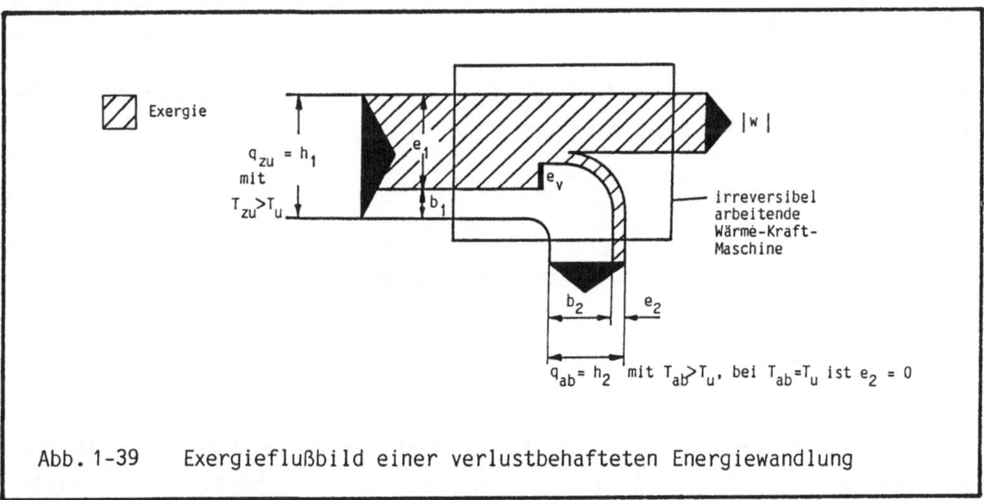

Abb. 1-39   Exergieflußbild einer verlustbehafteten Energiewandlung

Folgende exergetische Kenngrößen lassen sich definieren:

- exergetischer Wirkungsgrad:

$$\eta_{ex} = \frac{\dot{W}}{\dot{E}_1 - \dot{E}_2} \quad \text{bzw. im stationären Fall}$$

$$\eta_{ex} = \frac{e_1 - e_V - e_2}{e_1 - e_2} = 1 - \frac{e_V}{e_1 - e_2} \leqslant 1 \ .$$

- exergetischer Gütegrad:

$$\nu_{ex} = \frac{\text{entnommene Exergie}}{\text{aufgewandte Exergie}}$$

$$\nu_{ex} = \frac{w}{e_1} = \frac{e_1 - e_v - e_2}{e_1}$$

$$\nu_{ex} = 1 - \frac{e_{v,ges}}{e_1} \leqslant 1 \; .$$

e) Vergleichsprozesse der Verbrennungsmotoren

Hier erfolgt die Energiezufuhr durch Verbrennen des Brennstoffs innerhalb des Zylinders. Es handelt sich um offene Systeme mit innerer Wärmequelle.

Im Vergleichsprozeß wird ein geschlossener Kreisprozeß angenommen, der sich durch die Arbeitstakte des Zylinders ergibt. Die Wärmezufuhr erfolgt von außen, wobei sich die verschiedenen Vergleichsprozesse vor allem dadurch unterscheiden, daß diese Wärmezufuhr bei unterschiedlichen Zustandsänderungen stattfindet (s. auch Tab. 1-5a):

- Wärmezufuhr bei v = const.,
  Gleichraumprozeß oder auch Otto-Prozeß bestehend aus

  isentroper Verdichtung,
  isochorer Wärmezufuhr,
  isentroper Entspannung,
  isochorer Wärmeabfuhr.

- Wärmezufuhr bei p = const.,
  Gleichdruckprozeß oder auch Diesel-Prozeß bestehend aus

  isentroper Verdichtung,
  isobarer Wärmezufuhr,
  isentroper Entspannung,
  isochorer Wärmeabfuhr.

- Gemischter Prozeß, also Wärmezufuhr bei p = const. und v = const.,
  Seiliger-Prozeß, bestehend aus

  isentroper Verdichtung,
  isochorer Wärmezufuhr,
  isobarer Wärmezufuhr,
  isentroper Entspannung,
  isochorer Wärmeabfuhr.

f) Vergleichsprozesse der Gasturbinen

Der Vergleichsprozeß ist im Prinzip vorgegeben durch die Zustandsänderungen in
den zur Anlage gehörenden Apparaten:

2 Wärmeübertrager (Erhitzer und Kühler),
Verdichter,
Turbine.

Wärmezu- und -abfuhr verläuft isobar, Kompression und Expansion isentrop oder
isotherm (s. Tab. 1-5b):

- Joule-Prozeß, bestehend aus

  isentroper Verdichtung,
  isobarer Wärmezufuhr,
  isentroper Entspannung,
  isobarer Wärmeabfuhr.

- Ackeret-Keller-(Ericson-) Prozeß, bestehend aus

  isothermer Verdichtung,
  isobarer Wärmezufuhr,
  isothermer Entspannung,
  isobarer Wärmeabfuhr.

g) Vergleichsprozesse der Dampfkraftmaschinen

Die Dampfkraftanlage besteht in der Regel aus

Kessel und Überhitzer,
Turbine,
Kondensator,
Speisewasserpumpe.

Der Kreisprozeß ist komplizierter als bei den anderen Anlagen, da das Arbeitsmittel Wasser verdampft und kondensiert (s. Tab. 1-5c und 1-5d).

Als Vergleichsprozeß dient der Clausius-Rankine-Prozeß, der in seiner Grundform
aus folgenden Zustandsänderungen besteht:

isobare Wärmezufuhr (Kessel und Überhitzer),
isentrope Expansion (Turbine),
isobare Wärmeabfuhr (Kondensator),
isentrope Verdichtung (Speisewasserpumpe).

Unterscheidungen ergeben sich durch:

- den Dampfzustand vor der Expansion

   Sattdampfprozeß   (Expansion von der rechten Grenzkurve aus)
   Heißdampfprozeß   (Expansion aus dem Gebiet des überhizten Dampfes)

- diverse Prozeßverbesserungen, z.B.

   Zwischenüberhitzung:
   Die Expansion wird oberhalb der rechten Grenzkurve unterbrochen; der Dampf
   nochmals überhitzt und dann in einer weiteren Turbine endgültig auf Kondensa-
   tordruck entspannt.

   Speisewasservorwärmung   mit Anzapfdampf; der Turbine wird Dampf an unterschiedlichen Druckstufen entnommen, mit dem in geeigneten Wärmetauschern das
   Speisewasser vorgewärmt wird.

h) Vergleichsprozesse der Kältemaschine und Kompressionswärmepumpe

Auch hier spielt sich der Vergleichsprozeß im Naßdampfgebiet und im Gebiet des
überhitzten Dampfes ab (allerdings ist der Arbeitsstoff ein Kältemittel).

Er ist für Kältemaschine und Wärmepumpe charakterisiert durch:

isobare Wärmezufuhr im Verdampfer,
isentrope Verdichtung,
isobare Wärmeabfuhr im Kondensator,
isenthalpe Entspannung in der Drossel.

Dieser linksläufige Prozeß wird üblicherweise im p,h- bzw.im log p,h-Diagramm
dargestellt.

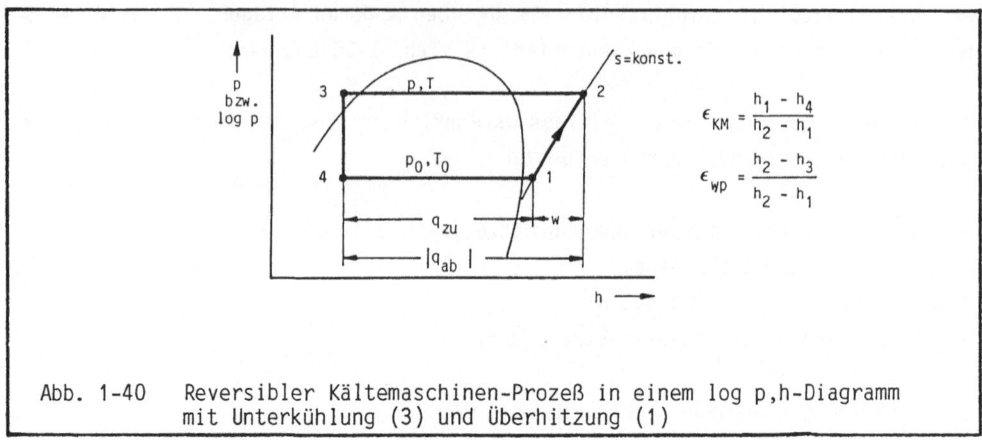

Abb. 1-40   Reversibler Kältemaschinen-Prozeß in einem log p,h-Diagramm mit Unterkühlung (3) und Überhitzung (1)

1.8   Grundlagen der Verbrennungstechnik

1.8.1   Allgemeines

Die Wärme, die bei den besprochenen rechtsläufigen Kreisprozessen zugeführt werden muß, wird in der Praxis meist durch Verbrennung von Brennstoffen gewonnen. Verbrennungsprozesse sind Oxidationsprozesse, bei denen im wesentlichen Kohlenstoff und Wasserstoff, die in verschiedener Form in den Brennstoffen gebunden sind, mit Sauerstoff (meist aus der atmosphärischen Luft) exotherm reagieren /Abb.1-41/.

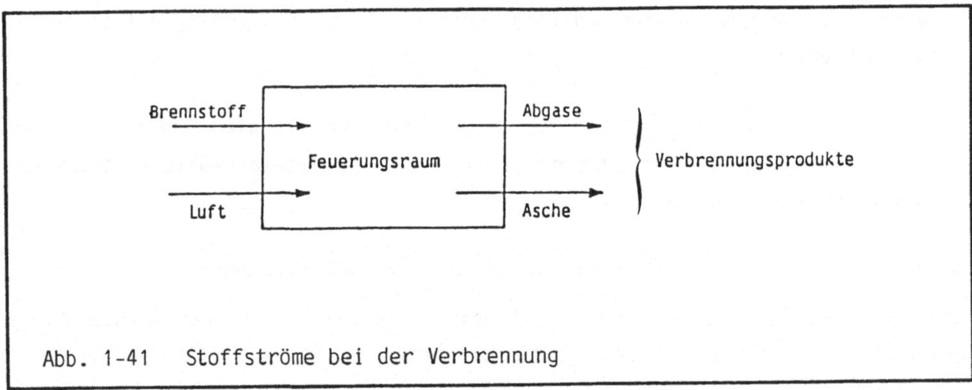

Abb. 1-41   Stoffströme bei der Verbrennung

Wenn alle brennbaren Bestandteile des Brennstoffes vollständig oxidieren, heißt die Verbrennung vollständig; bei unvollständiger Verbrennung enthalten die Verbrennungsprodukte noch brennbare Bestandteile. Die Begriffe vollkommen und vollständig werden in der Literatur nicht einheitlich verwendet. Gelegentlich unterscheidet man zwischen vollständiger Verbrennung, wobei die Reaktionsprodukte zwar oxidiert sind, aber nicht in ihrer höchsten Oxidationsstufe vorliegen, z. B. CO, und vollkommener Verbrennung. Alle reaktionsfähigen Bestandteile sind hier in ihre höchste Oxidationsstufe überführt worden, z. B. CO_2. Man strebt vollständige Verbrennung an, um die im Brennstoff gebundene Energie möglichst

gut auszunutzen. Dazu muß jedem Brennstoffmolekül der benötigte Sauerstoff zur
Verfügung stehen. Andererseits sollte man nicht zuviel Luft zuführen, da die
Verbrennungsluft durch die Reaktionswärme mit aufgeheizt werden muß und ein Teil
dieser Energie nutzlos mit den Abgasen "verlorengeht".

1.8.2 Mengenberechnungen

Mengenberechnungen dienen der Ermittlung des Sauerstoff- und Luftbedarfs sowie
der Abgaszusammensetzung bei vollständiger Verbrennung. Sie basieren auf den
Verbrennungsgleichungen für Kohlenstoff, Wasserstoff und Schwefel (Schwefel wird
hier mitbetrachtet, da er in fast allen fossilen Brennstoffen in geringer Menge
enthalten ist). Oxidationsreaktionen anderer Elemente (N_2 reagiert bei hohen
Temperaturen mit O_2 zu NO bzw. NO_2) werden bei den Verbrennungsrechnungen
vernachlässigt.

Reaktionsgleichung	Substanzmengenbilanz	Massenbilanz
$C + O_2 \longrightarrow CO_2$	1 kmol C + 1 kmol O_2 $\longrightarrow$ 1 kmol CO_2	12 kg C + 22,4 m_n^3 O_2 $\longrightarrow$ 22,4 m_n^3 CO_2 <u>oder</u> 12 kg C + 32 kg O_2 $\longrightarrow$ 44 kg CO_2
$H_2 + 0,5\ O_2 \longrightarrow H_2O$	1 kmol H_2 + 0,5 kmol O_2 $\longrightarrow$ 1 kmol H_2O	2 kg H_2 + $\frac{22,4}{2} m_n^3$ O_2 $\longrightarrow$ 22,4 m_n^3 H_2O <u>oder</u> 2 kg H_2 + 16 kg O_2 $\longrightarrow$ 18 kg H_2O
$S + O_2 \longrightarrow SO_2$	1 kmol S + 1 kmol O_2 $\longrightarrow$ 1 kmol SO_2	32 kg S + 22,4 m_n^3 O_2 $\longrightarrow$ 22,4 m_n^3 SO_2 <u>oder</u> 32 kg S + 32 kg O_2 $\longrightarrow$ 64 kg SO_2

Tab. 1-6   Verbrennungsgleichungen

Die in Tab. 1-6 aufgeführten Verbrennungsgleichungen lassen sich auch auf che-
mische Verbindungen und auf Gemische der Elemente C, H_2 und S anwenden, da sie
nur die Erhaltung der Elemente und der Masse zum Ausdruck bringen. Methan (CH_4)
verbrennt z. B. nach der Gleichung

$$CH_4 + 2\ O_2 = CO_2 + 2\ H_2O$$
$$1\ kmol\ CH_4 + 2\ kmol\ O_2 = 1\ kmol\ CO_2 + 2\ kmol\ H_2O$$
$$1\ m_n^3\ CH_4 + 2\ m_n^3\ O_2 = 1\ m_n^3\ CO_2 + 2\ m_n^3\ H_2O$$

1.8.2.1 Verbrennungsrechnung für gasförmige Brennstoffe

Gasförmige Brennstoffe und die Verbrennungsluft können als ideale Gase bzw.
Gemische idealer Gase behandelt werden. Dabei wird die Luft als trockenes Ge-

misch aus Stickstoff und Sauerstoff angesehen (mit den Mol- bzw. Volumenanteilen $\Psi_{N_2} = r_{N_2} = 0,79$ und $\Psi_{O_2} = r_{O_2} = 0,21$); die in der atmosphärischen Luft vorhandenen Edelgase werden vernachlässigt. Die Rechnung erfolgt am bequemsten auf der Basis von Stoffmengen.

Den minimalen Sauerstoffbedarf O_{min} ermittelt man dadurch, daß der jeweilige Sauerstoffbedarf bei der Verbrennung der brennbaren Bestandteile entsprechend den Reaktionsgleichungen (Tab. 1-6) bestimmt und aufsummiert wird. Für die Verbrennung von CH_4 ergibt sich z.B. mit dem Raumteil r_{CH_4} im Brenngas als Sauerstoffbedarf

$$2 \; r_{CH_4} \cdot \frac{m_n^3 \; O_2}{m_n^3 \; CH_4} \; .$$

Summiert man über alle brennbaren Bestandteile, so ergibt sich

$$O_{min} = \frac{1}{2} \; (r_{CO} + r_{H_2}) + \sum (m + \frac{n}{2}) \; r_{C_mH_n} - r_{O_2} \tag{1-124}$$

mit $\left[r_i \right] = m_n^3$ der Komponente i / m_n^3 Brenngas

und $\left[O \right] = m_n^3$ Sauerstoff$/m_n^3$ Brenngas .

Trockene Luft besteht angenähert aus 0,21 Raumanteilen Sauerstoff und aus 0,79 Raumanteilen Stickstoff. Damit ist der spezifische Mindestbedarf an trockener Verbrennungsluft

$$L_{t \; min} = \frac{O_{min}}{0,21} \; . \tag{1-125}$$

In der Realität erreicht man mit der Mindestluftmenge keine vollständige Verbrennung. Man betreibt technische Feuerungen daher mit Luftüberschuß und definiert die Luftverhältniszahl

$$\lambda = \frac{L}{L_{min}} = \frac{\text{tatsächlich zugeführte Luftmenge}}{\text{Mindestbedarf}} > 1 \; .$$

Die Abgaszusammensetzung ermittelt man ebenfalls mit Hilfe der Reaktionsgleichungen und summiert die Ergebnisse der Einzelbestandteile auf. Zusätzlich müssen die Bestandteile des Brennstoffs, die nicht reagieren (CO_2, N_2), der Stickstoff der Luft und - bei Luftüberschuß - der überschüssige Sauerstoff aus der Verbrennungsluft berücksichtigt werden.

Das spezifische feuchte Rauchgasvolumen (es enthält H_2O) in m_n^3/m_n^3 Brenngas ergibt sich dann zu

$$V_f = r_{CO} + r_{H_2} + 3\ r_{CH_4} + 4\ r_{C_2H_4} + \sum (m + \frac{n}{2})\ r_{C_mH_n} + r_{CO_2} + r_{H_2O} + r_{N_2} +$$
$$(L_t - O_{min})$$

mit $\left[\,r\,\right] = m_n^3/m_n^3$ Brenngas.

Das trockene spezifische Rauchgasvolumen V_t ist um den Anteil r_{H_2O} zu vermindern.

1.8.2.2 Verbrennungsrechnung für feste und flüssige Brennstoffe

Feste und flüssige Brennstoffe bestehen aus Gemischen und teilweise unterschiedlichen Verbindungen der brennbaren Anteile und der nicht brennbaren Bestandteile (N_2, H_2O, Asche). Für die Verbrennungsrechnung benötigt man die Elementaranalyse des Brennstoffs, das sind die Masseanteile g_i der einzelnen Stoffe, deren Bezeichnung aus Tab. 1-7 hervorgeht

c	Kohlenstoffgehalt in kg/kg Brennstoff	
h	Wasserstoffgehalt	"
s	Schwefelgehalt	"
o	Sauerstoffgehalt	"
n	Stickstoffgehalt	"
w	Wassergehalt	"
a	Aschegehalt	"

Tab. 1-7   Bestandteile von festen und flüssigen Brennstoffen (Elementaranalyse)

Auch hier läßt sich analog dem Vorgehen im Kap. 1.8.2.1 der gesamte minimale Sauerstoffbedarf aus den einzelnen Reaktionsgleichungen ermitteln. Je nach Bezugsgröße erhält man (mit den genauen Werten für Molmassen und Molvolumina)

$$O_{min} = 1,864\ c + 5,6\ h + 0,7\ (s - o) \qquad (1-127)$$

mit $\left[O_{min}\right] = m_n^3$ Sauerstoff /kg Brennstoff

oder

$$O_{min} = \frac{8}{3}\ c + 8\ h + s - o \qquad (1-128)$$

mit $\left[O_{min}\right] = $ kg Sauerstoff/kg Brennstoff .

Der trockene spezifische Luftbedarf ist dann je nach verwendeter Einheit

$$L_{t\,min} = \frac{O_{min}}{0,21} \quad ; \quad \left[L_{t\,min}\right] = m_n^3 \text{ Luft/kg Brennstoff}$$

$$L_{t\,min} = \frac{O_{min}}{0,232} \quad ; \quad \left[L_{t\,min}\right] = kg \text{ Luft/kg Brennstoff} .$$

Der tatsächliche spezifische (trockene) Luftbedarf ist auch hier

$$L_t = \lambda \cdot L_{t\,min} \; ; \; \lambda > 1 .$$

Für das feuchte spezifische Rauchgasvolumen ergeben sich analog aus den Reaktionsgleichungen die Beziehungen

$$V_f = 1,854 \, c + 0,68 \, s + 11,2 \, (h + \frac{w}{9}) + 0,8 \, n + (L_t - O_{min}) \qquad (1\text{-}129)$$
$$\left[V_f, L_t, O_{min}\right] = m_n^3/\text{kg Brennstoff}$$

bzw.

$$V_f = \frac{11}{3} \, c + 2 \, s + (9h + w) + n + (L_t - O_{min})$$
$$\left[V_f, L_t, O_{min}\right] = kg/\text{kg Brennstoff} . \qquad (1\text{-}130)$$

Für das trockene Rauchgas gilt

$$V_t = V_f - 11,2 \, (h + \frac{w}{9} \,) \text{ bzw.}$$
$$V_t = V_f - (9h + w)$$

je nach verwendeter Einheit.

1.8.2.3 Berücksichtigung der Luftfeuchte

Die zugeführte Verbrennungsluft ist in der Regel feucht, was sich auf den Luftbedarf und auf die Abgasmengen auswirkt.

Mit der absoluten Feuchte (D = Wasserdampf, L = Luft)

$$x = \frac{m_D}{m_L}$$

ist die feuchte Luftmenge entweder

$$L_f = L_t + x \cdot L_t \qquad\qquad (1\text{-}131)$$
$$[L] = kg \; Luft/kg \; Brennstoff$$

oder mit

$$x = \frac{V_D \cdot \rho_D}{V_G \cdot \rho_G} = \frac{V_D \cdot \rho_D}{L_t \cdot \rho_L}$$

und den Dichten $\rho_L = 1{,}293 \; kg/m_n^3$, $\rho_D = 0{,}804 \; kg/m_n^3$

$$V_D = 1{,}61 \cdot L_t \cdot x$$
$$L_f = L_t + 1{,}61 \cdot x \cdot L_t \qquad\qquad (1\text{-}132)$$
$$[L] = m_n^3 \; Luft/kg \; Brennstoff \; .$$

Bei der Berechnung des feuchten Rauchgasvolumens sind die beiden Anteile $x \cdot L_t$ bzw. $1{,}61 \cdot x \cdot L_t$ je nach verwendeter Einheit ebenfalls zu berücksichtigen.

1.8.3 Energieumsetzung bei der Verbrennung
1.8.3.1 Brennwert und Heizwert

Der Brennwert Δh_o (früher oberer Heizwert H_o) ist die je Bezugseinheit des Brennstoffes bei vollständiger isobarer Verbrennung freiwerdende Energie. Dabei wird davon ausgegangen, daß Brennstoff und Verbrennungsluft mit der Bezugstemperatur t_o zugeführt werden und das Rauchgas auf t_o zurückgekühlt wird, wobei das Wasser im Rauchgas kondensiert.

Bei der Kondensation des Wassers im Rauchgas treten im allgemeinen Korrosionsprobleme im Schornstein auf; daher ist der Brennwert ohne zusätzlichen Aufwand nicht nutzbar. Die Definition des Heizwertes Δh_u (früher unterer Heizwert H_u) unterscheidet sich von der des Brennwertes lediglich dadurch, daß das Wasser im Rauchgas dampfförmig vorliegt; der Heizwert ist also um die Verdampfungswärme des im Rauchgas vorhandenen Wassers niedriger als der Brennwert.

Als Bezugstemperaturen t_o werden 0 °C und 25 °C verwendet, für technische Rechnungen kann die Temperaturabhängigkeit von Δh_o und Δh_u jedoch vernachlässigt werden.

Brennwert bzw. Heizwert können experimentell mit Hilfe eines Kalorimeters bestimmt werden. Es ist jedoch wünschenswert, bei Kenntnis der Brennstoffzusammensetzung Δh_o bzw. Δh_u rechnerisch zu ermitteln. Bei gasförmigen Brennstoffen bereitet die Berechnung keine Schwierigkeiten. Die Heizwerte der Einzelgase $\Delta h_{u,i}$ (bezogen auf 1 kmol oder 1 m_n^3) sind durch Messungen bekannt und tabelliert. Der Heizwert des Gasgemisches kann bei Kenntnis der Gaszusammensetzung in Molanteilen Ψ_i (bei idealen Gasen entsprechen sie den Raumanteilen r_i) nach der Beziehung

$$\Delta h_u = \sum \Psi_i \cdot \Delta h_{u,i} = \sum r_i \; \Delta h_{u,i} \qquad (1\text{-}133)$$

ermittelt werden. Für den Brennwert ergibt sich analog

$$h_o = \sum \Psi_i \cdot \Delta h_{o,i} = \sum r_i \; \Delta h_{o,i} \; . \qquad (1\text{-}134)$$

Für eine überschlägige Rechnung benutzt man die sog. Verbandsformeln. Für Gase gilt

$$\left.\begin{array}{l} \Delta h_o = \\[2em] \Delta h_u = \end{array}\right\} 12,63 \; r_{CO} + \left\{\begin{array}{l} 12,75 \; r_{H_2} + 39,82 \; r_{CH_4} + 63,41 \; r_{C_2H_4} + 75,61 \; r_{C_mH_n} \\[1em] 10,78 \; r_{H_2} + 35,88 \; r_{CH_4} + 59,46 \; r_{C_2H_4} + 71,21 \; r_{C_mH_n} \end{array}\right. \qquad (1\text{-}135)$$

in MJ/m_n^3 Brennstoff.

Bei festen und flüssigen Brennstoffen ist eine genaue Heizwertbestimmung aus der Elementaranalyse nicht möglich; für eine exakte Rechnung müßte bekannt sein, in welcher Form die einzelnen Elemente im Brennstoff gebunden sind. In der Praxis verwendet man auch hier sog. Verbandsformeln :

$$\Delta h_o = 34,04 \; c + 124,35 \; h + 6,28 \; n + 19,09 \; s - 9,84 \; o \qquad (1\text{-}136)$$

$$\Delta h_u = 34,04 \; c + 101,71 \; h + 6,28 \; n + 19,09 \; s - 9,84 \; o - 2,51 \; w$$

in MJ/kg Brennstoff.

Bei festen Brennstoffen benötigt man gelegentlich auch den Heiz- und Brennwert für eine wasser- und aschefreie Substanz (Index waf). Die Umrechnung geschieht z.B. nach der Beziehung

$$\Delta h_{u,\,waf} = \frac{\Delta h_u + r_o \cdot w}{1 - a - w}$$

mit r_o = Verdampfungsenthalpie des Wassers
und Δh_u nach einer Verbandsformel.

1.8.3.2   h,t-Diagramm

Die Enthalpie des Rauchgases ist zu berechnen aus der Beziehung

$$h = c_p \Big|_0^t \cdot t \,.$$

Dabei hängt die mittlere spezifische Wärmekapazität des Rauchgases von der Rauchgaszusammensetzung und vom Luftverhältnis ab.

Sind z.B. nach Kap. 1.8.2 die Rauchgasanteile V_i und die gesamte feuchte Rauchgasmenge V_t bekannt, so ergibt sich für die mittlere spezifische Wärmekapazität

$$c_p \Big|_0^t = \sum c_{p_i} \Big|_0^t \cdot \frac{V_i}{V_f} \qquad\qquad (1\text{-}137)$$

$$\left[c_p \right] = kJ/Km_n^3 \text{ der Komponente i.}$$

h ergibt sich dann ebenfalls in kJ/m_n^3. Man erhält also bei gegebener Brennstoffanalyse bzw. den Anteilen des feuchten Rauchgases für bestimmte Luftverhältnisse einen Zusammenhang entsprechend Abb.1-42.

Für die Berechnung der Rauchgastemperatur geht man von einer Bilanz an der Flamme aus. Für 1 kg Brennstoff werden der Flamme der Heizwert Δh_u und die Enthalpie der Verbrennungsluft zugeführt, abgeführt werden die Rauchgasenthalpie und die Abstrahlung:

$$\Delta h_u + L \cdot h_L = V_f \cdot h_F + q_s \,.$$

Im allgemeinen begnügt man sich mit der sog. adiabatischen Verbrennungstemperatur, also der Temperatur, die die Verbrennungsgase theoretisch annehmen würden, wenn keine Wärme abgestrahlt wird.

Damit ist die Enthalpie der Verbrennungsgase

$$h_{F,\,ad} = \frac{\Delta h_u + L \cdot h_L}{V_f} \qquad\qquad (1\text{-}138)$$

bzw. die adiabate Verbrennungstemperatur /Abb. 1-42/:

$$t_{F,\,ad} = f\,(h_{F,\,ad}) \,.$$

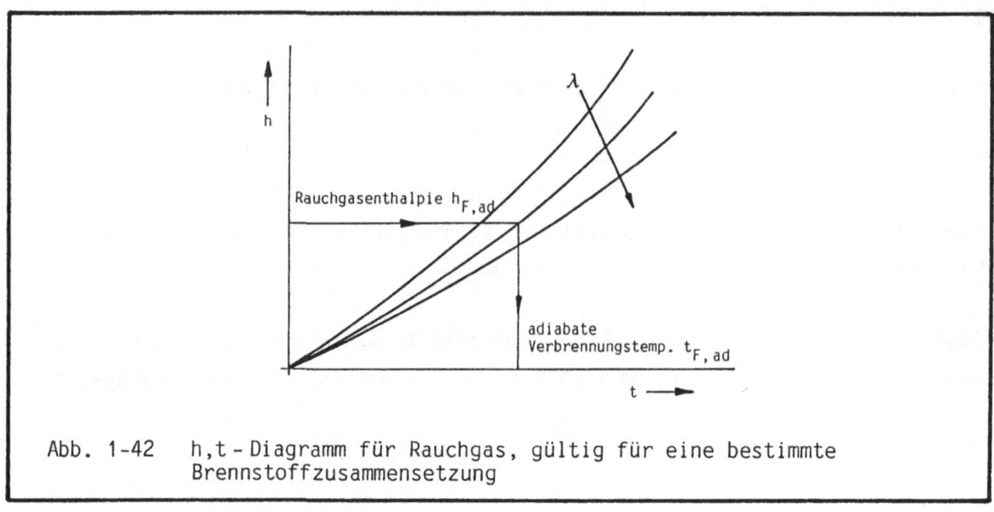

Abb. 1-42   h,t-Diagramm für Rauchgas, gültig für eine bestimmte
Brennstoffzusammensetzung

1.8.3.3   Verbrennungsdreiecke

Aus der Rauchgaszusammensetzung lassen sich mit Hilfe von Verbrennungsdreiecken
ohne umständliche Rechnung Rückschlüsse auf den Verbrennungsablauf ziehen. Verwendet werden üblicherweise Ostwald-Dreiecke (Abb. 1-43), die jeweils für einen
Brennstoff gelten, und Bunte-Dreiecke (Abb. 1-44), in welchen die Brennstoffgeraden für verschiedene Brennstoffe eingetragen sind. Liegt der Meßpunkt im Bunte-Dreieck links von der Brennstoffgeraden, dann war die Verbrennung unvollstän-
dig, bei einem Punkt rechts von der Brennstoffgeraden liegt ein Meßfehler vor.

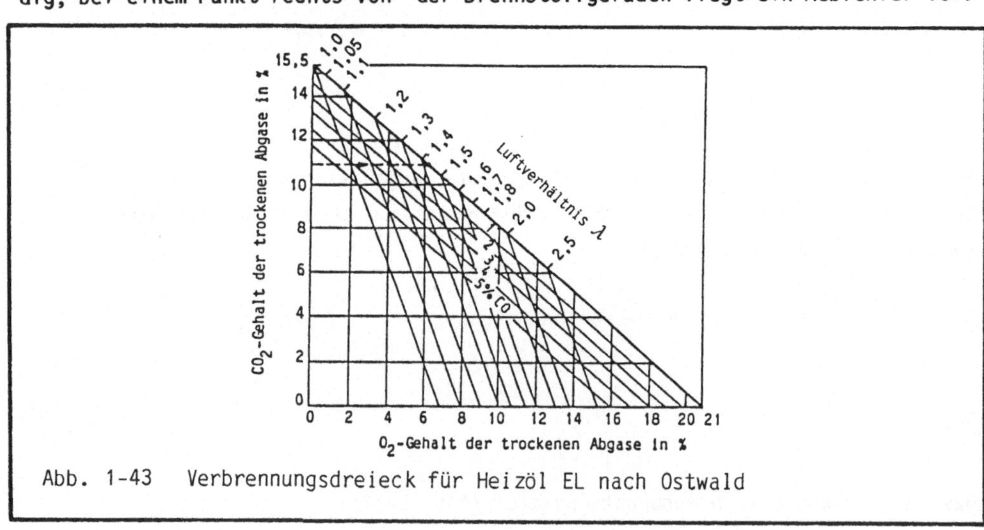

Abb. 1-43   Verbrennungsdreieck für Heizöl EL nach Ostwald

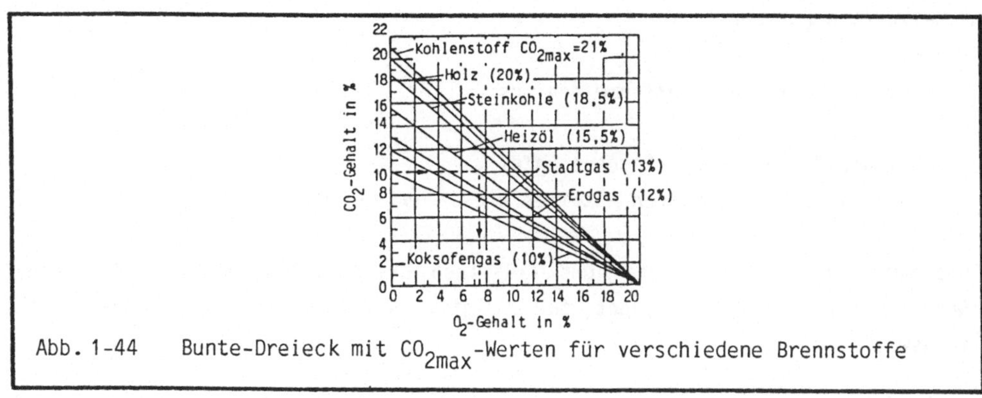

Abb. 1-44   Bunte-Dreieck mit CO$_{2max}$-Werten für verschiedene Brennstoffe

Zur Beurteilung von Gas- und Ölfeuerungen gibt es auch Diagramme, mit denen der Feuerungswirkungsgrad aus Abgastemperatur und -zusammensetzung direkt abgelesen werden kann.

1.8.3.4   Exergie der Brennstoffe

Bei der thermodynamischen Bewertung von Kreisprozessen wurde im wesentlichen mit Exergien gearbeitet. Um auch die Wärmeerzeugung exergetisch beurteilen zu können, muß man eine Aussage darüber machen, welcher Teil der in Brennstoffen gebundenen chemischen Energie günstigstenfalls in Arbeit umgewandelt werden kann. Umfangreiche theoretische Untersuchungen haben gezeigt, daß die Brennstoffexergie nur mit großem Aufwand und unter verschiedenen Annahmen berechnet werden kann. Näherungsweise kann jedoch davon ausgegangen werden, daß die spezifische Exergie eines Brennstoffes e_B dem Brennwert entspricht

$$e_B \left(T_u, p_u\right) = \Delta h_o \left(T_u\right) .$$

1.8.4   Zusammenfassung

Die heutige Energieversorgung basiert noch zum überwiegenden Teil auf der Verbrennung fossiler Energieträger. Unter Verbrennung versteht man die Vereinigung des Brennstoffs mit Sauerstoff nach Erreichen der Zündtemperatur, d.h. die in den Brennstoffen chemisch gebundene Energie wird durch diese Reaktion frei.

Für eine genauere Beschreibung des Verbrennungsvorganges benötigt man die Massen- und Energieumsätze der dabei ablaufenden chemischen Reaktionen. Für das grundsätzliche Verständnis benötigt man mindestens Kenntnisse über:

- den Heizwert, d.h. die Ergiebigkeit eines Brennstoffes,
- den bei der Verbrennung auftretenden Sauerstoff- bzw. Luftbedarf,
- die dabei auftretenden Mengen und Temperaturen der Verbrennungsprodukte.

a) Heizwert der Brennstoffe

Brennstoffe bestehen im allgemeinen aus:

- einem nicht brennbaren (Asche-) Anteil,
- flüchtigen z.T. brennbaren Anteilen wie C, H_2, O_2, N_2, S.

Die Massenanteile bei festen und flüssigen Brennstoffen in kg/kg Brennstoff werden mit c, h usw. bezeichnet, für die gilt (w = Wasseranteil, a = Ascheanteile usw.):

$$c + h + s + o + n + w + a = 1 \, .$$

Bei gasförmigen Stoffen werden meist die Raumanteile r in m^3_n/m^3_n Brennstoff (m^3_n = Norm-m^3) angegeben, für die gilt:

$$r_{CO} + r_{CH_4} + r_{H_2} + r_{CO_2} + r_{N_2} + \ldots\ldots = 1.$$

Die Ermittlung von Heizwerten kann auf drei Arten erfolgen:

- Versuch (Kalorimeter),
- Berechnung mit empirischen Formeln (Verbandsformeln),
- mittels Verbrennungsgleichungen unter Berücksichtigung der einzelnen Bindungs- energien (Wärmetönungen).

Man unterscheidet zwischen Brennwert (oberer Heizwert) und Heizwert (unterer Heizwert). Die Zahlenwerte unterscheiden sich durch die Kondensationswärme des bei der Verbrennung entstehenden Wasserdampfes.

Bei festen Brennstoffen gilt z.B. der Zusammenhang

$$\Delta h_0 = \Delta h_u + r_0 \, (9 \cdot h + w)$$
$$r_0 = \text{Verdampfungsenthalpie des Wassers}$$
$$\left[\Delta h_0, \quad \Delta h_u \right] = \text{MJ/kg Brennstoff}$$

Δh_0 enthält also die Kondensationswärme (Abkühlung des Rauchgases auf 0 °C); bei technischen Anwendungen muß man meistens aus Korrosionsgründen die Kondensation des Wasserdampfes vermeiden, daher rechnet man mit Δh_u.

Zur Berechnung von Δh_0 bzw. Δh_u bedient man sich sogenannter Verbandsformeln.

Für feste und flüssige Brennstoffe siehe Gleichung (1-136), für gasförmige Brennstoffe (Anteile in m_n^3/m_n^3) s. Gleichung (1-135).

b) Sauerstoff- und Luftbedarf bei der Verbrennung

Die Verbrennung ist ein Oxidationsprozeß, der in Form einer chemischen Reaktionsgleichung beschreibbar ist. Gibt man den stöchiometrisch für eine vollständige Verbrennung benötigten Sauerstoff in m_n^3/kg Brennstoff an, so erhält man aus den Reaktionsgleichungen

- für feste und flüssige Brennstoffe näherungsweise

$$O_{min} \approx 22,4 \; \frac{m_n^3 \; O_2}{kmol} \; (\frac{c}{12} + \frac{h}{4} + \frac{s}{32} + \frac{o}{32}) \; \frac{kg}{kgBr.} \cdot \frac{kmol}{kg}$$

bzw. mit den exakten Werten

$$O_{min} = 1,864 \; c + 5,6 \; h + 0,7 \; (s - o)$$

- für gasförmige Brennstoffe

$$O_{min} = \frac{1}{2} \; (r_{CO} + r_{H2}) + \sum (m + \frac{n}{4}) \; r_{C_m H_n} - r_{O_2} \; .$$

Mit der minimalen Luftmenge

$$L_{t \; min} = \frac{O_{min}}{0,21}$$

und dem bei technischen Feuerungen benötigten Luftüberschuß ($\lambda > 1$) ist der tatsächlich benötigte Bedarf an trockener Luft

$$L_t = \lambda \cdot \frac{O_{min}}{0,21} = \lambda \cdot L_{t \; min} \; .$$

c) Rauchgasvolumen und Rauchgaszusammensetzung

Ebenso wie die stöchiometrisch benötigte Sauerstoffmenge berechnet man die Abgasanteile (Reaktionsprodukte) aus den Reaktionsgleichungen.

Gibt man das Abgasvolumen in m_n^3/kg Brennstoff an, so gilt

- bei festen und flüssigen Brennstoffen
  für das trockene Abgasvolumen und den Luftüberschuß

$$V_t \approx 22,4 \; \frac{m_n^3}{kmol} \; (\frac{c}{12} + \frac{s}{32} + \frac{n}{28}) \; \frac{kg}{kg \; Br} \cdot \frac{kmol}{kg}$$

bzw. mit den exakten Werten

$$V_t = 1,854 \; c + 0,68 \; s + 0,8 \; n + 0,79 \cdot L_t + 0,21 \; (\lambda - 1) \cdot L_{tmin} \; .$$

Die feuchte Abgasmenge ist um den Betrag des Wasserdampfes größer, der aus dem Wasser- bzw. Wasserstoffgehalt des Brennstoffes (h und w) und aus der Feuchtigkeit der Verbrennungsluft herrührt:

$$V_f = V_t + 11,2 \; (h + \frac{w}{9}) + 1,61 \cdot x \cdot L_t \; .$$

- bei gasförmigen Brennstoffen ergeben sich folgende Einzelvolumina V_i im Rauchgas

$$V_{CO_2} = r_{CO} + r_{CO_2} + \sum m \cdot r_{C_mH_n}$$
$$V_{H_2O} = r_{H_2} + \sum \frac{n}{2} \; r_{C_mH_n}$$

$$V_{O_2} = 0,21 \; (\lambda - 1) \; L_{t \; min}$$

$$V_{N_2} = r_{N_2} + 0,79 \; \lambda \cdot L_{t \; min}$$

bzw. die Rauchgasvolumina

$$V_f = \sum V_i$$
$$V_t = V_t - V_{H_2O} \; .$$

d) Das h,t-Diagramm und die Rauchgastemperatur

Die bei der Verbrennung freiwerdende Energie erhitzt das Rauchgas. Bei bekannter Zusammensetzung des Rauchgases und damit bekannten Stoffwerten ergibt sich für die Rauchgasenthalpie eine Zusammensetzung der Form

$$h_F = f(t, \; \lambda, \; Zusammensetzung) \; .$$

Dieses h,t-Diagramm ist für den jeweiligen Fall neu zu berechnen und zu zeichnen
(es gibt allerdings auch verallgemeinerte Darstellungen, die für Näherungs-
rechnungen geeignet sind).

Zur Bestimmung der adiabaten Verbrennungstemperatur benutzt man dieses h,t-Dia-
gramm, indem man die zu der Rauchgasenthalpie

$$h_{F, ad} = \frac{\Delta h_u + L \cdot h_L}{V_f}$$

$[h_{F, ad}] = kJ/m_n^3$ Abgas
$[\Delta h_u] = kJ/kg$

gehörende Temperatur $t_{F, ad}$ ermittelt /Abb. 1-42/.

e) Verbrennungsdreiecke

Eine Abgasanalyse soll sicherstellen, daß einerseits das Luftverhältnis ausreicht für eine vollkommene Verbrennung, andererseits jedoch nicht zu groß wird,
da hierdurch die Abgasenthalphie verringert wird.

Die Zusammensetzung der Rauchgase kann mit unterschiedlichen Apparaten (z.B.
Orsat) festgestellt werden. Zur Überprüfung der durch die Rauchgasanalyse gewonnenen Daten dient das sogenannte Verbrennungsdreieck (vgl. dazu Abb. 1-43).

Auf der Ordinate des Dreiecks ist der CO_2-Volumenanteil (bezogen auf den Volumenstrom trockener Abgase) und auf der Abszisse der Sauerstoffanteil aufgetragen. Für jeden Brennstoff ergibt sich ein charakteristischer maximaler CO_2-An-
teil, dieser ist bei vollständiger Verbrennung gegeben, wenn der Sauerstoffanteil den Wert Null hat, d.h. $V_t = V_{min}$. Der Sauerstoffanteil beträgt 21%, falls
der Luftüberschuß unendlich groß wird. Bei vollständiger Verbrennung müssen alle
Analysewerte auf der Geraden zwischen O_2-Gehalt = 0,21 und max. CO_2-Gehalt
liegen.

Ergibt die Rauchgasanalyse, daß die beiden Anteile keinen gemeinsamen Punkt auf
der Geraden haben, so gibt es dafür zwei mögliche Ursachen

- fehlerhafte Messung (der Punkt liegt außerhalb des Dreiecks),
- unvollständige Verbrennung (der Punkt liegt innerhalb des Dreiecks).

Zur Beurteilung einer unvollkommenen Verbrennung benutzt man das brennstoffspe-
zifische Ostwald-Diagramm, Abb. 1-43.

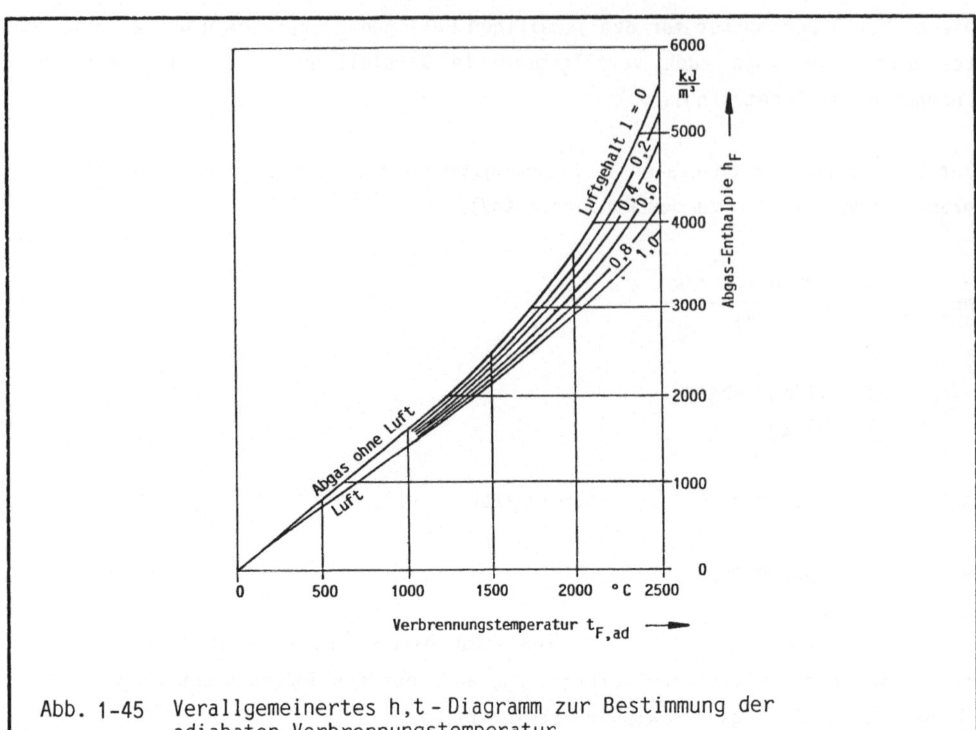

Abb. 1-45   Verallgemeinertes h,t-Diagramm zur Bestimmung der adiabaten Verbrennnungstemperatur

Übungsaufgaben
zu den thermodynamischen Grundlagen

Übungsaufgaben
zu den thermodynamischen Grundlagen

Übungsaufgaben zu den thermodynamischen Grundlagen

Beispiel 1-1:

In einem senkrecht stehenden, vollkommen wärmeisolierten Zylinder befindet sich
Gas. Auf dieses Gas wirkt von oben ein reibungsfrei beweglicher, wärmeundurch-
lässiger Kolben mit einer konstanten Kraft $F = 2,5$ kN. Über einen Rührer wird
dem Gas eine Reibungsarbeit $W_{R,12} = 3$ kJ zugeführt.

Wie groß ist die Änderung der inneren Energie des Gases ΔU, wenn nach der Zufuhr
der Reibungsarbeit festgestellt wurde, daß sich der Kolben um $\Delta z = 20$ cm
verschoben hat?

Lösung:

1. Hauptsatz für geschlossene Systeme z.B. nach Gleichung (1-10) mit $q_{12} = 0$:

$$\Delta U = - \int_1^2 pdV + W_{R12} = - F \cdot \Delta z + W_{R12}$$

$\Delta U = 2500$ J

Beispiel 1-2:

In einen stationär arbeitenden Dampferzeuger werden $\dot{m} = 100$ t/h siedenden
Wassers eingespeist. Die spezifische Enthalpie des eintretenden Wassers ist
$h_1 = 1.400$ kJ/kg und die des austretenden Dampfes ist $h_2 = 2.700$ kJ/kg. Der
Druck im Dampferzeuger ist konstant und beträgt 100 bar. Die Dampfaustrittslei-
tung liegt 20 m über der Wasserzuflußleitung und hat einen lichten Durchmesser
von 100 mm. Das spezifische Volumen des Speisewassers beträgt $v_1 = 0,0014$ m^3/kg.

a) Welche Wärme ist pro kg Dampf zu übertragen, wenn die Eintrittsgeschwindig-
   keit des Speisewassers vernachlässigbar klein ist und das spezifische Volumen
   des Dampfes $v_2 = 0,018$ m^3/kg beträgt?

b) Welche prozentualen Fehler treten bei der Berechnung der Wärmezufuhr auf,
   wenn man einmal die Höhendifferenz zwischen Wassereintritt und Dampfaustritt
   und zum anderen die Austrittsgeschwindigkeit des Dampfes vernachlässigt?

c) Wie groß ist der Unterschied zwischen der Enthalpieänderung und der Änderung
   der inneren Energie?

<u>Lösung:</u>

a) 1. Hauptsatz für offene Systeme z.B. nach Gleichung (1-16) mit $w_{t12} = 0$, $c_1 = 0$:

$$q_{12} = h_2 - h_1 + \frac{1}{2} c_2^2 + g (z_2 - z_1) \ .$$

Für die Austrittsgeschwindigkeit folgt mit

$$\dot{m} = \frac{\dot{V}_2}{v_2} = \pi \frac{d^2}{4} \cdot \frac{c_2}{v_2}$$

$$c_2 = \frac{4}{\pi} \cdot m \cdot \frac{v_2}{d^2} = 63,7 \ m/s$$

und damit

$$q_{12} = 1300 \ kJ/kg + \frac{1}{2} \ 63,7^2 \ \frac{m^2}{s^2} \cdot \frac{10^{-3} \ kJ \ s^2}{kg \ m^2} + 9,81 \ \frac{m}{s^2} \ 20 \ m \ \frac{10^{-3} \ kJ \, s^2}{kg \ m^2}$$

$$= 1302,2 \ kJ/kg \ .$$

b) Vernachlässigung der Austrittsgeschwindigkeit ergibt den prozentualen Fehler

$$\frac{1/2 \ c_2^2}{q_{12}} \cdot 100 \ \% = 0,15 \ \% \ .$$

Vernachlässigung der Höhendifferenz ergibt den prozentualen Fehler

$$\frac{g \cdot \Delta z}{q_{12}} \cdot 100 \ \% = 0,015 \ \% \ .$$

c) Mit Gleichung (1-15) gilt mit $p_1 = p_2 = p$

$$\Delta h - \Delta u = \Delta(pv) = p_2 v_2 - p_1 v_1 = p (v_2 - v_1) = 166,0 \ kJ/kg$$

<u>Beispiel 1-3:</u>

$m = 10$ kg Wassereis mit $t_{WE} = -10 \ ^\circ C$ schmelzen in freier Atmosphäre bei konstantem Umgebungsdruck $p_u = 1$ bar und konstanter Temperatur $t_{SE} = 0 \ ^\circ C$. Anschließend erwärmt sich das entstandene Wasser auf die Umgebungstemperatur

$t_u = 20\ °C$. Bekannt sind außerdem:

- die mittlere spezifische Wärmekapazität des Eises zwischen den Temperaturen t_{WE} und t_{SE} beim Umgebungsdruck p_u
  $c_{p,WE} = 2{,}06\ kJ/kg\ K$,

- die spezifische Schmelzwärme des Eises bei p_u bzw. bei t_{SE} mit $h_{SE} = 333{,}7\ kJ/kg$ und

- die mittlere spezifische Wärmekapazität des Wassers zwischen den Temperaturen t_{SE} und t_u beim Umgebungsdruck p_u
  $c_{p,W} = 4{,}19\ kJ/kg\ K$.

Unter Einbeziehung der Umgebung ist ein adiabates Gesamtsystem zu bilden, für das die Entropieänderung anzugeben ist.

<u>Lösung:</u>

Nach dem 2. Hauptsatz gilt für das adiabate Gesamtsystem

$$ds = \frac{dq}{T} \geqslant 0$$

$$\Delta s = \Delta s_W + \Delta s_u \geqslant 0 \ .$$

Dabei ist die Entropieänderung des Eises

$$\Delta S_W = m \int \frac{dq}{T} = m \left[\int_{T_{WE}}^{T_{SE}} c_{p,WE}\ \frac{dT}{T} + \frac{\Delta h_{SE}}{T_{SE}} + \int_{T_{SE}}^{T_U} c_{p,W}\ \frac{dT}{T} \right]$$

$$= m \left[c_{p,WE}\ \ln \frac{T_{SE}}{T_{WE}} + \frac{\Delta h_{SE}}{T_{SE}} + c_{p,w}\ \ln \frac{T_u}{T_{SE}} \right]$$

$$= 15{,}95\ kJ/K \ .$$

Die für diesen Vorgang benötigte Wärme Q wird aus der Umgebung abgeführt, womit eine Entropieabnahme verbunden ist:

$$\Delta S_u = m \int \frac{dq}{T} = \frac{-Q}{T_u} = \frac{-m}{T_u} \left[c_{p,WE}\ (t_{SE} - t_{WE}) + \Delta h_{SE} + c_{p,W}\ (t_u - t_{SE}) \right]$$

$$= -14{,}95\ kJ/K \ .$$

Der Gesamtvorgang ist irreversibel mit

$$\Delta S = 1 \text{ kJ/K}.$$

Beispiel 1-4:

Ein Dampfkessel enthält $m_{W1} = 10$ t Wasser und $m_{D1} = 15$ kg trocken gesättigten Dampf bei einem Druck von 10 bar (Dampftafel verwenden).

a) Wie groß ist die Gesamtenthalpie des Dampfes?
b) Wie groß ist das Volumen des Kessels?
c) Wie groß sind die Wasser- und Dampfmenge, wenn der Druck isochor auf 2 bar sinkt?
d) Welche Temperatur herrscht nach der Druckabsenkung im Kessel?

Lösung:

Zustandsgrößen aus Dampftafel:

$p_1 = 10$ bar: $h_1' = 762{,}61$ kJ/kg, $h_1'' = 2776{,}2$ kJ/kg
$v_1' = 0{,}00113$ m^3/kg, $v_1'' = 0{,}1943$ m^3/kg

$p_2 = 2$ bar: $v_2' = 0{,}00106$ m^3/kg; $v_2'' = 0{,}8854$ m^3/kg

a) Gesamtenthalpie des Wasser-Dampf-Gemisches:

$$H = m_{W_1} \cdot h_1' + m_{D_1} \cdot h_1'' = 7{,}667 \cdot 10^6 \text{ kJ} .$$

b) die anteiligen Volumina betragen

$$V_{W1} = m_{W_1} \cdot v_1' = 11{,}3 \text{ m}^3$$

$$V_{D1} = m_{D_1} \cdot v_1'' = 2{,}91 \text{ m}^3 .$$

Das Gesamtvolumen ist damit

$$V = V_{W_1} + V_{D_1} = 14{,}21 \text{ m}^3 .$$

c) Während der Druckabsenkung bleiben Gesamtmasse und Gesamtvolumen konstant:

$$m_{W_2} = m - m_{D_2}$$
$$V = m_{W_2} \cdot v_2' + m_{D_2} \cdot v_2''$$

$$= (m - m_{D_2}) \cdot v_2' + m_{D_2} \cdot v_2''$$

$$m_{D_2} = \frac{V - m \cdot v_2'}{v_2'' - v_2'} = 4,06 \text{ kg}$$

$$m_D = m_{D_1} - m_{D_2} = 10,94 \text{ kg}$$

d) Da nach der Druckabsenkung noch Naßdampf vorhanden ist, herrscht im Kessel die Siedetemperatur beim Druck $p_2 = 2$ bar:

$$t_S \text{ (2 bar)} = 120,23 \text{ °C} .$$

Beispiel 1-5:

Für einen klimatisierten Raum werden $\dot{V} = 11.250$ m^3/h feuchte Luft mit $\varphi_M = 0,4$ und $t_M = 21$ °C benötigt. Um diesen Zustand einzustellen, wird Frischluft mit $t_F = 0$ °C und $\varphi_F = 0,7$ zunächst auf t_1 erwärmt und dann mit Umluft von $t_2 = 24$ °C und $\varphi_2 = 0,5$ gemischt. Barometerstand $p = 1$ bar.

a) Stellen Sie die Vorwärmung der Frischluft und die Mischung im h,x-Diagramm dar und ermitteln Sie t_1 und h_1.
b) Berechnen Sie die Werte t_1, h_1 und die zuzuführende Enthalpie Δh.
c) Berechnen Sie
- das Verhältnis der trockenen Luftmassenströme $\dot{m}_{1tr}/\dot{m}_{2tr}$,
- Volumenstromverhältnis $\dot{V}_{f1}/\dot{V}_{f2}$ der feuchten Luftmengen,
- den Wärmestrom $\dot{Q}_{12}$, der der Frischluft vor der Mischung zugeführt werden muß.
d) Vergleichen Sie die Rechenergebnisse mit den im h,x-Diagramm konstruierten Werten.

Lösung:

a) Aufsuchen des Punktes 1 /Abb. 1-46/:
Strecke $\overline{2\ M}$ über M hinaus verlängern, Erwärmung der Frischluft (Punkt F) bei konstantem Flüssigkeitsgehalt x ergibt Schnittpunkt 1.
$t_1 \approx 17,6$ °C
$h_1 \approx 24,4$ kJ/kg

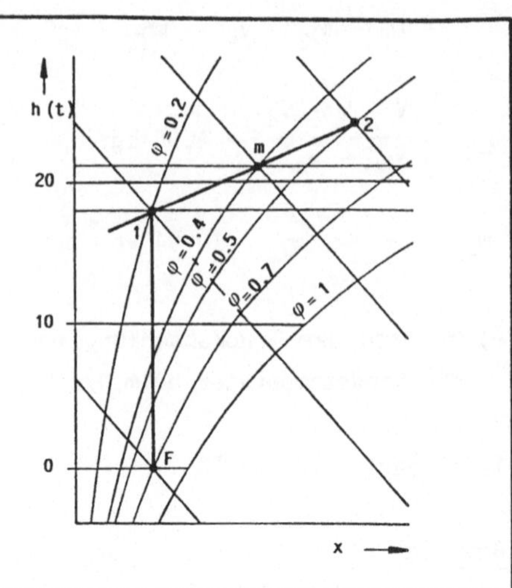

Abb. 1-46   Zu Beispiel 1-5:
Ermittlung des Zustands-
punktes 1 im h,x-Diagramm

b) Der absolute Wassergehalt für die drei Zustände M, F und 2 ergibt sich nach der Gleichung (1-89)

$$x_i = 0,622 \; \frac{\varphi_i \; p_{si}}{p - \varphi_i \; p_{si}} \; .$$

Die zu den entsprechenden Temperaturen gehörenden Sättigungsdrücke sind nach Dampftafel

$t_M = 21 \;°C: \; p_{sM} = 24,85$ mbar

$t_F = 0 \;°C: \; p_{sF} = 6,11$ mbar

$t_2 = 24 \;°C: \; p_{s2} = 29,82$ mbar .

Damit ergeben sich

$x_M = 6,24 \cdot 10^{-3}$ kg H_2O/kg trockene Luft

$x_F = 2,67 \cdot 10^{-3}$ kg H_2O/kg trockene Luft

$x_2 = 9,41 \cdot 10^{-3}$ kg H_2O/kg trockene Luft .

Für die entsprechenden Enthalpien gilt Gleichung (1-91)

$$h_i = c_{p,L} \cdot t_i + x_i \, (r_0 + c_{p,w} \cdot t_i) \; .$$

Mit den Stoffwerten aus Tabelle 1-4 folgt dann

$h_M = 36,93$ kJ/kg trockene Luft

$h_F = 6{,}675$ kJ/kg trockene Luft

$h_2 = 48{,}04$ kJ/kg trockene Luft .

Aus den Bilanzen entsprechend Kap. 1.6.4.1 ergibt sich als Enthalpie des Zustandes 1:

$$h_1 = \frac{\dot{m}_M \, h_M - \dot{m}_2 \, h_2}{\dot{m}_1} = \frac{(\dot{m}_1 + \dot{m}_2) \, h_m - \dot{m}_2 \, h_2}{\dot{m}_1}$$

$$= h_M + \frac{\dot{m}_2}{\dot{m}_1} \, (h_M - h_2)$$

$$= h_M - \frac{x_M - x_1}{x_2 - x_M} \, (h_2 - h_M)$$

$$= 24{,}42 \text{ kJ/kg trockene Luft .}$$

Die Temperatur t_1 ergibt sich mit Gleichung (1-91):

$$h = c_{p,L} \cdot t_1 + x_1 \, (r_0 + c_{p,w} \, t_1)$$

$$t_1 = \frac{h_1 - r_0 \, x_1}{c_{p,L} - c_{p,W} \cdot x_1} \quad ; \text{ mit den Stoffwerten nach Tab. 1-4}$$

$$t_1 = 17{,}6 \ ^\circ C.$$

Für die Erwärmung der Frischluft bei konstantem Wassergehalt benötigt man also

$$\Delta h = h_1 - h_F = 17{,}75 \text{ kJ/kg trockene Luft.}$$

c) Für das Verhältnis der trockenen Luftmassen galt nach Aufgabenteil b)

$$\frac{\dot{m}_1}{\dot{m}_2} = \frac{x_2 - x_M}{x_M - x_1} = 0{,}888 \ .$$

Für das Volumenstromverhältnis der feuchten Luft gilt

$$\frac{\dot{V}_{f1}}{\dot{V}_{f2}} = \frac{\dot{m}_{f1} \, v_{f1}}{\dot{m}_{f2} \, v_{f2}} = \frac{\dot{m}_{f1}}{\dot{m}_{f2}} \cdot \frac{\rho_{f2}}{\rho_{f1}} \ .$$

Die Massenströme der feuchten Luft ergeben sich aus

$$\dot{m}_f = \dot{m}_L + \dot{m}_W = \dot{m}_L \, (1 + \frac{\dot{m}_W}{\dot{m}_L}) = \dot{m}_L \, (1 + x) \ .$$

Für die Dichte der feuchten Luft gilt allgemein

$$\rho_f = \frac{\dot{m}_L + \dot{m}_W}{\dot{V}} = \frac{\text{Masse der feuchten Luft}}{\text{Volumen der feuchten Luft}}$$

bzw. unter Verwendung der Zustandsgleichung gilt für die einzelnen Anteile (V und T für die feuchte Luft):

$$\frac{\dot{m}_L}{\dot{V}} = \frac{p_L}{R_L \cdot T} = \frac{p - \varphi p_s}{R_L \cdot T}$$

$$\frac{\dot{m}_W}{\dot{V}} = \frac{p_W}{R_W T} = \frac{\varphi p_s}{R_W T} \quad .$$

Dies führt mit $\varphi = \dfrac{xp}{p_s \left(\dfrac{R_L}{R_W} + x\right)}$ (s. Gleichung (1-90)

auf

$$\rho_f = \frac{p}{T} \, \frac{1 + x}{R_L + x\,R_W} = \frac{p}{T} \cdot \frac{1 + x}{0{,}622 + x} \cdot \frac{1\ \text{kg} \cdot \text{K}}{462\ \text{J}} \quad .$$

Das Volumenstromverhältnis ist damit

$$\frac{\dot{V}_{f1}}{\dot{V}_{f2}} = \frac{\dot{m}_1 \, (1 + x_1)}{\dot{m}_2 \, (1 + x_2)} \cdot \frac{\rho_{f2}}{\rho_{f1}}$$

bzw. mit den Dichten

$$\rho_{f1} = 1{,}1949 \ \text{kg/m}^3$$
$$\rho_{f2} = 1{,}1646 \ \text{kg/m}^3$$

ergibt sich

$$\frac{\dot{V}_{f1}}{\dot{V}_{f2}} = 0{,}888 \cdot \frac{1{,}00267}{1{,}00941} \cdot \frac{1{,}1646}{1{,}1949}$$

$$= 0{,}8597 \quad .$$

Für den vor der Mischung zuzuführenden Wärmestrom benötigt man die Frischluftmenge $\dot{m}_1$:

Nach Aufgabe b) galt

$$\frac{\dot{m}_2}{\dot{m}_1} = \frac{\dot{m}_M - \dot{m}_1}{\dot{m}_1} = \frac{x_M - x_1}{x_2 - x_M}$$

$$\dot{m}_1 = \frac{\dot{m}_M}{1 + \dfrac{x_M - x_1}{x_2 - x_2}} = \frac{\dot{V} \cdot \rho_M}{1 + \dfrac{x_M - x_1}{x_2 - x_1}}$$

und für die Dichte

$$\rho_M = \frac{p}{T_M} \cdot \frac{1 + x_M}{0,622 + x_M} \cdot \frac{1 \text{ kg K}}{462 \text{ J}}$$

$$= 1,1791 \text{ kg/m}^3.$$

Damit ergibt sich

$$\dot{m}_1 = 6224 \text{ kg/h}$$

und für den Wärmestrom

$$\dot{Q} = \dot{m}_1 \cdot \Delta h = 30,7 \text{ kW}.$$

d) Zur Bestimmung des Punktes 1 im h,x-Diagramm siehe Aufgabenteil a). Aus dem Diagramm sind folgende Größen zu entnehmen:

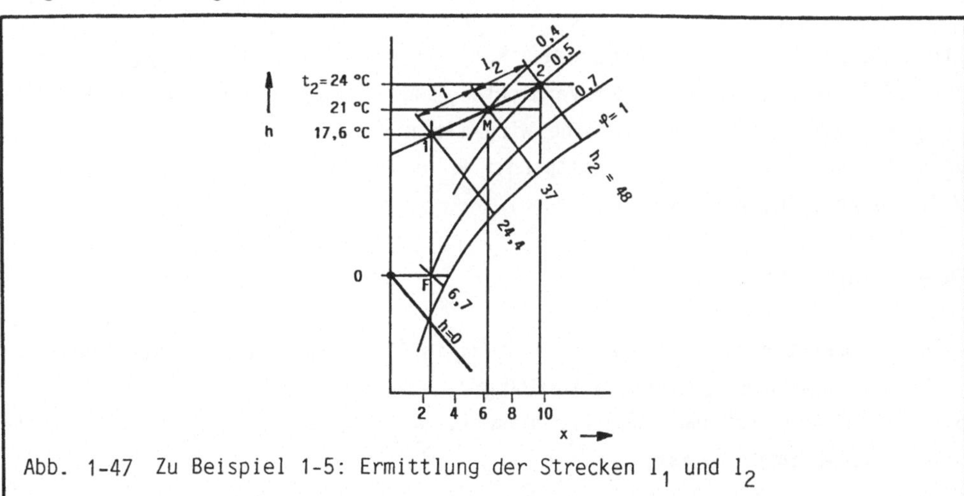

Abb. 1-47 Zu Beispiel 1-5: Ermittlung der Strecken l_1 und l_2

$x_F = x_1 = 0,00267$ kg H_2O/kg tr. Luft

$h_F \quad = 6,7$ kJ/kg tr. Luft

$h_1 \quad = 24,4$ kJ/kg tr. Luft

$h_2 \quad = 48$ kJ/kg tr. Luft

$t_1 \quad = 17,6$ °C

$x_M \quad = 0,0062$ kg H_2O/kg tr. Luft

$h_M \quad = 37$ kJ/kg tr. Luft

$l_1 \quad = 13$ mm (z.B)

$l_2 \quad = 11,5$ mm (z.B)

Das Verhältnis der Trockenluftmassen ist

$$\frac{\dot{m}_1}{\dot{m}_2} = \frac{l_2}{l_1} = \frac{11,5 \text{ mm}}{13 \text{ mm}} = 0,885 \; .$$

Nach der Rechnung ergab sich ein Verhältnis von $(\dot{m}_1/\dot{m}_2) = 0,888$. Die Trockenmasse der Mischung war $\dot{m} = \dot{V} \cdot \rho_M = 13.264$ kg/h.

Wird $\dot{m}_2 = \dot{m} - \dot{m}_1$ eingesetzt, dann errechnet sich die Trockenluft der Frischluft zu

$$\dot{m}_1 = \frac{\dot{m}\, l_2/l_1}{1 + l_2/l_1} = \frac{13184 \text{ kg/h} \cdot 0,885}{1 + 0,885} = 6227 \text{ kg/h} \; .$$

Nach der Rechnung ergab sich eine trockene Frischluftmasse von $\dot{m}_1 = 6224$ kg/h. Die Diagrammablesung ergibt also mit geringem Zeitaufwand genügend genaue Ergebnisse.

<u>Beispiel 1-6:</u>

Ein offener Gasturbinenprozeß wird mit einem Ansaugdruck von $p_4 = 1$ bar, $t_4 = 35$ °C betrieben. Nach der Verdichtung mit $n = 1,3$ liegt Zustand 1 mit $p_1 = p_2 = 7$ bar vor. In der Turbine wird mit $n = 1,38$ auf den Austrittszustand $p_3 = 1,1$ bar, $t_3 = 420$ °C entspannt; $R_L = 287,06$ J/kg K; $c_{v,L} = c_{v,RG} = 0,718$ kJ/kg K. (Reversible Polytropen).

Zu ermitteln sind:

a) die Temperatur t_1 nach der Verdichtung in °C und die spezifische technische Arbeit $w_{t,41}$ des Verdichters in kJ/kg;

b) die Gastemperatur nach der Brennkammer, wenn diese gleich der Turbineneintrittstemperatur t_2 ist;

c) die sich bei der Verbrennung ergebende spezifische Volumenänderungsarbeit $p \cdot \Delta v$ in kJ/kg; $R_{Rauchgas} = 292,7$ J/kg K.

d) Die Entropieänderungen bei der reversibel polytropen Verdichtung bzw. Expansion

e) Darstellung des Prozesses im p,v- und im T,s-Diagramm.

<u>Lösung:</u>

a) Nach Tabelle 1-2 gilt analog

$$T_1 = T_4 \ (\frac{p_1}{p_4})^{\frac{n-1}{n}} = 482,6 \text{ K}; \quad t_1 = 209,5 \text{ °C}$$

$$w_{t41} = n \cdot w_{41} = n \frac{R_L}{n-1} (T_1 - T_4) = 217,2 \text{ kJ/kg} \ .$$

b) $$T_2 = T_3 \ (\frac{p_2}{p_3})^{\frac{n-1}{n}} = 1153,6 \text{ K}; \quad t_2 = 880,4 \text{ °C} \ .$$

c) Die spezifischen Volumina in den Punkten 1 und 2 sind

$$v_1 = \frac{R_L \cdot T_1}{p_1} = 0,1979 \text{ m}^3/\text{kg}$$

$$v_2 = \frac{R_{RG} \cdot T_2}{p_2} = 0,4824 \text{ m}^3/\text{kg}$$

$$p_1 \ (v_1 - v_2) = 199,12 \text{ kJ/kg} \ .$$

d) Für eine reversible Polytrope gilt

$$dq = Tds = c_n dT$$

$$ds = c_n \frac{dT}{T}$$

$$s_2 - s_1 = c_n \ln \frac{T_2}{T_1} \ .$$

Dabei ist c_n nach Tabelle 1-2 zu bestimmen

$$c_n = c_v \frac{n - \kappa}{n - 1}$$

Für die Kompression 4 → 1 ergibt sich damit

$c_n = - \, 0{,}239$ kJ/kg K   und

$$s_1 - s_4 = c_n \cdot \ln \frac{T_1}{T_4} = - \, 0{,}1073 \text{ kJ/kg}$$

also Wärmeabfuhr mit $s_1 < s_4$.

Für die Expansion 2 → 3 gilt analog

$c_n = - \, 0{,}0378$ kJ/kg K
$s_3 - s_2 = 0{,}0192$ kJ/kg K

also Wärmezufuhr mit $s_3 > s_2$.

e) Darstellung in den Diagrammen:

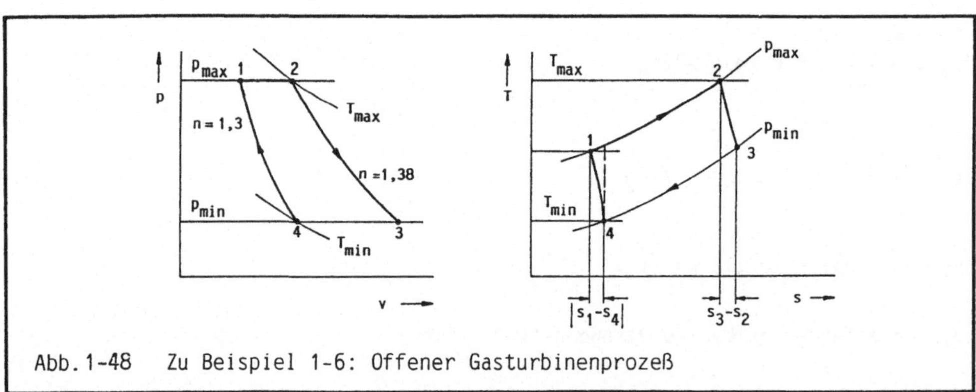

Abb. 1-48   Zu Beispiel 1-6: Offener Gasturbinenprozeß

Beispiel 1-7:

In einer Kohle sind 4,2 Massen-% Schwefel enthalten, der zu 90 % zu SO_2 oxydiert wird; $\Delta h_u = 28$ MJ/kg_{Br}.

Zu ermitteln sind:
a) das notwendige Mindestluftvolumen L_{min} in m_n^3/kg_{Br} zur Verbrennung des Schwefels

b) die SO_2-Emissionen aus dem Schornstein in g/kg_{Br} wenn keine Entschwefelung durchgeführt wird

c) die SO_2-Emission eines 600 MW-Kraftwerks mit $\eta_{ges} = 0,35$ in t/Tag.

<u>Lösung:</u>

a) Der tatsächlich umgesetzte Massenanteil des Schwefels beträgt

$$s_e = s \cdot 0,9 = 0,0378 \text{ kg S/kg Brennstoff}$$

Aus den Verbrennungsgleichungen, Kapitel 1.8.2 ergibt sich

$$1 \text{ kmol S} + 1 \text{ kmol } O_2 \rightarrow 1 \text{ kmol } SO_2$$
$$32 \text{ kg S} + 32 \text{ kg } O_2 \rightarrow 64 \text{ kg } SO_2$$

für 1 kg S:
$$\frac{1}{32} \text{ kmol S} + \frac{1}{32} \text{ kmol } O_2 \rightarrow \frac{1}{32} \text{ kmol } SO_2$$

Dabei ist $\left[O_2\right] = \dfrac{\text{kmol } O_2}{\text{kg S}}$.

Für den Schwefelanteil s:

$$\frac{s}{32} \text{ kmol S} + \frac{s}{32} \text{ kmol } O_2 \rightarrow \frac{s}{32} \text{kmol } SO_2$$

mit $\left[O_2\right] = \dfrac{\text{kmol } O_2}{\text{kg S}} \cdot \dfrac{\text{kg S}}{\text{kg Br}} = \dfrac{\text{kmol } O_2}{\text{kg Br}}$.

Damit ergibt sich als minimaler O_2-Bedarf

$$O_{min} = 22,4 \, \frac{m_n^3 \, O_2}{\text{kmol } O_2} \cdot \frac{s_e}{32} \, \frac{\text{kmol } O_2}{\text{kg Br}}$$

$$= 22,4 \cdot \frac{0,0378}{32} = 0,02647 \, \frac{m_n^3 \, O_2}{\text{kg Br}} \, .$$

Das damit verknüpfte Mindestluftvolumen ist

$$L_{min} = \frac{O_{min}}{0,21} = 0,126 \, \frac{m_n^3 \, \text{Luft}}{\text{kg Br}} \, .$$

b) Aus 32 kg S entstehen 64 kg SO_2,

aus $s_e \ \dfrac{kg\ S}{kg\ Br}$ entstehen $e_{SO_2} = x \ \dfrac{kg\ SO_2}{kg\ Br}$.

$$x = \frac{64}{32} \cdot s_e = 75{,}6 \ \frac{g\ SO_2}{kg\ Br} = e_{SO_2}$$

c) $\eta_{ges} = \dfrac{P}{\dot{Q}_{zu}}$; $\dot{Q}_{zu} = \dfrac{P}{\eta_{ges}} = 1714{,}3$ MW

$$\dot{m}_{Br} = \frac{\dot{Q}_{zu}}{\Delta h_u} = 61{,}225 \ kg\ Br/s$$

$$\dot{E}_{SO_2} = e_{SO_2} \cdot \dot{m}\ Br = 4{,}628 \ \frac{kg\ SO_2}{s}$$

$$\mathrel{\hat{=}} 400 \ t/d$$

Grundlagen der Wärmeübertragung

INHALTSVERZEICHNIS

Seite

2   Wärmetransportvorgänge
2.1   Allgemeines

Die Lehre von der Wärmeübertragung beschreibt die Vorgänge, bei denen die Pro-
zeßenergie Wärme von einem Medium hoher Temperatur auf ein Medium niedriger
Temperatur übergeht. Dabei sind drei verschiedene Arten des Wärmetransports
beteiligt:

1. Bei der Wärmeleitung wird Energie von energiereichen Elektronen, Atomen oder
Molekülen auf die energieärmeren, unmittelbar benachbarten Teilchen eines Körpers übertragen. Wird dem Körper nicht stets neue Energie von außen zugeführt,
ergibt sich allmählich ein Energie- (bzw. Temperatur-)ausgleich.

Die Berechnung von Wärmeleitvorgängen beruht auf dem Grundgesetz der Wärmelei-
tung (Fourierscher Erfahrungssatz der Wärmeleitung), das den Wärmestrom mit der
Änderung der Temperatur über den Wärmeleitkoeffizienten verknüpft sowie auf dem
Erhaltungssatz für die Energie.

2. Beim Wärmetransport durch Konvektion liegt eine makroskopische Teilchenbewe-
gung vor, die nur in fluiden Medien möglich ist, d. h. der Wärmetransport ist an
die Bewegung eines Stoffstromes gebunden. Zu unterscheiden sind die erzwungene
und die freie Konvektion, je nachdem, ob die Strömung des fluiden Mediums durch
äußere Kräfte (Pumpen) oder durch innere Kräfte (Dichteunterschiede) bedingt
ist.

Die Wärmestromdichte $\dot{q}$ zwischen einer festen Wand und einem daran vorbeifließen-
den Medium wird entsprechend dem empirischen Newtonschen Abkühlungsgesetz proportional zur Differenz zwischen Wandtemperatur und einer geeignet gemittelten
Fluidtemperatur gesetzt. Der Proportionalitätsfaktor ist der Wärmeübergangskoeffizient α . Dieser Wärmetransport wird Wärmeübergang genannt.

3. Wärme kann auch in Form elektromagnetischer Strahlung transportiert werden.
Diese Strahlung kommt durch die Umwandlung der kinetischen Energie der Parti-
keln, aus denen der Körper aufgebaut ist, in Strahlungsenergie zustande (infra-
roter Teil des Spektrums). Alle festen Körper, die meisten Flüssigkeiten und
manche Gase können diese Wärmestrahlung sowohl emittieren als auch absorbieren.
Strahlungsdurchlässige Stoffe nennt man diatherman.

Strahlungsenergie kann auch durch Vakuum hindurch übertragen werden. Nach dem
theoretisch begründeten Gesetz von Stefan und Boltzmann ist die Wärmestromdichte
proportional der vierten Potenz der Kelvin-Temperatur der strahlenden Oberflä-

che. Der Proportionalitätsfaktor ist der Strahlungskoeffizient C. Diesen Wärmetransport nennt man Wärmestrahlung.

2.2 Wärmeleitung
2.2.1 Grundgesetze der Wärmeleitung

Durch die Verknüpfung des Energieerhaltungssatzes mit dem Fourierschen Gesetz
der Wärmeleitung erhält man im allgemeinen eine partielle Differentialgleichung
zur Berechnung des Temperaturfeldes $t(r, \tau)$ eines Körpers bei vorgegebenen Rand-
und Anfangsbedingungen (stationäres oder instationäres Temperaturfeld). Dabei
sind r der Qrtsvektor und τ die Zeit.

a) Das Fouriersche Gesetz der Wärmeleitung

Durch eine ebene Wand mit den Oberflächentemperaturen t_1 und t_2 fließt ein Wärmestrom $\dot{Q}$ in Richtung fallender Temperatur /Abb. 2-1/. Der auf die Fläche dA
bezogene Wärmestrom ist proportional der Änderung der Temperatur längs x.

$$\dot{q} = \frac{d\dot{Q}}{dA} = - \lambda \frac{dt}{dx} . \tag{2-1}$$

Das negative Vorzeichen berücksichtigt die Temperaturabnahme in x-Richtung. Der
Proportionalitätsfaktor λ ist die stoff-, temperatur- und druckabhängige Wärmeleitfähigkeit, /Anhang/.

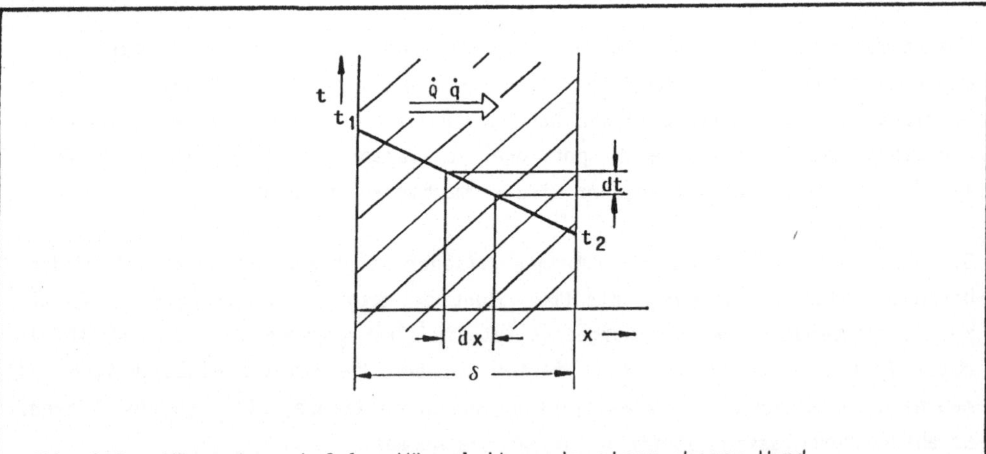

Abb. 2-1   Wärmestrom infolge Wärmeleitung in einer ebenen Wand

140

Die Verallgemeinerung von (2-1) zur Beschreibung eines dreidimensionalen Wärme-
leitproblems führt im kartesischen Koordinatensystem auf die Differentialgleichung

$$\dot{q} = -\lambda \, \text{grad} \, t \, .$$

(2-2)

b) Die Differentialgleichung für das Temperaturfeld

Für einen homogenen und isotropen festen Körper mit temperatur- und druckunab-
hängigen Stoffwerten läßt sich die Energieerhaltung zunächst durch die folgende
integrale Bilanz ausdrücken

$$\dot{S}_E = \dot{Q}_{Sp} + \dot{Q}_L \, .$$

Hierin ist $\dot{S}_E$ die in der Zeiteinheit im Körper mit dem Volumen V durch innere
Quellen erzeugte Leistung, $\dot{Q}_{Sp}$ ist die in der Zeiteinheit gespeicherte Energie
und $\dot{Q}_L$ der durch Leitung an die Umgebung abgegebene Wärmestrom.

Führt man in die Bilanz die entsprechenden Ausdrücke für die einzelnen Energie-
anteile ein, so ergibt sich die Fourier-Kirchhoffsche Differentialgleichung für
ein mehrdimensionales, zeitabhängiges Temperaturfeld in einem Körper

$$\frac{\partial t}{\partial \tau} = \frac{\lambda}{\rho \cdot c_p} \, \nabla^2 \, t + \frac{\dot{s}_E}{\rho \cdot c_p} \, .$$

(2-3)

Darin sind

τ = Zeit

c_p = spezifische Wärmekapazität bei konstantem Druck

ρ = Dichte

$\dot{s}_E$ = Leitungsquelldichte je Volumeneinheit

Die Kombination der Stoffwerte

$$a = \frac{\lambda}{c_p \cdot \rho}$$

(2-4)

ist die Temperaturleitfähigkeit, die bei instationären Problemen eine Rolle
spielt.

Für den Sonderfall eines stationären Temperaturfeldes in einer ebenen Wand (ein-
dimensional und ohne weitere Wärmequellen) ergibt sich z. B. statt (2-3) die
leicht integrierbare Gleichung

$$\frac{d^2\,t}{d\,x^2} = 0 \ . \tag{2-5}$$

c) Anfangs- und Randbedingungen

Die Anfangsbedingung schreibt das Temperaturfeld zu einem bestimmten Zeitpunkt
τ_0 als Ortsfunktion vor

$$t_0 = t(r, \tau_0) \ .$$

Bei stationären Problemen entfällt die Anfangsbedingung. Die Randbedingungen
(RB) des Problems können Angaben über die Temperaturverteilung und die Wärmeströme auf der Oberfläche des betrachteten Körpers enthalten:

1. Die Temperatur ist auf der Oberfläche als Funktion der Zeit und des Ortes
vorgegeben (sog. Randbedingung 1. Art).

2. Der Wärmestrom normal zur Oberfläche ist als Funktion der Zeit und des Ortes
vorgegeben (RB 2. Art).

3. Linearkombination von Temperatur und Wärmestrom bei Berührung des Körpers mit
einem anderen Medium (RB 3. Art, Übergangsbedingung).

Die Randbedingung 3. Art tritt am häufigsten auf. Grenzen zwei feste Körper I
und II aneinander, so muß für beide Körper an der Grenzfläche $\dot{q}_I = \dot{q}_{II}$ gelten.
Bei festem Kontakt beider Körper ist auch die Temperatur an der Grenzfläche
gleich. Bei losem Kontakt der beiden Körper kann ein Temperatursprung auftreten.
Grenzt der feste Körper an ein fluides Medium, so gilt in diesem an der Grenzfläche der Newtonsche Ansatz (s. Abschnitt 2.3). Gleichheit der Wärmestromdichten ergibt dann

$$- \lambda \ \frac{\partial t}{\partial n} \ = \alpha \ (t_W - t_F)$$

wobei t_W die Oberflächentemperatur, t_F die mittlere Fluidtemperatur und α der
als bekannt vorausgesetzte Wärmeübergangskoeffizient sind.

2.2.2   Eindimensionale stationäre Wärmeleitung

Die Lösung der stationären Form der Fourier-Kirchhoffschen Differentialgleichung
ohne innere Wärmequellen hängt von dem der Gestalt des Körpers angepaßten Koordinatensystem ab.
So gilt

- für die ebene Wand

$$\frac{d^2t}{dx^2} = 0 \qquad\qquad\qquad (2\text{-}7)$$

- für die Zylinderwand

$$\frac{d^2t}{dr^2} + \frac{t}{r}\,\frac{dt}{dr} = \frac{1}{r} \cdot \frac{d}{dr}\left(r\,\frac{dt}{dr}\right) = 0 \qquad\qquad\qquad (2\text{-}8)$$

- für die Kugelwand

$$\frac{d^2t}{dr^2} + \frac{2}{r}\,\frac{dt}{dr} = \frac{1}{r^2} \cdot \frac{d}{dr}\left(r^2\frac{dt}{dr}\right) . \qquad\qquad\qquad (2\text{-}9)$$

Als Lösungen ergeben sich bei vorgegebenen Randtemperaturen t_1 und t_2 und mit
den Abkürzungen $\quad \Delta t = t_1 - t_2, \; \delta = x_2 - x_1$

- für die ebene Wand

$$t = t_1 - \frac{\Delta t}{\delta}\,(x - x_1) \qquad\qquad\qquad (2\text{-}10)$$

- für die Zylinderwand (x wird durch ln r ersetzt)

$$t = t_1 \; - \; \frac{\Delta t}{\ln\,(r_2/r_1)}\,\ln\,(r/r_1) \qquad\qquad\qquad (2\text{-}11)$$

- für die Kugelwand (x wird durch 1/r ersetzt)

$$t = \; t_1 - \frac{\Delta t}{(1/r_1 - 1/r_2)}\left(\frac{1}{r_1} - \frac{1}{r}\right) . \qquad\qquad\qquad (2\text{-}12)$$

Der durch die Wand hindurchtretende Wärmestrom folgt bei bekanntem Temperaturfeld aus dem Fourierschen Gesetz zu

$$\dot{Q} = -\lambda\, A\, \frac{dt}{dx} \quad \text{oder} \quad \dot{Q} = -\lambda\, A(r)\, \frac{dt}{dr} \tag{2-13}$$

worin

- für die ebene Wand $A = \text{konst}$,
- für die Zylinderwand $A = 2\, r\, \pi\, L$,
- für die Kugelwand $A = 4\, \pi\, r^2$

zu setzen ist.

Formal lassen sich die Ergebnisse der drei Fälle in einer Gleichung zusammenfassen

$$\dot{Q} = -\frac{\lambda}{\delta}\, A_m\, \Delta t \tag{2-14}$$

A_m ist eine für die jeweiligen Fälle geeignet gemittelte Fläche:

- Für die ebene Wand

$$A_m = A \tag{2-15}$$

- für die Zylinderwand:

$$A_m = \frac{A_2 - A_1}{\ln\,(A_2/A_1)} \quad \text{(logarithmisches Mittel)}$$

- für die Kugelwand

$$A_m = \sqrt{A_1\, A_2} \quad \text{(geometrisches Mittel)} \tag{2-17}$$

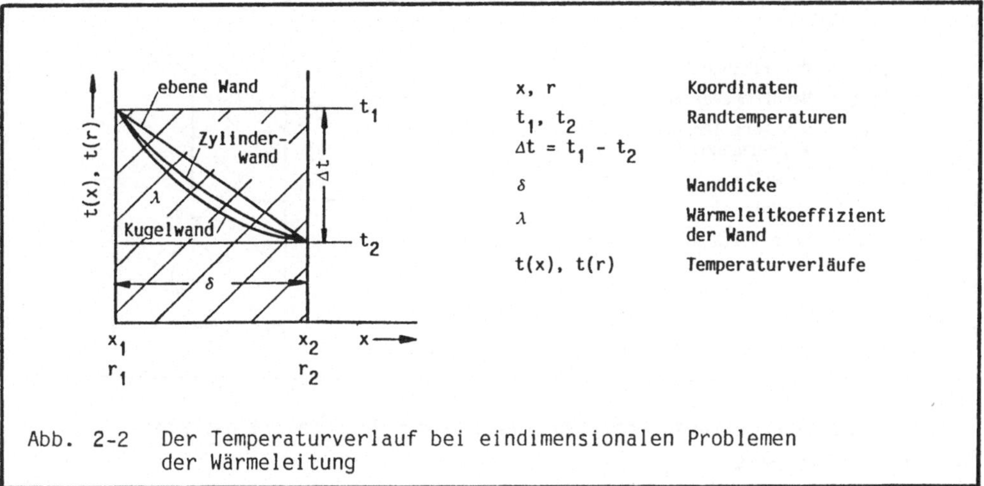

Abb. 2-2   Der Temperaturverlauf bei eindimensionalen Problemen
            der Wärmeleitung

2.2.3   Wärmedurchgang

Wärmedurchgang ist der Transport von Wärmeenergie von einem warmen Medium an ein
kaltes Medium (Wärmeübergang) durch eine Wand (Wärmeleitung). Nach dem Newtonschen Ansatz gilt für den Wärmeübergang mit den Wärmeübergangskoeffizienten α_1,
α_2 (Abb. 2-3):

$$\dot{Q} = A_1 \; \alpha_1(t_1 - t_1')$$
$$\dot{Q} = A_2 \; \alpha_2(t_2 - t_2') \; . \tag{2-18}$$

Für die Wärmeleitung in der Wand gilt außerdem das Fouriersche Gesetz (2-14).
Eliminiert man die Wandtemperaturen t_1' und t_2', so erhält man für den Wärmestrom

$$\dot{Q} = \frac{t_1 - t_2}{\dfrac{1}{\alpha_1 A_1} + \dfrac{\delta}{\lambda A_m} + \dfrac{1}{\alpha_2 A_2}} = kA \; (t_1 - t_2) \tag{2-19}$$

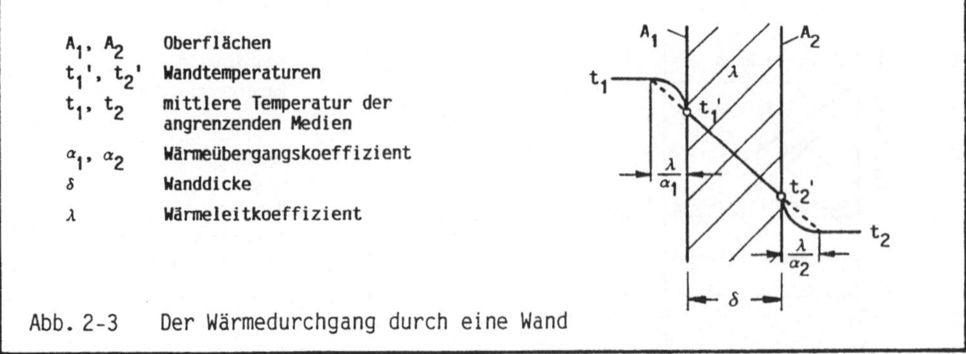

A_1, A_2	Oberflächen
t_1', t_2'	Wandtemperaturen
t_1, t_2	mittlere Temperatur der angrenzenden Medien
α_1, α_2	Wärmeübergangskoeffizient
δ	Wanddicke
λ	Wärmeleitkoeffizient

Abb. 2-3   Der Wärmedurchgang durch eine Wand

k ist der Wärmedurchgangskoeffizient. A_m ist der je nach Art der Fläche bestimmte Flächenmittelwert.

Bei mehrschichtigen Wänden verschiedener Dicke, für die auch unterschiedliche Wärmeleitkoeffizienten λ gelten, muß das Fouriersche Gesetz mehrmals angesetzt werden. Für den Wärmestrom erhält man dann ebenfalls

$$\dot{Q} = k \cdot A \, (t_1 - t_2) \tag{2-20}$$

wobei jetzt der Wärmedurchgangskoeffizient durch

$$\frac{1}{kA} = \frac{1}{\alpha_1 A_1} + \sum \frac{\delta_i}{\lambda_i \, A_{mi}} + \frac{1}{\alpha_2 \, A_2} \tag{2-21}$$

definiert ist. Es wird dabei vorausgesetzt, daß kein Kontaktwiderstand (kein Temperatursprung) zwischen den einzelnen Wandschichten auftritt. Falls der enge Kontakt zwischen den Schichten z. B. infolge Rauhigkeiten nicht besteht, muß der Newtonsche Ansatz mit einem Kontaktwärmeübergangskoeffizienten α_{kont} für jede Kontaktstelle bei der Definition des Wärmedurchgangskoeffizienten zusätzlich berücksichtigt werden.

2.3   Wärmetransport bei Konvektion

Der Wärmetransport zwischen bewegtem Fluid und einer festen Wand hängt stark vom Bewegungszustand dieses Fluids ab. Unter dem Einfluß von Temperaturunterschieden zwischen den wandnahen und den weiter entfernt liegenden Zonen des Fluids ergibt sich eine Fluidbewegung allein als Folge von Dichteunterschieden. Man spricht dann von freier Strömung oder natürlicher Konvektion. Im Gegensatz dazu nennt man den Bewegungszustand, der sich infolge von Druckdifferenzen im Fluid einstellt, erzwungene Konvektion. Beide Strömungsformen können laminar oder turbulent sein.

Bei laminarer Strömung hat jedes Fluidteilchen nur eine Geschwindigkeitskomponente parallel zur Wand. An der Wand ist die Strömungsgeschwindigkeit Null (Wandhaftung) und wächst im Falle der ausgebildeten Strömung bei einer ebenen Platte bis zum freien Strömungsraum oder im Rohr bis zur Rohrachse parabolisch auf einen Maximalwert (Hagen-Poiseuillesches Gesetz). Der Wärmetransport wird dann allein durch den Mechanismus der Wärmeleitung bestimmt; für den Temperaturverlauf ergibt sich ebenfalls ein quadratisches Gesetz.

Bei einer turbulenten Strömung haben die Teilchen des Fluids auch Geschwindigkeitskomponenten quer zur Strömungsrichtung. An der Wand wird auch hier Wandhaftung angenommen. Infolge der Zähigkeit des strömenden Stoffes bildet sich in Wandnähe eine Grenzschicht, die sowohl laminar als auch turbulent sein kann. Auch bei einer turbulenten Grenzschicht bildet sich jedoch stets eine laminare Unterschicht. In dieser Unterschicht ist der Wärmetransport wegen der fehlenden Mischbewegung durch Leitung bedingt. Im turbulenten Teil der Grenzschicht und in der turbulenten Kernströmung ist der Anteil der Wärmeleitung am Gesamttransport klein; im wesentlichen wird der Wärmetransport durch die intensive Querbewegung der Teilchen unterschiedlicher Temperatur bewirkt. Analog zu der Strömungsgrenzschicht, die sich also infolge des Impulsaustausches zwischen Wand und Außenströmung bildet, entsteht bei einem Wärmestrom zwischen Wand und Fluid außerdem eine sogenannte Temperaturgrenzschicht; diese beiden Grenzschichten weisen im allgemeinen unterschiedliche Dicken auf.

Der dem konvektiven Wärmetransport zugrunde liegende Impuls- und Energieaustausch wird durch die hydrodynamischen Grundgleichungen (Kontinuitätsgleichung und Navier-Stokes-Gleichung) und durch die Energiegleichung beschrieben. Eine geschlossene Lösung dieses Gleichungssystems gelingt nur in sehr wenigen Ausnahmefällen. Nach der Nußeltschen Ähnlichkeitstheorie lassen sich jedoch auch ohne direkte Lösung dieses Gleichungssystems allgemeine Aussagen treffen.

Man setzt entsprechend dem Newtonschen Ansatz für den Wärmestrom zwischen Wand und Flüssigkeit

$\dot{Q} = \alpha\, A\, (t_W - t_F)$, mit
t_W = Wandtemperatur
t_F = mittlere Fluidtemperatur.

Der Proportionalitätsfaktor ist die Wärmeübergangszahl α , die sowohl vom Strömungszustand als auch von den Stoffwerten des Fluids abhängt. Aus der Ähnlich-

keitstheorie lassen sich verallgemeinerte Zusammenhänge angeben, die eine Berechnung von α ermöglichen.

2.3.1 Die Ähnlichkeitstheorie des Wärmeübergangs

Physikalische Ähnlichkeit zwischen zwei Systemen liegt dann vor, wenn für deren
geometrische Abmessungen, ihre physikalischen Eigenschaften (Stoffwerte des
Fluids) und die bei diesem Strömungszustand auftretenden Kräfte Maßstabsfaktoren
(Ähnlichkeitskonstanten) definiert werden können, wobei nicht alle unabhängig
voneinander sind. Die Übergangsregeln zwischen zwei ähnlichen Vorgängen sind
dann im allgemeinen durch Kombinationen dieser Maßstabsfaktoren gegeben, die
ebenfalls dimensionslos sind. Zwei Systeme sind also dann ähnlich, wenn die aus
der Kombination hervorgegangenen dimensionslosen Kennzahlen den gleichen Zahlen-
wert annehmen. Zur Ermittlung dieser Kennzahlen gibt es mehrere Möglichkeiten,
die alle auf folgende Zusammenhänge führen:

Zur Beschreibung des Strömungsverhaltens benötigt man die

$$- \text{Reynolds-Zahl} \quad Re = \frac{cl}{\nu} \qquad = \frac{\text{Trägheitskraft}}{\text{Reibungskraft}} \tag{2-22}$$

$$- \text{Grashof-Zahl} \quad Gr = \frac{\gamma\, g\, \Delta t\, l^3}{\nu^2} \quad = \frac{\text{Trägheitskraft} \cdot \text{Schwerkraft}}{(\text{Reibungskraft})^2} \; .$$

Das Wärmetransportverhalten wird beschrieben durch die

$$- \text{Nußelt-Zahl} \quad Nu = \frac{\alpha \cdot l}{\lambda} \quad = \frac{\text{Wärmestrom an der Berandung}}{\substack{\text{Wärmestrom infolge Leitung durch} \\ \text{eine Schicht der Dicke l}}} \tag{2-23}$$

Das Stoffverhalten ist gekennzeichnet durch die

$$- \text{Prandtl-Zahl} \quad Pr = \frac{\nu}{a} \quad = \frac{\text{Impulstransport infolge Reibung}}{\text{Wärmetransport infolge Leitung}} \; . \tag{2-24}$$

Darüberhinaus gibt es abgeleitete Kennzahlen, z. B.:

$$- \text{Stanton-Zahl} \quad St = \frac{Nu}{Re \cdot Pr}$$

$$- \text{Peclet-Zahl} \quad Pe = Re \cdot Pr \tag{2-25}$$

$$- \text{Rayleigh-Zahl} \quad Ra = Gr \cdot Pr \; .$$

Außer den bereits definierten Größen bedeuten in diesen Ausdrücken l eine charakteristische Länge, ν die kinematische Viskosität, c die mittlere Geschwindigkeit des Fluids, γ den thermischen Ausdehnungskoeffizienten, g die örtliche Beschleunigung durch die Schwerkraft, Δt eine kennzeichnende Temperaturdifferenz. Die charakteristische oder kennzeichnende Länge ist irgendeine charakteristische Abmessung mit der Dimension einer Länge. Bei der Strömung durch Rohre wählt man z. B. den Rohrdurchmesser.

Zur eindeutigen Kennzeichnung dieser dimensionslosen Kenngrößen gehören Angaben über die Definition der sogenannten kennzeichnenden Größen und die Bezugstemperaturen für die Stoffwerte.

Die Voraussetzung konstanter, temperaturunabhängiger Stoffwerte ist oft nicht erfüllt, d. h. Rückwirkungen der Stoffwertänderungen auf das Geschwindigkeits- und Temperaturfeld sind durch die angegebenen Kennzahlen nicht erfaßbar. Man nimmt daher in die funktionalen Zusammenhänge der Kennzahlen sogenannte Ähnlichkeitssimplexe (z. B. das Verhältnis der Zähigkeit an der Wand zur Zähigkeit in der Kernströmung) auf und kann dann z. B. auch die Richtung des Wärmeflusses (Kühlen oder Erwärmen) berücksichtigen. Auch zur Erfüllung der geometrischen Ähnlichkeit sind manchmal zusätzliche Ähnlichkeitssimplexe notwendig.

Für jeden Wärmeübergangsvorgang existiert eine funktionale Verknüpfung der Kenngrößen (hier ohne zusätzliche Ähnlichkeitssimplexe) der Form

$$f \, (Nu, \, Re, \, Pr, \, Gr) = 0 \; .$$

Die Form der Funktion f ist in den Fällen gleich, in denen die Differentialgleichungen und die Randbedingungen übereinstimmen; sie muß allerdings aus Versuchen bestimmt werden.

Diese Funktion erfaßt die Ursachen der Strömung: Die Re-Zahl beschreibt den Zustand der erzwungenen Strömung, die Gr-Zahl charakterisiert die freie Strömung. Ist $Re < 0,3 \sqrt{Gr}$, so läßt sich der Anteil der erzwungenen Strömung vernachlässigen, der Wärmeübergang ist dann allein als Funktion von Gr und Pr darstellbar

$$Nu = f \, (Gr, \, Pr) \; .$$

Im Falle schleichender Bewegung (Trägheitskräfte gegenüber Auftriebs- und Reibungskräften vernachlässigbar) ist außerdem

$$Nu = f \, (Gr \cdot Pr) = f \, (Ra) \; .$$

Bei erzwungener Strömung, d. h. bei Vernachlässigung der Auftriebsströmung gilt

$$Nu = f\,(Re,\ Pr)\ .$$

In gewissen Parameterbereichen ergeben sich diese Funktionen in Form eines Potenzprodukts, z.B.

$$Nu = C \cdot Re^m\,Pr^n, \qquad\qquad\qquad (2\text{-}26)$$

wobei die Konstante und die Exponenten experimentell bestimmt werden müssen.

Die Wärmeübergangskoeffizienten sind oft auch Funktionen des Strömungsweges. Man muß daher unterscheiden, ob die Beziehungen für die örtliche Nu-Zahl (Nu_x) oder für eine über den ganzen Strömungsweg gemittelte Nu-Zahl gelten.

2.3.2   Ergebnisse für die freie Konvektion

Freie Konvektion findet man vornehmlich bei Problemen der Heizungstechnik. Die bei der reinen Form der freien Konvektion auftretenden Geschwindigkeiten sind oft sehr klein. Meist werden sie jedoch durch unregelmäßige Luftströmungen überlagert, was zu einer Verbesserung des Wärmeübergangs führt. Die aus den Formeln für die freie Konvektion errechneten Wärmeübergangskoeffizienten stellen daher meist einen unteren Grenzwert dar.

Der Umschlag der laminaren in die turbulente Strömungsform erfolgt im Bereich $Gr \cdot Pr = 10^7$ bis 10^{10}; er ist abhängig von der Geometrie und von äußeren Störungen. Bei der Berechnung des Wärmeübergangskoeffizienten muß in diesem Bereich mit größeren Fehlern gerechnet werden.

Nr.	Geometrie	Forscher, Quelle	Geltungsbereich	Formel	Bemerkungen
1	Vertikale Platte	Churchill, Chu /4/	$0 \leqslant Ra \leqslant 10^{12}$ $0 \leqslant Pr \leqslant \infty$ konstante Oberflächentemperatur oder konstanter Wärmestrom	$Nu = \left\{ 0,825 + \dfrac{0,387 \cdot Ra^{0,167}}{(1 + (\frac{0,492}{Pr})^{0,5625})^{0,296}} \right\}^{2}$	Charakter. Länge: l=Höhe der Platte Stoffwerte bei Mitteltemperatur $t_m = \dfrac{t_W + t_F}{2}$
2	Horizontale Platte	Al – Arabi, El – Riedy /4/	laminar $Ra < 4 \cdot 10^{7}$ turbulent $Ra \geqslant 4 \cdot 10^{7}$	$Nu = 0,7 \cdot Ra^{0,25}$ $Nu = 0,155 \cdot Ra^{0,33}$	t_m s. 1
3	Horizontaler Zylinder	Churchill, Chu /4/	$Ra < 10^{3}$ (bei $Ra > 10^{3}$ Abweichungen bis zu 10 %)	$Nu = \left\{ 0,6 + \dfrac{0,387 \cdot Ra^{0,167}}{(1 + (\frac{0,559}{Pr})^{0,5625})^{0,296}} \right\}^{2}$	Charakter. Länge: D=Durchmesser des Zylinders t_m s. 1

Tab. 2-1   Nu-Zahlen bei freier Konvektion

Die für den thermischen Auftrieb maßgebliche Stoffgröße ist der thermische Ausdehnungskoeffizient (s. Gr-Zahl)

$$\gamma = \frac{1}{\Delta T} \cdot \frac{\rho_\infty - \rho_0}{\rho_0} = - \frac{1}{\rho} \left(\frac{\partial \rho}{\partial T}\right) p \qquad (2-27)$$

worin ρ_0 die Dichte des Fluids unmittelbar an der Körperoberfläche und ρ_∞ die
Dichte des Fluids außerhalb der Strömungsgrenzschicht ist. Für ideale Gase ist
$\gamma = 1/T$; T als Kelvin-Temperatur.

Tabelle 2-1 zeigt einige Formeln zur Berechnung der Nu-Zahlen. Die für große Pr-
Bereiche geltenden Formeln sind oft ungenau, weshalb es manchmal besser ist, die
spezielleren Formeln zu benutzen.

2.3.3 Ergebnisse für die erzwungene Konvektion

a) Überströmte Platten

Bei der erzwungenen Strömung längs einer ebenen Platte liegt der Umschlag von
der laminaren in die turbulente Strömungsform bei etwa Re = 10^5 bis $5 \cdot 10^5$. Der
genaue Wert hängt von den Störungen an der Vorderkante der Platte ab.

Die in Tabelle 2-2 angegebenen Formeln gelten im allgemeinen nur für glatte
Oberflächen. Rauhigkeiten erhöhen den Wärmeübergang.

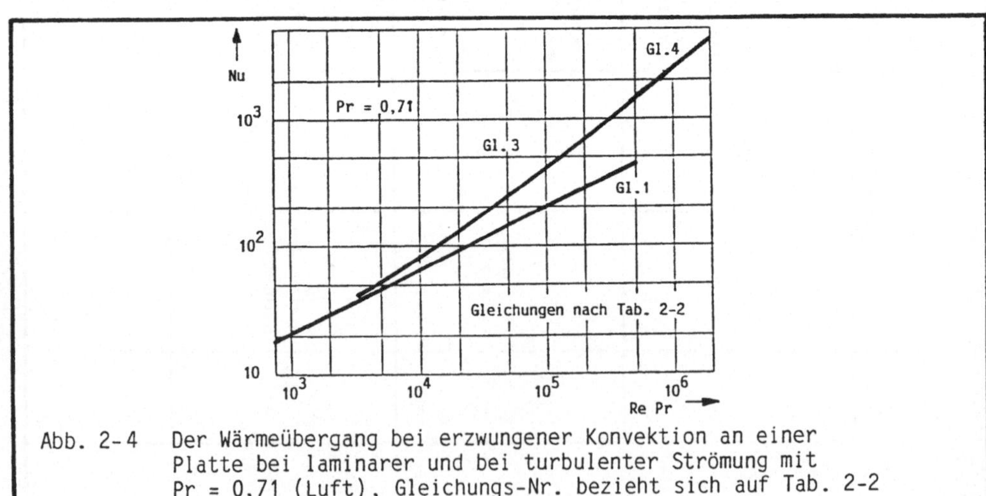

Abb. 2-4   Der Wärmeübergang bei erzwungener Konvektion an einer
Platte bei laminarer und bei turbulenter Strömung mit
Pr = 0,71 (Luft), Gleichungs-Nr. bezieht sich auf Tab. 2-2

Nr.	Forscher, Quelle	Geltungsbereich	Formel	Bemerkung
1	Polhausen /4/	laminare Grenzschicht $Re < 10^5$ $0{,}6 \leqslant Pr \leqslant 2000$	örtlich: $Nu_x = 0{,}332 \, Re_x^{0,5} \, Pr^{0,33}$ gemittelt: $Nu = 2 \cdot Nu_x$	Charakt. Länge: Plattenlänge in Strömungsrichtung Stoffwerte für: $t_m = \dfrac{t_W + t_F}{2}$
2	Petukhov, Popov /4/	turbulente Grenzschicht $5 \cdot 10^5 < Re < 10^7$ $0{,}6 \leqslant Pr \leqslant 2000$	$Nu = \dfrac{0{,}037 \, Re^{0,8} \, Pr}{1 + 2{,}443 \, Re^{-0,1} \, (Pr^{0,66} - 1)}$	t_m und l s. 1
3	Schlünder /5/	$5 \cdot 10^3 < Re < 5 \cdot 10^5$	$Nu = 0{,}18 \, Re^{2/3} \, Pr^{1/3}$	Platte mit stumpfer Vorderkante
4	Colburn /2/	$Re > 5 \cdot 10^5$	$Nu = 0{,}036 \, Re^{0,8} \, Pr^{1/3}$	s. 1

Tab. 2-2 Nu-Zahlen bei laminar und turbulent überströmten Platten, erzwungene Konvektion siehe auch Abb. 2-4

b) Durchströmte Rohre

Beim laminar durchströmten Rohr lassen sich in Abhängigkeit von der Form des Strömungs- und Temperaturprofils asymptotische Gleichungen für Nu aus der Lösung des Differentialgleichungssystems angeben. Das ausgebildete parabolische Geschwindigkeitsprofil bei laminarer Rohrströmung entwickelt sich über die Kolbenströmung und ein Grenzschichtprofil erst allmählich. Man kennzeichnet diesen Übergangsbereich durch die hydrodynamische Einlauflänge

$$L_h = 0{,}0288 \, Re \cdot d \, . \tag{2-28}$$

Auch das ausgebildete Temperaturprofil entwickelt sich aus einem Grenzschichtprofil. Der thermische Einlauf ist durch die thermische Einlauflänge

$$L_{th} = 0{,}05 \, (Re \, Pr) \cdot d \tag{2-29}$$

charakterisiert; d ist der Innendurchmesser des Rohres.

Der Verlauf von Geschwindigkeit und Temperatur /Abb. 2-5/ beginnt mit der Kombination der Profile a + d, geht über in die Kombinationen b + d, c + d und weist
bei abgeschlossenem hydrodynamischem und thermischem Einlauf die Profile c + e
auf.

Der Übergang von der laminaren zur turbulenten Rohrströmung liegt im Bereich der
Re-Zahlen 2320 bis 8000. Dazwischen ist die laminare Strömung instabil, d. h.
kleine Störungen bewirken den Umschlag zur Turbulenz.

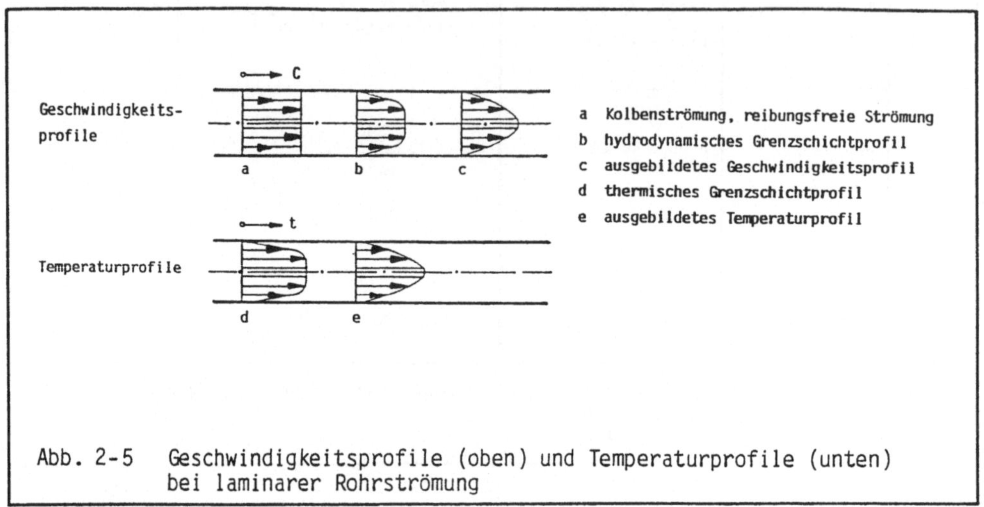

Abb. 2-5   Geschwindigkeitsprofile (oben) und Temperaturprofile (unten)
            bei laminarer Rohrströmung

Mit dem gleichwertigen (bzw. hydraulischen) Durchmesser

$$d_{gl} = \frac{4\,A}{U} \qquad (2\text{-}30)$$

(A ist der freie Strömungsquerschnitt und U der benetzte Umfang) lassen sich die
für Rohre geltenden Ergebnisse auf geometrisch nicht ähnliche Querschnitte um-
rechnen. In den Kennzahlen ist dann als charakteristische Länge d_{gl} einzusetzen.

Bei ringförmigen Querschnitten gilt der so gebildete gleichwertige Durchmesser
nur für $d_i/d_a > 0{,}5$; d_i ist der Innen-, d_a der Außendurchmesser des Ringspalts.

Die Tabellen 2-3, 2-4, 2-5 zeigen einige Zusammenhänge zur Berechnung der
Nu-Zahl.

Nr.	Forscher, Quelle	Geltungsbereich	Formel	Bemerkungen
1	Hausen /4/	thermischer Anlauf, hydrodyn. ausgebildete Laminarströmung $Re < 2300$ $10^{-1} < \dfrac{Re\ Pr\ d}{l} < 10^4$	$Nu = \left[3{,}65 + \dfrac{0{,}19\ (Re\ Pr\ d/l)^{0,8}}{1 + 0{,}117\ (Re\ Pr\ d/l)^{0,467}} \right] \cdot f$	Charakt. Länge: Innendurchmesser Stoffwerte bei t_m = geometr. Mittel aus Eintritts- und Austrittstemperatur Pr_W mit Wandtemperatur t_W $f = \left(\dfrac{Pr}{Pr_W} \right)^n$ $n \begin{cases} 0{,}11\text{: Flüssigkeiten} \\ 0{,}45\text{: Gase mit } t_W > t > 0{,}5\ t_W \\ 0\text{: Gase mit } t > t_W \end{cases}$
2	Gnielinski u.a. /4/	voll ausgebildete turbulente Strömung $2300 < Re < 10^6$ $d_i/l < 1$	$Nu = \dfrac{\xi/8\ (Re - 1000)\ Pr}{1 + 12{,}7\ \sqrt{\xi/8}\ (Pr^{2/3} - 1)} \left[1 + (d_i/l)^{2/3} \right] \cdot f$ $\xi = (1{,}82\ lg\ Re - 1{,}64)^{-2}$	s. 1
3	Hausen u. a. /2/ , /3/, /4/	wie 2, $0{,}5 < Pr < 1{,}5$ wie 2, $1{,}5 < Pr < 500$ $7 \cdot 10^3 \leq Re \leq 10^6$ $1 \leq l/d < \infty$ Flüssigkeiten $1 \leq Pr \leq 50$ Gase, überhitzte Dämpfe $0{,}7 \leq Pr \leq 10$	$Nu = 0{,}0214\ (Re^{0,8} - 100)\ Pr^{0,4} \left[1 + (d_i/l)^{2/3} \right] \cdot f$ $Nu = 0{,}012\ (Re^{0,87} - 280)\ Pr^{0,4} \left[1 + (d_i/l)^{2/3} \right] \cdot f$ $Nu = 0{,}024 \left[1 + (\tfrac{d}{l})^{2/3} \right] Re^{0,8}\ Pr^{1/3} \cdot f$ $Nu = 0{,}024 \left[1 + (\tfrac{d}{l})^{2/3} \right] Re^{0,786} \cdot Pr^{0,45}$	s. 1
4	Schlünder /4/	übergangsgebiet, thermischer Anlauf, ausgebildete Laminarströmung $2300 < Re < 10^4$ $0{,}1 < d_i/l < 1$	$Nu = \sqrt{ 3{,}66^3 + 1{,}61^3\ Re\ Pr\ d_i/l }$	s. 1
5	Elsner /2/	Außenströmung senkrecht zum Rohr bzw. Rohrbündel $0{,}5 < Pr < 10^3$ $2 \cdot 10^3 < Re < 7 \cdot 10^4$	$Nu = 1{,}11 \cdot C \cdot Re^n\ Pr^{0,31}$	C und n s. Tabellen 2-4, 2-5

Tab. 2-3   Nu-Zahlen bei laminarer und turbulenter Rohrströmung

Re	C	n	Bemerkungen
1 - 4	0,891	0,33	
4 - 40	0,821	0,385	
$40 - 4 \cdot 10^3$	0,615	0,466	Strömungsgeschwindigkeit
$4 \cdot 10^3 - 4 \cdot 10^4$	0,174	0,618	$\hat{=}$ Anströmgeschwindigkeit
$4 \cdot 10^4 - 4 \cdot 10^5$	0,0239	0,805	

Tab. 2-4   Koeffizienten C und Exponenten n zur Bestimmung der Nu-Zahlen bei senkrecht angeströmtem Einzelrohr nach Tab. 2-3, Gleichg. 6

t_q/d	1,5		2		3		Bemerkungen
t_L/d	C	n	C	n	C	n	Reihe 1 2
1,5	0,25	0,602	0,101	0,702	0,068	0,744	
2	0,299	0,602	0,229	0,632	0,198	0,645	
3	0,357	0,584	0,374	0,581	0,286	0,688	
1,5	0,460	0,562	0,452	0,568	0,488	0,568	
2	0,416	0,568	0,482	0,556	0,449	0,570	
3	0,356	0,580	0,440	0,562	0,421	0,574	

Tab. 2-5   Koeffizienten C und Exponenten n zur Bestimmung der Nu-Zahlen bei senkrecht angeströmtem Rohrbündel nach Tab. 2-3. Gleichg. 6

2.4   Wärmeübergang bei Phasenänderung

Phasenänderung (Änderung des Aggregatzustands) des Fluids tritt dann auf, wenn die Wandtemperatur über der Siedetemperatur der Flüssigkeit oder unter der Sättigungstemperatur des Dampfes liegt. Quantitative Aussagen über diese Vorgänge sind nur sehr begrenzt möglich, ähnlichkeitstheoretische Ansätze gibt es nicht.

2.4.1 Wärmeübertragung bei der Kondensation

Für die Filmkondensation von ruhendem, reinem Dampf an einer senkrechten Wand
hat Nußelt für den laminar strömenden Flüssigkeitsfilm theoretisch die Beziehung

$$\alpha = 0{,}943 \sqrt[4]{\frac{\rho\,gr\,\lambda^3}{\nu\,H\,(t_S - t_W)}} \qquad\qquad (2\text{-}31)$$

abgeleitet. Darin ist ρ die Dichte der Flüssigkeit, H die Höhe der senkrechten
Wand, λ der Wärmeleitkoeffizient, r die Kondensationswärme und t_S die Sättigungstemperatur.

Ersetzt man die charakteristische Länge in der Nu-Zahl durch

$$\delta = \sqrt[3]{\frac{\nu^2}{g}}\,,$$

die Höhe der Wand durch die relative Länge $1 = H/\delta$ und die Temperaturdifferenz
durch den dimensionslosen Ausdruck

$$\theta = \frac{\lambda}{\eta\,r}\,(t_S - t_W)\,,$$

so kann der Wärmeübergang für die laminare Filmströmung formal durch folgende
dimensionslose Beziehung beschrieben werden

$$Nu = 0{,}943\,(1 \cdot \theta\,)^{-1/4}\,. \qquad\qquad (2\text{-}32)$$

Die Stoffwerte sind auf die mittlere Kondensattemperatur $t_m = (t_W + t_S)/2$ bezogen. Handelt es sich um die Kondensation von überhitztem Dampf, muß die Kondensationswärme r durch die Enthalpiedifferenz zwischen überhitztem Dampf und siedender Flüssigkeit $h_{ü} - h'$ ersetzt werden.

Speziell für die Kondensation von Wasserdampf läßt sich daraus die folgende
Zahlenwertgleichung als Näherung angeben

$$\alpha = 4100\,\frac{W}{m^{7/4}\,K^{3/4}}\,(\frac{t_m}{°C})^{0{,}22}\,\Big[H\,(t_S - t_W)\Big]^{-0{,}25}\,. \qquad\qquad (2\text{-}33)$$

Der Umschlag zur Turbulenz erfolgt bei Re = 350 bis 500, dabei ist die Re-Zahl
aus der Beziehung

$$Re = \dot{m}/\eta$$

zu berechnen. $\dot{m}$ ist der Kondensatstrom bei einer Wandbreite von 1 m; η ist die
dynamische Zähigkeit des Kondensats.

Für die turbulente Filmströmung ergibt sich nach Grigull mit den oben eingeführ-
ten dimensionslosen Größen

$$Nu = 0,3 \cdot 10^{-2} (1 \theta)^{1/2} . \qquad (2-34)$$

Ein Vergleich der Beziehungen (2-32) und (2-34) zeigt, daß mit wachsender Höhe H
und mit steigender Temperaturdifferenz $t_S - t_W$ bei laminarem Kondensatfilm der
Wärmeübergangskoeffizient abnimmt, bei turbulentem Kondensatfilm jedoch größer
wird.

Bei der Filmkondensation von strömendem Dampf muß die Schleppwirkung des Dampfes
auf den Flüssigkeitsfilm berücksichtigt werden. Dies gilt besonders für Dampf-
geschwindigkeiten, die oberhalb von 5 m/s liegen. Strömen der Dampf und das
Kondensat in gleicher Richtung, so vermindert sich die Dicke der Kondensatschicht. Bei laminarer Strömung bedingt dies eine Verbesserung des Wärmeübergangs. Der Umschlag zur turbulenten Strömungsform tritt im allgemeinen früher
auf als bei ruhendem Dampf.

Gelegentlich bildet sich bei der Kondensation kein zusammenhängender Flüssigkeitsfilm, sondern es entstehen einzelne Tropfen; man spricht von Tropfenkondensation. Voraussetzung dafür ist, daß das Kondensat die Wand nicht benetzt, was
mit gewissen Verunreinigungen des Dampfes oder der Wand zusammenhängt. Die bei
der Tropfenkondensation auftretenden Wärmeübergangszahlen sind im allgemeinen
größer als bei der Filmkondensation. In technischen Anlagen liegt meist eine
Mischkondensation vor, die durch gleichzeitiges Auftreten von örtlicher Tropfen-
und Filmkondensation gekennzeichnet ist.

Schon kleine Beimengungen von Luft oder anderen nichtkondensierbaren Gasen im
Dampf vermindern die Wärmeübergangskoeffizienten bei der Kondensation. Bei unzu-
reichender Konvektionsbewegung sammelt sich das Gas, durch das der Dampf hin-
durchdiffundieren muß vor der Wand. Es stellt sich ein Gefälle des Dampfpartial-
drucks von der Kernströmung bis zum Kondensatfilm hin ein, so daß die Sättigungstemperatur niedriger liegt als dem Partialdruck des Dampfes im Strömungs-

kern entspricht. Das Temperaturgefälle in der Kondensatschicht wird kleiner, es
entsteht weniger Kondensat, und es fließt weniger Wärme ab.

2.4.2 Wärmeübertragung bei der Verdampfung

Infolge Wärmezufuhr kann die Temperatur der Heizfläche t_W größer werden als die
Sättigungstemperatur t_S der Flüssigkeit. Die Flüssigkeit wird in der Wandnähe
also überhitzt und verdampft entweder an bevorzugten Stellen der Heizfläche in
Form von Dampfblasen oder an der Phasengrenze zwischen einem Dampffilm und der
Flüssigkeit oder aber an der freien Oberfläche der Flüssigkeit. Die Form der
Verdampfung hängt von der Größe der Überhitzung, der Oberflächenbeschaffenheit
der Heizfläche und dem Bewegungszustand der Flüssigkeit ab.

2.4.2.1 Behältersieden

Die Verdampfung von ruhenden Flüssigkeiten beginnt bei kleinen Übertemperaturen
$\Delta t = t_W - t_S$ zwischen Wand und Siedezustand über die freie Flüssigkeitsoberflä-
che. Die Wärme wird durch natürliche Konvektion von der Heizfläche an die Flüs-
sigkeitsoberfläche transportiert. Das Temperaturgefälle Δt hängt von der Größe
der übertragenen Wärmestromdichte, die hier als Heizflächenbelastung $\dot{q}$ bezeichnet wird, ab.

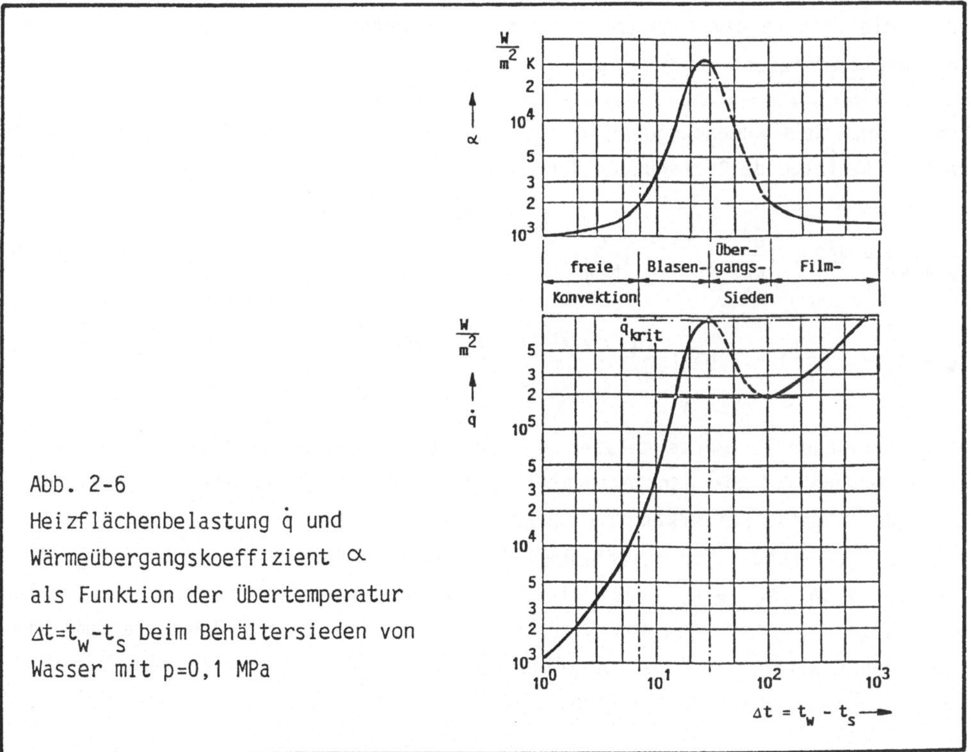

Abb. 2-6
Heizflächenbelastung $\dot{q}$ und
Wärmeübergangskoeffizient α
als Funktion der Übertemperatur
$\Delta t = t_W - t_S$ beim Behältersieden von
Wasser mit p=0,1 MPa

In Abb. 2-6 erkennt man die drei charakteristischen Bereiche Konvektion, Blasenverdampfung und Filmverdampfung.

a) Konvektion

Δt ist klein, es entstehen noch keine Dampfblasen, der Wärmeübergang ist nach
den Beziehungen für die freie Konvektion berechenbar.

b) Blasenverdampfung

Mit steigendem $\dot{q}$ reicht die freie Konvektion nicht mehr aus, die Wärmeenergie
von der Heizwand abzuführen. Es bilden sich an bevorzugten Stellen der Heizwand
Blasen, die sich schließlich ablösen und während des Durchganges durch die Flüssigkeit weiter anwachsen. Die Blasen führen zusammen mit der verminderten Zähigkeit der siedenden Flüssigkeit zu einem turbulenten Austausch der Flüssigkeits-
schichten und damit zu den hohen Wärmeübergangskoeffizienten. Das Maximum des
Wärmeübergangs ist erreicht, wenn die an der Heizfläche entstehenden Blasen zu
einem Dampffilm zusammenwachsen. Die zum Maximum gehörende Wärmestromdichte
heißt kritische Wärmestromdichte $\dot{q}_{krit}$.

c) Bei weiterer Steigerung von Δt wird dieser Dampffilm zunächst noch gelegentlich von der Flüssigkeit durchbrochen, der Verdampfungsvorgang ist instabil. Die
Übertemperatur, bei der sich schließlich ein starker Dampffilm ausgebildet hat,
heißt Leidenfrost-Temperatur. Wegen des erhöhten Wärmedurchgangswiderstandes
durch die stabile Dampfschicht ist trotz der hohen Übertemperaturen der Wärmeübergangskoeffizient α niedrig.

Bei technischen Anwendungen ist die Blasenverdampfung von Bedeutung, für die
nach Fritz folgende Beziehungen für Wasser mit $0{,}01 < p < 15$ MPa gelten /3/.

$$\left(\frac{\alpha}{W/m^2K}\right) = 489{,}5 \left(\frac{\dot{q}}{kW/m^2}\right)^{0,72} \left(\frac{p}{MPa}\right)^{0,24} \tag{2-35}$$

$$t_W - t_S = \left(\frac{\Delta t}{K}\right) = 2{,}05 \left(\frac{\dot{q}}{kW/m^2}\right)^{0,28} \cdot \left(\frac{p}{MPa}\right)^{-0,24} \cdot \tag{2-36}$$

Bei technischen Verdampferanlagen hat man zwei Gruppen zu unterscheiden. In der
ersten Gruppe ist die Wandtemperatur vorgegeben (z. B. Beheizung durch konden-
sierenden Dampf). Bei bekanntem Verdampfungsdruck ist dann die Temperaturdifferenz $t_W - t_S$ festgelegt. Heizflächenbelastung $\dot{q}$ und Wärmeübergangskoeffizient α
stellen sich so ein, daß stets Gleichgewicht entsprechend der Kurve
$\dot{q} = f\,(t_W - t_S)$ vorliegt. Mit wachsender Temperaturdifferenz kann die beim Blasensieden maximal mögliche Heizflächenbelastung $\dot{q}_{krit}$ überschritten und damit
der Bereich instabilen Filmsiedens erreicht werden.

In der zweiten Gruppe werden die Wärmestromdichten an der Heizfläche vorgegeben. Hier bedeutet ein Erreichen von $\dot{q}_{krit}$ einen sprunghaften Übergang zum stabilen Filmsieden, was einer gleichzeitigen sprunghaften Änderung der Oberflächentemperatur entspricht. Dieser Vorgang kann zur Zerstörung der Heizfläche führen (burn-out).

Beim Behältersieden hängt $\dot{q}_{krit}$ über die Stoffwerte der Flüssigkeit vornehmlich vom Druck ab. Abb. 2-7 zeigt eine etwas vereinfachte Darstellung dieses Zusammenhangs für Wasser.

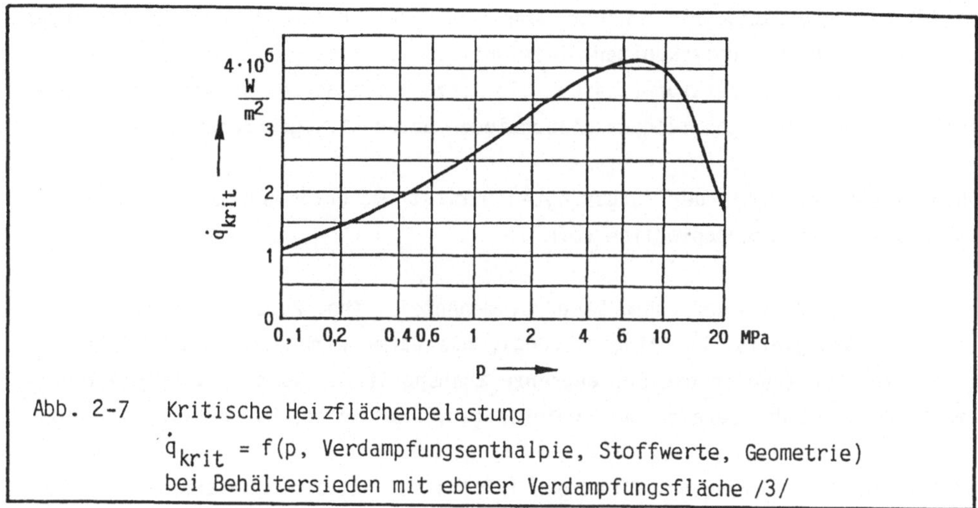

Abb. 2-7   Kritische Heizflächenbelastung

$\dot{q}_{krit}$ = f(p, Verdampfungsenthalpie, Stoffwerte, Geometrie) bei Behältersieden mit ebener Verdampfungsfläche /3/

2.4.2.2   Strömungssieden

Die Siedekurve nach Abb. 2-6 gilt qualitativ auch für das Strömungssieden. Allerdings hängt der Siedevorgang in durchströmten Rohren bzw. Kanälen zusätzlich von der Massenstromdichte $\dot{m}$, dem Dampfgehalt x, von geometrischen Größen und von der Neigung des Rohres ab. In Abb. 2-8 ist u. a. der örtliche Wärmeübergangskoeffizient α(z) als Funktion des thermodynamischen Dampfgehaltes

$$x(z) = \frac{h\,(z) - h'\,(p)}{r_0} \qquad (2-37)$$

für ein vertikal durchströmtes Rohr dargestellt. Längs z sind für x alle Werte zwischen 0 und 1 möglich. x < 0 bedeutet unterkühltes Sieden, x > 1 bedeutet Wärmetransport an überhitzten Dampf.

Wegen der geringeren Dichte des Dampfes gegenüber der Flüssigkeit ergibt sich
eine erhebliche Zunahme der Geschwindigkeit, die entstehende zweiphasige Strömung bedingt einen höheren Turbulenzgrad der Strömung und kann daher nicht nach
den Gesetzen des konvektiven Wärmeübergangs bei einphasiger Strömung berechnet
werden. Der Vorgang wird hier nur qualitativ dargestellt:

Man unterscheidet verschiedene Zonen mit unterschiedlichem Siedeverhalten. Unter
der Annahme, daß die Wandtemperatur oberhalb der Siedetemperatur der vorbeiströ-
menden Flüssigkeit liegt, tritt im vorderen Teil des Rohres zunächst unterkühltes Blasensieden auf. Die an der Wand entstehenden Dampfblasen kondensieren
relativ rasch in der unterkühlten Flüssigkeit. Die Flüssigkeitstemperatur steigt
bis zur Sättigungstemperatur ($x = 0$). Die jetzt entstehenden Blasen kondensieren
nicht mehr, es tritt gesättigtes Blasensieden unter stetiger Zunahme von x auf.

Abhängig von der Größe der aufgeprägten Wärmestromdichte kann der weitere Verdampfungsvorgang unterschiedlich sein.

Bei nicht zu großem $\dot{q}$ und hohem Dampfvolumenanteil, Abb. 2-8, bildet sich an der
Wand ein Flüssigkeitsfilm (Ringströmung); die Wärme wird durch erzwungene Konvektion von der Wand an die Phasengrenze transportiert, wo die Flüssigkeit verdampft. Dies ist der Bereich des zweiphasigen, erzwungenen konvektiven Siedens.

Vollständige Verdampfung des Flüssigkeitsfilms ist bei einem bestimmten Dampfgehalt, im allgemeinen $x < 1$, erreicht. Der Wärmeübergangskoeffizient sinkt dann
auf niedrige Werte, und die Wandtemperatur steigt gleichzeitig an.

Dieser kritische Punkt wird Austrocknen (dry-out) genannt. Die Dampfströmung
enthält danach nur noch einzelne Flüssigkeitstropfen, bis schließlich der Zustand trocken gestättigten Dampfes ($x = 1$) erreicht ist. Diesen Bereich nennt
man den flüssigkeitsarmen Bereich. Danach schließt sich der Überhitzungsbereich
an.

Bei größeren Werten von $\dot{q}$ und geringem Dampfvolumenanteil wird der Bereich der
erzwungenen konvektiven Verdampfung unter Umständen gar nicht erreicht. Es setzt
vielmehr nach dem gesättigten Blasensieden eine plötzliche Verschlechterung des
Kühlprozesses ein (α sinkt stark ab, die Wandtemperatur steigt an). Dieser
Umschlag wird DNB (Departure from Nucleate Boiling) genannt. Ähnlich wie beim
Verdampfen einer ruhenden Flüssigkeit hat sich an der Heizfläche ein isolieren-
der Dampffilm gebildet, durch den die Wärme an die Flüssigkeit transportiert
werden muß. Dies ist der Bereich des Filmsiedens.

Eine Berechnung dieser Vorgänge ist schwierig.

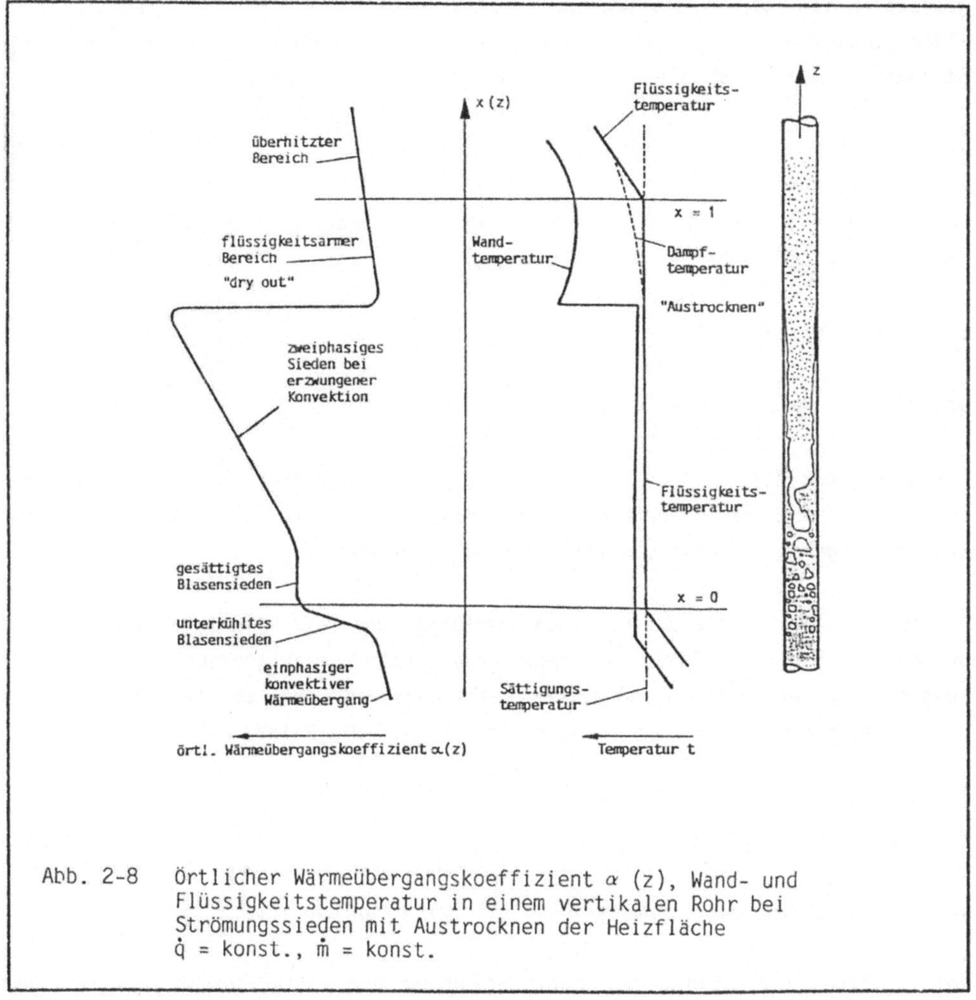

Abb. 2-8   Örtlicher Wärmeübergangskoeffizient α (z), Wand- und Flüssigkeitstemperatur in einem vertikalen Rohr bei Strömungssieden mit Austrocknen der Heizfläche $\dot{q}$ = konst., $\dot{m}$ = konst.

2.5   Der Wärmetransport durch Strahlung
2.5.1   Grundgesetze der Wärmestrahlung

Die Wärmestrahlung umfaßt den Wellenlängenbereich zwischen λ = 0,8 μm bis 800 μm. Nach Prévost ist die emittierte Energie lediglich von der Temperatur des strahlenden Körpers und von der Größe und Beschaffenheit der Oberfläche abhängig. Die Umgebung hat keinen Einfluß auf die Emission. Die von einem Oberflächenelement dA in der Zeiteinheit in den Halbraum abgestrahlte Energie d$\dot{Q}$ ist durch

$$d\dot{Q} = \dot{E} \cdot dA \qquad\qquad (2-38)$$

gegeben. $\dot{E}$ ist das Emissionsvermögen des Strahlers (also ein auf die strahlende Fläche bezogener Energiestrom) und setzt sich aus den verschiedenen Energiestromanteilen der verschiedenen Wellenlängenbereiche zusammen:

$$\dot{E}(T) = \int_{\lambda=0}^{\infty} \dot{i}_{\lambda}\,(\lambda,T)d\lambda \quad . \tag{2-39}$$

Emission und Strahlungsintensität $\dot{I}$ sind richtungsabhängig. Hierfür gilt im idealen Fall das Lambertsche Kosinusgesetz

$$\dot{E}_{\varphi}\,(T) = \dot{E}_n\,(T)\cos\varphi \tag{2-40}$$

bzw. für den Halbraum die Gesamtemission $\dot{E} = \dot{E}_n \cdot \pi$.

φ ist der mit der Flächennormalen von dA gebildete Winkel, $\dot{E}_n$ der Energiestrom in Richtung der Flächennormalen. Die Strahlstärke nimmt nach dem Lambertschen Entfernungsgesetz quadratisch mit der Entfernung ab.

Die auf eine Oberfläche auftreffende Strahlung kann reflektiert, absorbiert oder durchgelassen werden. Die jeweiligen Verhältnisse zur auftretenden Gesamtstrahlung sind der Absorptionsgrad a, der Reflexionsgrad r und der Transmissionsgrad d. Mit der auftretenden Bestrahlungsstärke $\dot{E}$ gilt die Bilanz

$$\dot{E} = a\dot{E} + r\dot{E} + d\dot{E}$$
$$1 = a\,(\lambda) + r\,(\lambda) + d\,(\lambda) \tag{2-41}$$

wobei also z.B. $a\dot{E}$ der absorbierte Anteil der Strahlung ist.

Bei regulärer Reflexion gehorcht die Strahlung dem Reflexionsgesetz; sie tritt bei glatten Oberflächen auf (Unebenheiten klein gegenüber der Wellenlänge der auftretenden Strahlung). Diffuse Reflexion erfolgt an rauhen Oberflächen. Wird dabei keine Strahlung absorbiert, nennt man diese Oberfläche "weiß".

Die Abhängigkeit dieser Faktoren von der Wellenlänge führt z.B. zum Treibhauseffekt: Glas absorbiert den Ultraviolett-Teil des einfallenden sichtbaren Lichts und reflektiert den im Innern des Treibhauses zum Teil in Wärmestrahlung umgewandelten durchgelassenen Teil des sichtbaren Lichts.

Die Fälle a = 1 (schwarzer Strahler), d = 1 (diathermanes Medium) und r = 1 (idealer Reflektor) sind idealisierte Grenzfälle, die nur näherungsweise realisierbar sind.

Nach dem Kirchhoffschen Gesetz strahlen Körper, die Wärme absorbieren, auch
wieder Wärme aus. In einem adiabaten System mögen sich zwei Körper befinden,
zwischen denen der Energietransport nur durch Strahlung erfolgt, und für einen
der beiden gilt a = 1, für den anderen a < 1. Haben beide Körper die gleiche
Temperatur T, so dürfen sich auch infolge des Strahlungsaustausches wegen des 2.
Hauptsatzes keine Temperaturunterschiede ergeben. Das bedeutet, daß jeder Körper
ebensoviel Wärme ausstrahlen muß, wie er absorbiert, d. h., bei konstanter Temperatur ist die Emission gleich der Absorption.

Der schwarze Körper mit a = 1 muß also auch ein Maximum an Strahlung $\dot{E}_S$ aussen-
den. Das Verhältnis der spezifischen Ausstrahlung eines beliebigen Körpers zu
der des schwarzen Körpers ist der Emissionsgrad:

$$\epsilon(T) = \frac{\dot{E}(T)}{\dot{E}_S(T)} \tag{2-42}$$

d. h. das Emissionsvermögen eines Strahlers bei der Temperatur T ist identisch
mit seinem Absorptionsvermögen für schwarze Strahlung bei der Temperatur T

$$\epsilon(T) = a(T) \ .$$

Der insgesamt von einem schwarzen Strahler in den Halbraum ausgestrahlte und
auf die Fläche des Strahlers bezogene Strahlungsfluß ergibt sich aus der Integration über die spektrale spezifische Ausstrahlung. Mit dem Planckschen Strahlungsgesetz für die spektrale spezifische Ausstrahlung des schwarzen Körpers
/Abb. 2-10/

$$\dot{I}_{\lambda\,S}(\lambda,T) = C_1 \cdot \lambda^{-5} \left[\exp(C_2/(\lambda \cdot T)) - 1\right]^{-1} \tag{2-43}$$

(C_1, C_2 sind die erste und die zweite Strahlungskonstante), ergibt sich bei
Integration das Stefan-Boltzmannsche Gesetz:

$$\dot{E}_S(T) = \int_{\lambda=0}^{\infty} \dot{I}_{\lambda\,S}(\lambda,T)d\lambda = \sigma_S T^4 . \tag{2-44}$$

Dabei ist die Strahlungskonstante für den schwarzen Strahler (Stefan-Boltzmann-
Konstante):

$$\sigma_S = 5,67 \cdot 10^{-8} \ Wm^{-2} \ K^{-4} \ . \tag{2-45}$$

Oft schreibt man dieses Gesetz auch in der Form

$$\dot{E}_S(T) = C_S \left(\frac{T}{100}\right)^4 \text{ mit } C_S = 5,67 \text{ Wm}^{-2} \text{ K}^{-4} \; . \tag{2-46}$$

C_S ist die Strahlungskonstante des schwarzen Körpers.

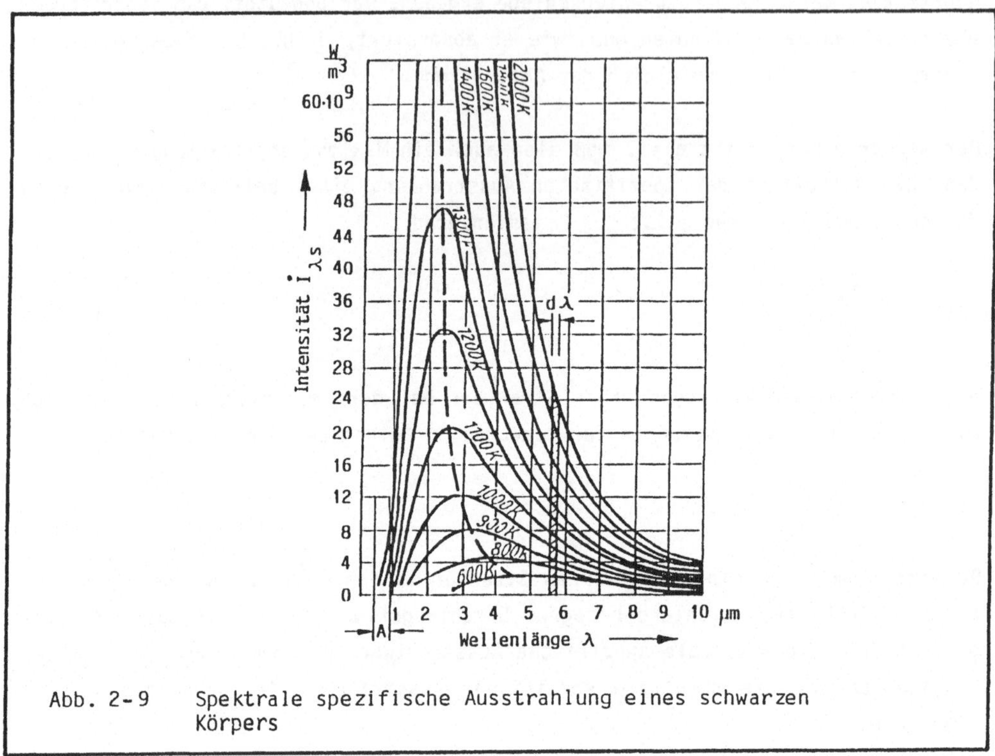

Abb. 2-9   Spektrale spezifische Ausstrahlung eines schwarzen
            Körpers

Aus dem Planckschen Strahlungsgesetz ergibt sich, daß die Intensitätsmaxima mit steigender Temperatur zu kleineren Wellenlängen hin verschoben werden. Das Wiensche Verschiebungsgesetz gibt den Zusammenhang zwischen Wellenlänge und Temperatur für diese Maxima wieder

$$(\lambda T)_{max} = 2896 \quad \mu m \cdot K \; .$$

Bei der Strahlung technischer Oberflächen gelten das Lambertsche Kosinusgesetz und das Stefan-Boltzmannsche Gesetz nur bedingt. Die Abweichungen hängen vom Material und von der Oberflächenbeschaffenheit ab /Abb. 2-10/.

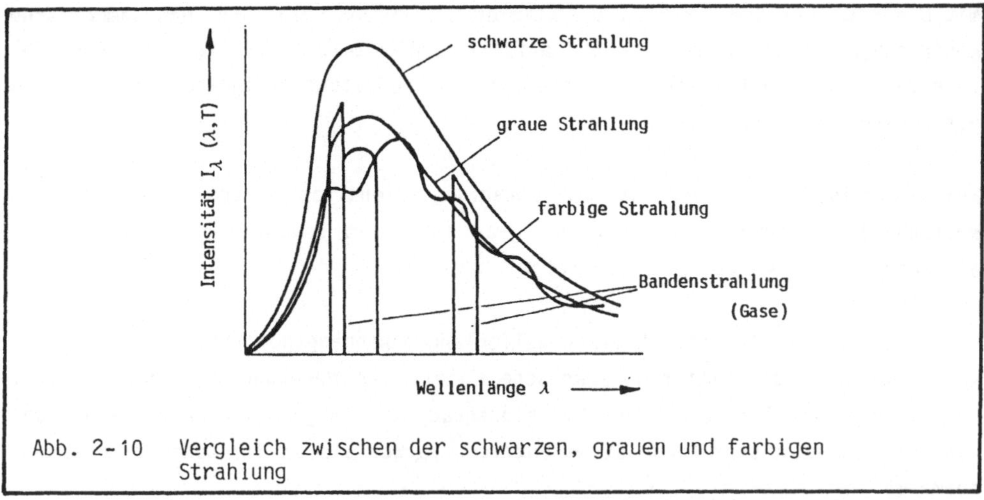

Abb. 2-10   Vergleich zwischen der schwarzen, grauen und farbigen
Strahlung

So sind elektrisch nichtleitende Körper sogenannte graue Strahler. Ihre spektrale Intensitätsverteilung ist näherungsweise um einen konstanten Faktor kleiner als die Intensität des schwarzen Körpers bei gleicher Temperatur

$$\epsilon(\lambda,T) = \frac{\dot{I}_\lambda\,(\lambda,\,T)}{\dot{I}_{\lambda s}\,(\lambda,T)} = \text{konst.} \qquad (2\text{-}47)$$

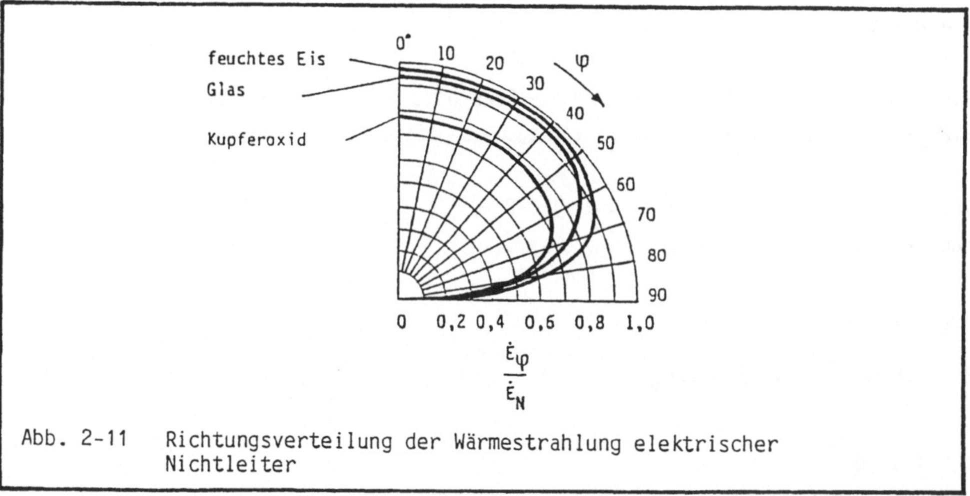

Abb. 2-11   Richtungsverteilung der Wärmestrahlung elektrischer
Nichtleiter

Auch die Intensitätsmaxima stimmen angenähert überein. Für das Stefan-Boltzmannsche Gesetz kann man dann schreiben

$$\dot{E}\,(T) = \epsilon\,C_s \cdot \left(\frac{T}{100}\right)^4 \qquad (2\text{-}48)$$

mit $C = \epsilon\, C_S$ als der Strahlungskonstanten des grauen Strahlers. Das Lambertsche Kosinusgesetz ist etwa für $\varphi < 50°$ erfüllt /Abb. 2-11/. Bei flacherer Abstrahlung zeigen die elektrischen Nichtleiter eine bedeutend geringere Strahlung als der schwarze Körper.

Bei elektrischen Leitern ist die Strahlungsintensität unregelmäßig über den Wellenbereich verteilt. Der Emissionsgrad ist damit sowohl von der Temperatur als auch von der Wellenlänge abhängig.

Führt man für die Intensität einen wellenlängenunabhängigen Mittelwert ein, so kann auch hier das Stefan-Bolzmannsche Gesetz als Näherung verwendet werden. Bei blanken Metallen wächst der Emissionsgrad mit steigenden Winkel φ stark an, d.h. die flache Abstrahlung ist wesentlich stärker als in Richtung der Flächennormalen.

Bei Gasen liegt eine selektive Bandenstrahlung vor, d.h. sie absorbieren bzw. emitieren nur in bestimmten Wellenbereichen, s. Abb. 2-10.

Für Gase wie Kohlendioxid, Kohlenmonoxid, Wasserdampf und Kohlenwasserstoffe gilt mit $r = 0$

$$a + d = 1.$$

Diathermane Gase, wie Wasserstoff, Stickstoff, Sauerstoff sind völlig durchlässig, d.h. es gilt $r = 0$, $a = 0$, $d = 1$.

Das Emissionsvermögen eines aus H_2O-Dampf und CO_2 bestehenden Gaskörpers ist nach /3/ zu berechnen aus

$$\epsilon_g = 1 - e^{-Z}$$

$$Z = (0,8 + 1,6\, r_{H_2O})\sqrt{(r_{H_2O} + r_{CO_2}) \cdot 10\, ps}\,(1 - 0,38\,\frac{T_g}{1000}). \qquad (2-49)$$

Dabei sind

r = Raumanteile

p = Gesamtdruck in MPa

$s \approx \dfrac{4\,V}{A}$ = Gleichwertige Schichtdicke

V = Volumen des Gaskörpers

A = berührte Wandfläche

T_g = absolute Gastemperatur

Der Gaskörper emittiert dann den Energiestrom

$$\dot{E}_g = \epsilon_g \cdot C_s \left(\frac{T_g}{100}\right)^4 .$$

(2-50)

2.5.2 Strahlungsaustausch zwischen festen Oberflächen

Die Berechnung der Änderung der inneren Energie eines Körpers oder des Transports von Wärme infolge Strahlung vom warmen zum kalten Körper hängt von der räumlichen Anordnung der Strahler ab. Jede Fläche emittiert selbst und reflektiert einen Anteil der auftretenden Strahlung. Die Summe dieser Anteile bildet die Helligkeit $\dot{H}$ (Strahlungsdichte) der Fläche.

Bei parallelen Wänden (unendlich ausgedehnt) und einem diathermanen Zwischenraum /Abb. 2-12/ sind die jeweiligen Helligkeiten

$$\dot{H}_1 = A\dot{E}_1 + r_1\dot{H}_2$$
$$\dot{H}_2 = A\dot{E}_2 + r_2\dot{H}_1 .$$

Sind diese Wände graue, undurchlässige Strahler, so gilt

$$r = 1 - a = 1 - \epsilon$$

womit z. B. für die Helligkeit der Fläche 2 folgt

$$\dot{H}_2 = \frac{A\dot{E}_2 + (1 - \epsilon_2) A\dot{E}_1}{\epsilon_1 + \epsilon_2 - \epsilon_1 \cdot \epsilon_2} .$$

Die Differenz zwischen den Helligkeiten der beiden Flächen ist der ausgetauschte Wärmestrom

$$\dot{q}_{12} = \frac{\dot{H}_1 - \dot{H}_2}{A}$$

$$= \frac{\epsilon_2 \dot{E}_1 - \epsilon_1 \dot{E}_2}{\epsilon_1 + \epsilon_2 - \epsilon_1 \cdot \epsilon_2} .$$

Setzt man hier das auch für graue Strahler gültige Stefan-Boltzmannsche Gesetz ein, so folgt

$$q_{12} = C_{12} \left[\left(\frac{T_1}{100}\right)^4 - \left(\frac{T_2}{100}\right)^4 \right] ,$$

(2-51)

wobei die Strahlungskonstante (Strahlungsaustauschzahl)

$$C_{12} = \frac{C_s}{\frac{1}{\epsilon_1} + \frac{1}{\epsilon_2} - 1} = \frac{1}{\frac{1}{C_1} + \frac{1}{C_2} - \frac{1}{C_s}} = \epsilon_{12}\, C_s \qquad (2\text{-}52)$$

ist.

Sind beide Flächen völlig schwarz, so ist $\epsilon_{12} = 1$.

Ein zweiter leicht zu berechnender Fall ist der von einem Hohlkörper allseitig umschlossene Körper /Abb. 2-12/. Alle von 1 ausgehende Strahlung trifft den Hohlkörper 2, während die von diesem ausgehende Strahlung nur zum Teil auf den Körper 1 wieder zurückstrahlt. Dieser Anteil hängt von dem Flächenverhältnis der beiden Körper ab.

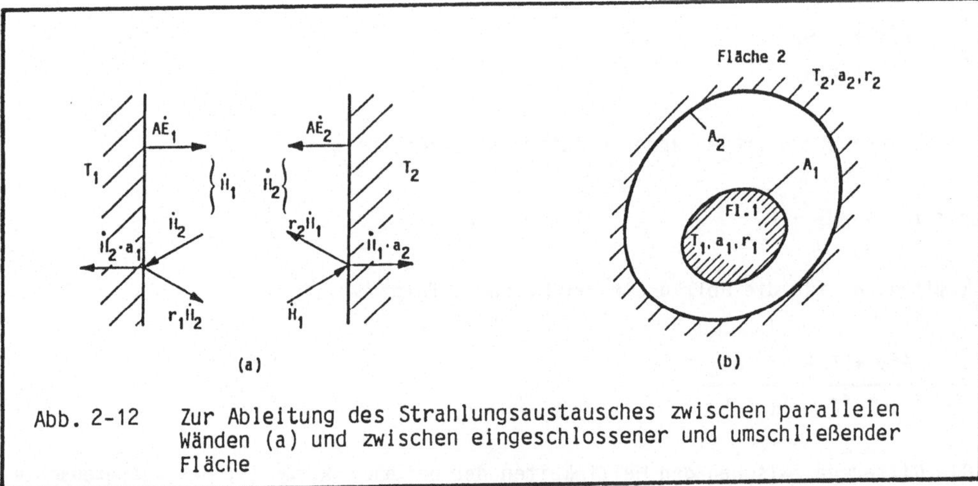

Abb. 2-12   Zur Ableitung des Strahlungsaustausches zwischen parallelen Wänden (a) und zwischen eingeschlossener und umschließender Fläche

Der Wärmestrom ist dann bei Gültigkeit des Stefan-Boltzmannschen Gesetzes wiederum

$$\dot{Q}_{12} = A_1 C_{12} \left[\left(\frac{T_1}{100}\right)^4 - \left(\frac{T_2}{100}\right)^4 \right] \qquad (2\text{-}53)$$

wobei

$$C_{12} = \frac{C_s}{\frac{1}{\epsilon_1} + \frac{A_1}{A_2}\left(\frac{1}{\epsilon_2} - 1\right)} = \frac{1}{\frac{1}{C_1} + \frac{A_1}{A_2}\left(\frac{1}{C_2} - \frac{1}{C_s}\right)} \qquad (2\text{-}53)$$

ist.

Für $A_1 = A_2$ ergibt sich der Grenzwert paralleler Flächen; für $A_1 \ll A_2$ ist $C_{12} = C_1$ und damit der Maximalwert, den der Strahlungskoeffizient annehmen kann.

Komplizierter sind die Verhältnisse, wenn die Strahlung zwischen zwei beliebig zueinander liegenden Flächen ausgetauscht wird. Hier gilt für den Wärmestrom

$$\dot{Q}_{12} = A_1 \cdot \overline{\varphi}_1 \, C_{12} \left[\left(\frac{T_1}{100}\right)^4 - \left(\frac{T_2}{100}\right)^4 \right] \tag{2-54}$$

wobei $C_{12} = \epsilon_1 \, \epsilon_2 \, C_s$

und die mittlere Einstrahlzahl $\overline{\varphi}_1$ ein im allgemeinen nur numerisch auswertbares Integral ist, das den Anteil der von der Fläche 1 ausgehenden Strahlung beschreibt, der auf die Fläche 2 gelangt.

2.5.3 Der Wärmeübergangskoeffizient des Strahlungsaustausches

Der Wärmeübergangskoeffizient des Strahlungsaustausches α_{St} läßt sich über das Stefan-Boltzmannsche Gesetz definieren:

$$\dot{Q}_{12} = \alpha_{St} \, A_1 \, (t_1 - t_2) = C_{12} \, A_1 \left[\left(\frac{T_1}{100}\right)^4 - \left(\frac{T_2}{100}\right)^4 \right] \tag{2-55}$$

$$\alpha_{St} = C_{12} \, \beta_T \, \overline{\varphi}_1 \, .$$

β_T ist ein Temperaturfaktor. Mit der mittleren Temperatur $T_m = 0,5 \, (T_1 + T_2)$ läßt sich dafür angeben

$$\beta_T = 0,08 \left(\frac{T_m}{100}\right)^3 \, . \tag{2-56}$$

Falls der Wärmeübergang durch gleichzeitige Strahlung und Konvektion stattfindet und für beide Wärmeströme die gleichen Temperaturen maßgebend sind, ist der Gesamtwärmeübergangskoeffizient:

$$\alpha = \alpha_k + \alpha_{St}$$

α_k ist der Wärmeübergangskoeffizient für die Konvektion.

2.6   Der Wärmetransport in Wärmetauschern

2.6.1   Allgemeines

In Wärmetauschern (Wärmeübertragern) wird Wärme von einem Stoffstrom an einen anderen weitergegeben. Entsprechend unterschiedlicher Einsatzgebiete wurden dafür verschiedene Bauformen entwickelt. Man unterscheidet zwischen den Rekuperatoren, bei denen die Stoffströme durch eine Zwischenwand voneinander getrennt sind und den Regeneratoren, bei denen die verschiedenen Stoffströme abwechselnd durch den Apparat fließen (Ausnutzung der Wärmespeicherung). Die Berechnung von Regeneratoren ist wegen des instationären Betriebsverhaltens schwierig und wird hier nicht behandelt. Bei den Rekuperatoren unterscheidet man je nach Strömungsrichtung der Medien zwischen Gleichströmern und Gegenströmern (Heiz- und Kühlmedium strömen parallel in gleicher oder in entgegengesetzter Richtung) und Kreuzströmern (die beiden Medien strömen senkrecht zueinander). Bei technischen Wärmeübertragern ist meist eine Kombination dieser Grundschaltungen vorhanden.

Bei der Berechnung wird meist vorausgesetzt, daß der Wärmeübertrager ein offenes, stationär durchströmtes adiabates System ist, die Wärmeleitung der Heizfläche und der Medien in Strömungsrichtung vernachlässigbar ist und die Stoffwerte im Mittel konstant sind. Die Zustandsänderung des Heiz- und Kühlmittels sei isobar.

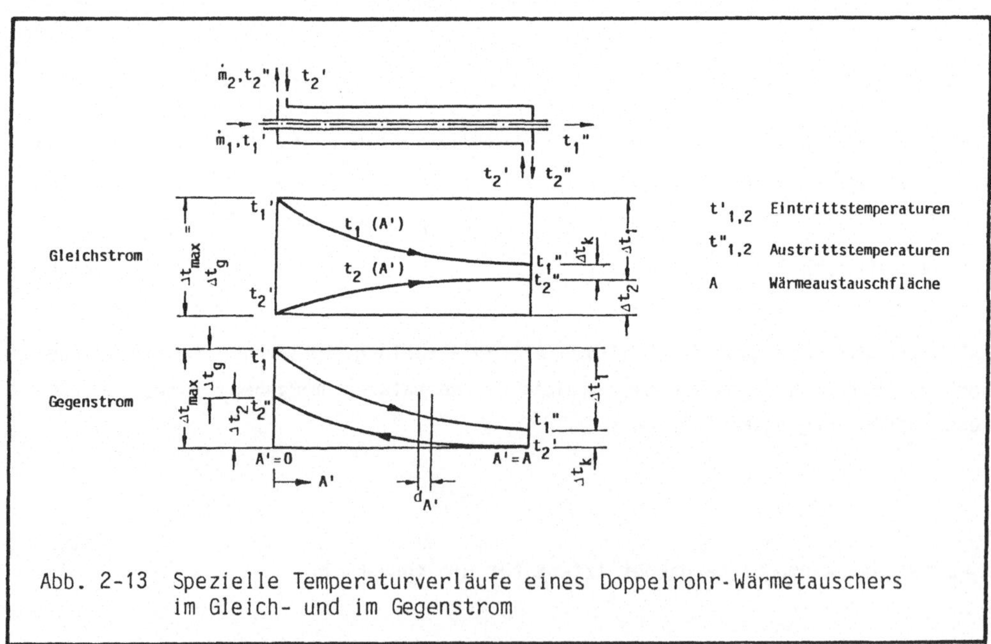

Abb. 2-13   Spezielle Temperaturverläufe eines Doppelrohr-Wärmetauschers im Gleich- und im Gegenstrom

Für das wärmeabgebende Medium gilt

$$\dot{Q}_1 = \dot{m}_1 \, c_{pm1} \, (t_1' - t_1'') \tag{2-57}$$

mit der mittleren spezifischen Wärmekapazität c_{pm1}. Dadurch erwärmt sich der Stoffstrom 2

$$\dot{Q}_2 = \dot{m}_2 \, c_{pm2} \, (t_2'' - t_2') \; . \tag{2-58}$$

Ohne Wärmeverluste an die Umgebung muß also gelten

$$\dot{Q}_1 = \dot{Q}_2 = \dot{Q} \; .$$

Hieraus folgt auch

$$\frac{t_2'' - t_2'}{t_1' - t_1''} = \frac{\dot{m}_1 \, c_{pm1}}{\dot{m}_2 \, c_{pm2}} = \frac{\dot{C}_1}{\dot{C}_2} \; .$$

$\dot{C}$ ist der Wärmekapazitätsstrom.

2.6.2 Berechnung der mittleren Temperaturdifferenz

Für ein Flächenelement dA' /Abb. 2-13/ ergibt sich der Wärmedurchgang nach

$$d\dot{Q} = k \, (t_1 - t_2) \, dA' = k \, \Delta t \, dA' \; . \tag{2-59}$$

Bei bekanntem Wärmedurchgangskoeffizienten k gilt also:

$$\dot{Q} = k \int_0^A \Delta t \, dA'$$

oder mit einer mittleren Temperaturdifferenz Δt_m:

$$\dot{Q} = k \, \Delta t_m \, A \tag{2-60}$$

Die mittlere Temperaturdifferenz Δt_m ist durch

$$\Delta t_m = \frac{1}{A} \int_0^A \Delta t \, dA' \tag{2-61}$$

definiert. Der Verlauf der Temperaturen längs A' läßt sich aus einer Wärmebilanz herleiten.

Beschränkt man sich zunächst auf den Fall des Gleichstroms, so ist der vom heißen Stoffstrom (1) abgeführte Wärmestrom im Element dA' entsprechend Gleichung (2-57)

$$d\dot{Q} = - \dot{C}_1 \, dt_1,$$

der gleichzeitig zur Aufheizung des kalten Stoffstroms (2) dient:

$$d\dot{Q} = + \dot{C}_2 \, dt_2$$

Für die Temperaturdifferenz läßt sich dann schreiben

$$d \, (t_1 - t_2') = - k \, (t_1 - t_2) \left[\frac{1}{C_1} + \frac{1}{C_2} \right] dA' \qquad (2-62)$$

$$d \, \Delta t = - k \, \Delta t \, \omega_{Gl} \, dA'.$$

Die Integration dieser Differentialgleichung unter Beachtung der Randbedingung

$$\Delta t = \Delta t_g \quad \text{für } A' = 0$$

ergibt für eine beliebige Stelle A'

$$\Delta t = \Delta t_g \exp (- \omega_{Gl} \cdot kA') \, . \qquad (2-63)$$

Mit den ebenfalls aus der Differentialgleichung (2-62) ableitbaren Beziehungen

$$\Delta t_k = \Delta t_g \exp (- \omega_{Gl} \, k \, A)$$
$$\omega_{Gl} \, kA = \ln (\Delta t_g / \Delta t_k)$$

ergibt sich für die mittlere Temperaturdifferenz

$$\Delta t_m = \frac{1}{A} \int_0^A \Delta t \, dA'$$

$$= \frac{\Delta t_g}{A} \int_0^A \exp (- \omega \, kA') \, dA'$$

$$= \frac{\Delta t_g - \Delta t_k}{\ln (\Delta t_g / \Delta t_k)} \cdot \qquad\qquad (2-64)$$

Dabei ist Δt_g die Temperaturdifferenz am Anfang (A' = 0) und Δt_k die Temperaturdifferenz am Ende (A' = A) der Heizfläche.

Die für den Gleichstrom abgeleiteten Formeln gelten auch für den Gegenstrom, wenn für

$$\omega_{Gg} = \frac{1}{\dot{m}_1 \, c_1} - \frac{1}{\dot{m}_2 \, c_2} = \frac{1}{\dot{C}_1} - \frac{1}{\dot{C}_2}$$

gesetzt wird.

Für Kreuzstrom läßt sich die mittlere Temperaturdifferenz nicht so einfach ableiten. In der Literatur werden Korrekturfaktoren angegeben, mit denen man entsprechend (2-64) berechnet

$$\Delta t_{m, Kr} = \Delta t_{m, Gg} \cdot \epsilon \ , \ \epsilon < 1 \ .$$

Der zwischen den beiden Stoffströmen ausgetauschte Wärmestrom ist dann

$$\dot{Q} = kA \cdot \Delta t_m \ . \qquad\qquad (2-65)$$

2.6.3 Ermittlung der Austrittstemperaturen

Zur Berechnung der Ablauftemperaturen t_1'' und t_2'' der beiden Stoffströme kann man sich der in Kap. 2.6.2 abgeleiteten Ausdrücke bedienen. Zunächst galt nach (2-63) für Gleichstrom

$$t_1 - t_2 = (t_1' - t_2') \exp \left[- k \left(\frac{1}{\dot{C}_1} + \frac{1}{\dot{C}_2} \right) A' \right] . \qquad\qquad (2-66)$$

Für die beiden Stoffströme gilt entsprechend (2-57, 2-58)

$$\text{Heizmittel: } dt_1 = - \frac{d\dot{Q}}{\dot{C}_1} = - \frac{k \, (t_1 - t_2) \, dA'}{\dot{C}_2} \qquad\qquad (2-67)$$

$$\text{Kühlmittel: } dt_2 = \frac{d\dot{Q}}{\dot{C}_1} = \frac{k \, (t_1 - t_2) \, dA'}{\dot{C}_2} \qquad\qquad (2-68)$$

Durch Kombination der Gleichungen (2-66) und (2-67) erhält man die Heizmittel-Temperatur $t_1 = f(A')$

$$t_1 = t_1' - (t_1' - t_2') \frac{1 - \exp[-k\ \omega_{Gl}\ A']}{\dot{C}_1\ \omega_{Gl}} \qquad (2-69)$$

und analog für das Kühlmittel

$$t_2 = t_2' + (t_1' - t_2') \frac{1 - \exp[-k\ \omega_{Gl}\ A']}{\dot{C}_2\ \omega_{Gl}}$$

$$\omega_{Gl} = \frac{1}{\dot{C}_1} + \frac{1}{\dot{C}_2}\ . \qquad (2-70)$$

Diese Beziehungen gelten nur für Gleichstrom. Setzt man hier $A' = A$, so ergeben sich die Ablauftemperaturen t_1'' und t_2''.

Für Gegenstrom sind die Beziehungen analog abzuleiten. Die Ergebnisse sind etwas komplizierter

$$t_1 = t'_1 - (t'_1 - t_2') \frac{1 - \exp[-k\ \omega_{Gg}\ A']}{1 - (1 - \dot{C}_1\ \omega_{Gg})\ \exp[-k\ \omega_{Gg}\ A']} \qquad (2-71)$$

$$t_2 = t_2' - (t_1' - t_2') \frac{\exp[-k\ \omega_{Gl}\ A'] - \exp[-k\ \omega_{Gg}\ A]}{1 + \dot{C}_2\ \omega_{Gg} - \exp[-k\ \omega_{Gg}\ A]} \qquad (2-72)$$

$$\omega_{Gg} = \frac{1}{\dot{C}_1} - \frac{1}{\dot{C}_2}\ . \qquad (2-73)$$

Man erhält also die Ablauftemperaturen

t_1'' für das Heizmittel mit $A' = A$
t_2'' für das Kühlmittel mit $A' = 0$.

2.6.4 Betriebscharakteristiken von Wärmetauschern

Zur rechnerischen Vereinfachung der in Kap. 2.6.3 abgeleiteten Beziehungen bedient man sich der sog. Betriebscharakteristiken Θ von Wärmetauschern. Θ ist eine Art Wirkungsgrad und vergleicht den vom Heizmedium abgegebenen Wärmestrom mit dem maximal möglichen Wärmestrom in der Form

$$\Theta = \frac{t_1' - t_1''}{\Delta t_{max}} = \frac{\text{Temperaturänderung des Heizmediums}}{\text{Differenz der Zulauftemperaturen}}\ . \qquad (2-74)$$

176

Damit ergibt sich der übertragene Wärmestrom

$$\dot{Q} = \dot{C}_1 \; \Theta \; (t_1' - t_2') \; .$$

Ein Vergleich von (2-69) und (2-70) mit $A' = A$ zeigt, daß

$$\Theta = \frac{1 - \exp\left[- k \; \omega_{G1} \; A\right]}{\dot{C}_1 \; \omega_{G1}}$$

sein muß und damit die Ablauftemperatur des Heizmittels bei Gleichstrom auch

$$t_1'' = t_1' \; - (t_1' - t_2') \cdot \Theta_{G1} \; . \tag{2-75}$$

Analog ergibt sich die Ablauftemperatur des Kühlmittels bei Gleichstrom zu

$$t_2'' = t_2' \; + (t_1' - t_2') \cdot \frac{\dot{C}_1}{\dot{C}_2} \cdot \omega_{G1} \; . \tag{2-76}$$

Für Gegenstrom und Kreuzstrom gelten zur Berechnung der Ablauftemperaturen die gleichen Beziehungen, es sind lediglich für den jeweiligen Fall die in den Diagrammen Abb. 2-14 ablesbaren Funktionen

$$\Theta = f \; (\frac{kA}{\dot{C}_1}, \; \frac{\dot{C}_1}{\dot{C}_2})$$

einzusetzen.

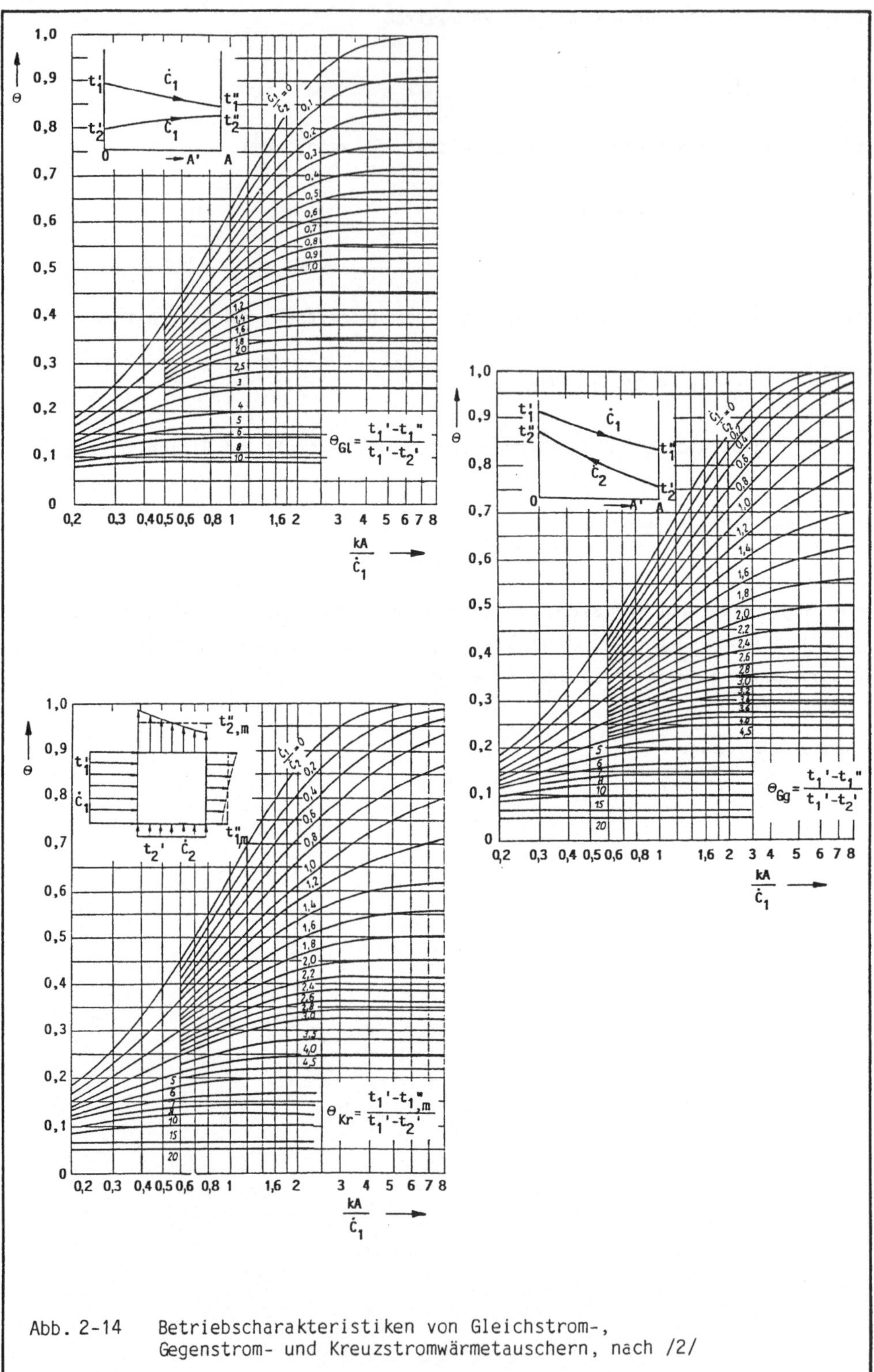

Abb. 2-14   Betriebscharakteristiken von Gleichstrom-, Gegenstrom- und Kreuzstromwärmetauschern, nach /2/

Übungsaufgaben
zu den Grundlagen der Wärmeübertragung

Beispiel 2-1:

Es ist ein Abgaswärmetauscher zu berechnen, bei dem ein Abgasstrom zur Aufwärmung von Brauchwasser dienen soll.

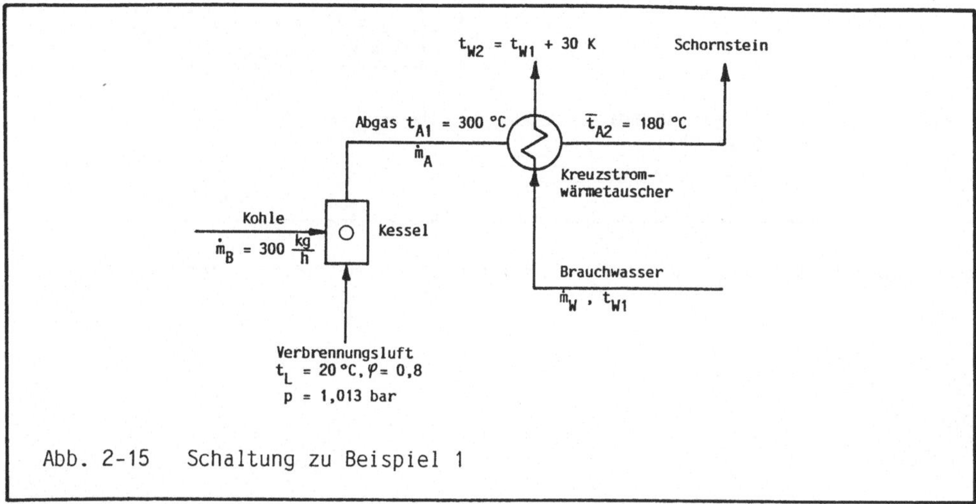

Abb. 2-15   Schaltung zu Beispiel 1

Die feuchte Verbrennungsluft wird aus dem Kesselhaus angesaugt. Zusammen mit der Feuchtigkeit der Kohle ergibt sich feuchtes Abgas, dessen mittlere Austrittstemperatur $t_{A2} = 180$ °C sein soll. Es muß jedoch sichergestellt werden, daß in dem vorgesehenen Kreuzstrom-Wärmetauscher an keiner Stelle der Taupunkt der Abgase unterschritten wird.

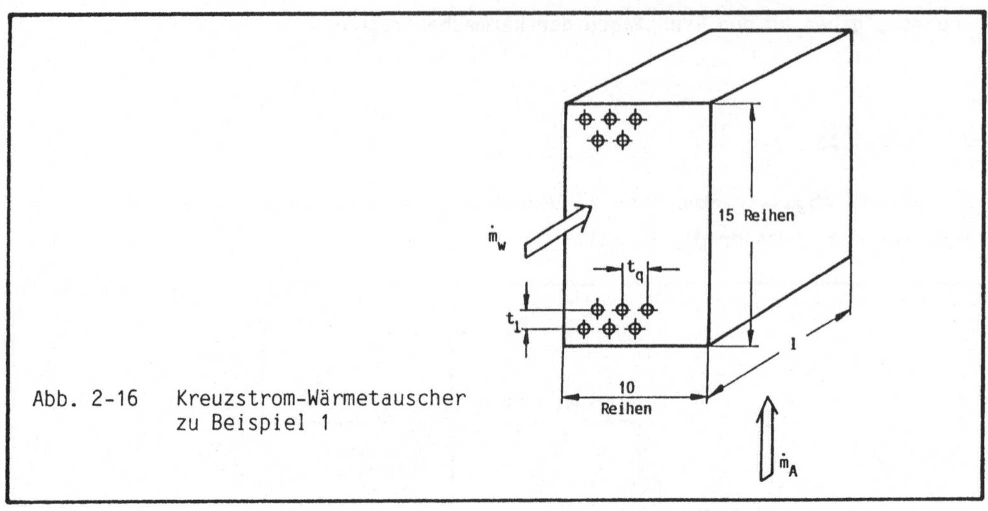

Abb. 2-16   Kreuzstrom-Wärmetauscher
zu Beispiel 1

Der Wärmetauscher besteht aus 10 x 15 versetzt angeordneten Rohrreihen mit

d_i = 0,01 m
d_a = 0,015 m
t_q/d_a = 1,5
t_1/d_a = 1,5

Elementaranalyse der Kohle mit $\dot{m}_{Br}$ = 300 kg/h:

c = 0,5   h = 0,05   o = 0,15   Rest: Asche
s = 0,01   w = 0,2   n = 0,01

Stoffwerte:

	CO_2	SO_2	N_2	O_2	H_2O_{Dampf}	$H_2O_{flü}$
$c_p(t = 240\ °C)$, kJ/kgK	1,021	0,746	1,058	0,976	1,91	4,19
R, J/kgK	189	129,9	296,8	259,9	461,4	--

Luftzahl λ = 1,5, vollkommene Verbrennung. Die übrigen Daten sind der Abb. 2-15 entnehmen.

Gesucht:

a) Wie hoch ist der Taupunkt der Abgase (d.h. die zum Partialdruck des Wasserdampfes gehörende Sättigungstemperatur t_S) und die Eintrittstemperatur des Brauchwassers, wenn $t_{W1} = t_S + 10$ K gewählt werden soll?

b) Das Wasser soll um 30 K angewärmt werden. Wie groß ist dann $\dot{m}_W$?

c) Für den nach Abb. 2-16 vorgegebenen Rohrbündelwärmetauscher ist die Rohrlänge
l zu bestimmen.

<u>Lösung:</u>

a) Bestimmung des Taupunktes und der Eintrittstemperatur t_{W1}

Der Taupunkt ist die zum Sättigungspartialdruck p_{DS} des Wasserdampfes gehörende Sättigungstemperatur t_S. Nach Kap. 1.6 gilt für den Druck bei $\varphi = 1$

$$p_{DS} = \frac{p \cdot x_S}{\dfrac{R_t}{R_{H_2O}} + x_S}$$

mit

p = Gesamtdruck = 1013 mbar

x_S = Wasseranteil bei Sättigung in kg Wasser/kg trockenes Abgas

R_t, R_{H_2O} , R_i = spezielle Gaskonstanten für trockene Abgase,
Wasserdampf, Abgaskomponente i

R_t $= \sum g_i \cdot R_i$

g_i = Massenanteile des Abgasanteils i in kg/kg trockenes Abgas .

Die Abgasmengen m_t, $m_{naß}$ in kg/kg Brennstoff werden aus einer Abgasrechnung
bestimmt:

$$m_{naß} = \sum m_i$$
$$m_t = m_{naß} - m_{H_2O}$$

Nach Kap. 1.8 gelten für die Abgasanteile

$$m_{H_2O} = \underbrace{9 \cdot h + w}_{\substack{\text{Anteile aus} \\ \text{dem Brennstoff}}} + \underbrace{x \cdot L}_{\substack{\text{Wasseranteil aus} \\ \text{der Verbrennungsluft}}}$$

$$m_{CO_2} = \frac{11}{3} \cdot c$$
$$m_{SO_2} = 2 \cdot s$$
$$m_{N_2} = 0{,}768 \cdot L + n$$
$$m_{O_2} = O_{min} (\lambda - 1)$$

Der theoretische Sauerstoffbedarf O_{min} in kg/kg Brennstoff ergibt sich aus der stöchiometrischen Verbrennungsgleichung

$$O_{min} = \frac{8}{3} c + 8 h + s - o .$$

Der trockene Luftbedarf in kg/kg Brennstoff ist

$$L = \lambda \cdot \frac{O_{min}}{0,232}$$

und der Wassergehalt der Kesselhausluft ist

$$x = 0,622 \, \frac{\varphi \, p_{Ds}(t_L)}{p - \varphi \, p_{Ds}(t_L)} .$$

Zahlenwerte:

Zur Kesselhausluft t_L = 20 °C gehört ein Wasserdampfpartialdruck im Sättigungszustand von

$$p_{Ds} \, (t_L = 20 \, °C) = 23,4 \, \text{mbar} .$$

Damit ist der Wassergehalt

$$x = 0,622 \cdot \frac{0,8 \cdot 23,4}{1013 - 0,8 \cdot 23,4} = 0,0117 \, \text{kg/kg tr. Luft} .$$

Der Mindestsauerstoffbedarf ist

$$O_{min} = \frac{8}{3} \cdot 0,5 + 8 \cdot 0,05 + 0,01 - 0,15$$

$$O_{min} = 1,593 \, \text{kg/kg} .$$

Damit ist der trockene Luftbedarf

$$L = 1,5 \cdot \frac{1,593}{0,232} = 10,302 \, \text{kg/kg Brennstoff} .$$

Mit der Verbrennungsluft wird also eine Wassermenge von

$$m_W = x \cdot L = 0,0117 \cdot 10,302 = 0,1205 \text{ kg/kg Brennstoff}$$

zugeführt.

Zusammen mit dem Wassergehalt im Brennstoff ist dies

$$m_{H_2O} = 9 \cdot 0,05 + 0,2 + 0,1206$$
$$= 0,7705 \text{ kg/kg Brennstoff .}$$

Für die übrigen Abgasanteile gilt:

$$m_{CO_2} = \frac{11}{3} \cdot 0,5 = 1,833 \text{ kg/kg Brennstoff}$$
$$m_{SO_2} = 2 \cdot s = 0,02 \text{ kg/kg}$$
$$m_{N_2} = 0,768 \cdot 10,31 + 0,01 = 7,922 \text{ kg/kg}$$
$$m_{O_2} = 1,593 - 0,5 = 1,093 \text{ kg/kg .}$$

Die trockene Abgasmenge ist also

$$m_t = 1,833 + 0,02 + 7,922 + 1,093 = 10,868 \text{ kg/kg Brennstoff .}$$

Für die entsprechenden Massenanteile gilt

$$g_{CO_2} = \frac{1,833}{10,868} = 0,1687 \text{ in kg/kg tr. Abgas}$$

$$g_{SO_2} = \frac{0,02}{10,868} = 0,0018$$

$$g_{N_2} = \frac{7,922}{10,868} = 0,7289$$

$$g_{O_2} = \frac{1,093}{10,868} = \underline{0,1006}$$
$$1,0001$$

und damit die mittlere Gaskonstante des trockenen Abgases

$$R_t = 0,1687 \cdot 189 + 0,0018 \cdot 129,9 + 0,7289 \cdot 296,8 + 0,1006 \cdot 259,9$$
$$= 274,60 \text{ J/kgK}$$

Die Wassermenge im Abgas je kg trockenes Abgas ist

$$x_s^A = \frac{m_{H_2O}}{m_t} = \frac{0,7705}{10,868} = 0,0709 \ kg/kg$$

und damit der Sättigungspartialdruck

$$p_{Ds}^A = \frac{p x_s^A}{\dfrac{R_{tr}}{R_{H_2O}} + x_s^A} = \frac{1013 \cdot 0,0709}{\dfrac{274,60}{461,4} + 0,0709}$$

$$= 107,83 \ mbar \ .$$

Dazu gehört eine Sättigungstemperatur von

$$t_s \ (p_{Ds}^A = 107,83 \ mbar) \approx 47 \ ^\circ C$$

und damit ist die notwendige Eintrittstemperatur des Brauchwassers am Wärmetauscher

$$t_{W1} = 57 \ ^\circ C \ .$$

b) Die Abgase haben beim Durchgang durch den Wärmetauscher eine Enthalpieminderung von

$$|\Delta \dot{H}| = \dot{m}_A \cdot \overline{c_p} \ (t_{A1} - t_{\overline{A2}}) \ .$$

Die spezifische Wärmekapazität des feuchten Abgasgemisches ist zu berechnen aus

$$\overline{c_p} = \sum g_i \ c_{pi} \ \text{in kJ/K kg feuchtes Abgas}$$

wobei die c_{pi} bei einer mittleren Abgastemperatur von $t_m = 240 \ ^\circ C$ der Tab.A-10 zu entnehmen sind.

Die Massenanteile sind jetzt auf feuchtes Abgas bezogen

$$g_i = \frac{m_i}{m_f} \ \text{in kg/kg feuchtes Abgas} \ .$$

Für den absoluten Abgasmassenstrom gilt

$$\dot{m}_A = m_f \cdot \dot{m}_{Brennst} \quad \text{in} \quad \frac{kg \text{ feuchtes Abg.}}{kg \text{ Brennstoff}} \cdot \frac{kg \text{ Br}}{h} \; .$$

Mit bekannten $\Delta\dot{H}$ ergibt sich der erwärmbare Massenstrom des Wassers zu

$$\dot{m}_W = \frac{|\Delta\dot{H}|}{c_{H_2O \; fl} \, (t_{W2} - t_{W1})} \; .$$

Zahlenwerte:

$$m_f = m_{tr} + m_{H_2O} = 10{,}868 + 0{,}7705$$
$$= 11{,}6385 \text{ kg/kg Brennstoff}$$

$$g_{CO_2} = \frac{1{,}833}{11{,}64} = 0{,}1575 \text{ kg/kg feuchtes Abgas}$$

$$g_{SO_2} = \frac{0{,}02}{11{,}64} = 0{,}0017 \text{ kg/kg feuchtes Abgas}$$

$$g_{N_2} = \frac{7{,}922}{11{,}64} = 0{,}6806 \text{ kg/kg feuchtes Abgas}$$

$$g_{O_2} = \frac{1{,}093}{11{,}64} = 0{,}0939 \text{ kg/kg feuchtes Abgas}$$

$$g_{H_2O} = \frac{0{,}7705}{11{,}64} = 0{,}0662 \text{ kg/kg feuchtes Abgas}$$

$$0{,}9999 \text{ kg/kg feuchtes Abgas}$$

und damit die mittlere spezifische Wärmekapazität des feuchten Abgases

$$\overline{c_p} = 0{,}1575 \cdot 1{,}021 + 0{,}0017 \cdot 0{,}746 + 0{,}6810 \cdot 1{,}058 +$$
$$0{,}0939 \cdot 0{,}976 + 0{,}0662 \cdot 1{,}91$$
$$= 1{,}1 \text{ kJ/kgK} \; .$$

Der feuchte Abgasmassenstrom ist

$$\dot{m}_{f,A} = 11{,}64 \cdot 300 = 3492 \text{ kg/h}$$

und der Wasserstrom

$$\dot{m}_W = \frac{\dot{m}_{f,A} \, c_{pm} \, (t_{A1} - t_{A2})}{c_{H_2O} \, fl \, (t_{W2} - t_{W1})}$$

$$= \frac{3492 \cdot 1,1 \cdot 120}{4,19 \cdot 30} \, \frac{kg}{h} \cdot \frac{kJ}{kgK} \cdot K \cdot \frac{kgK}{kJK}$$

$$= 3667 \ kg/h \ .$$

c) Nach Gleichung (2-74) gilt unabhängig vom Wärmetauschertyp für das Heizmittel

$$\Theta = \frac{t_{A1} - t_{A2}}{t_{A1} - t_{W1}} \ .$$

Mit den bekannten Wärmekapazitätsströmen

$$\dot{C}_A = \dot{m}_A \cdot c_p; \qquad \dot{C}_W = \dot{m}_W \cdot c_{H_2O} \, fl$$

ergibt sich aus dem Diagramm 2-14 bei Kreuzstrom der Zusammenhang

$$\frac{k \cdot A}{\dot{C}_A} = f \left(\Theta , \frac{\dot{C}_A}{\dot{C}_W} \right) \ .$$

Kennt man also die Größen der rechten Seite, ergibt sich das Produkt aus Wärmedurchgangszahl k und wärmeübertragender Fläche A.

Zur getrennten Berechnung der Wärmedurchgangszahl k benutzt man die Beziehungen nach nach Kap. 2.3.3:

Im Außenraum gilt z.B. entsprechend Tab. 2-3

$$\alpha_a = \frac{\lambda A}{d_a} \cdot 1,11 \cdot C \ Re^n \ Pr^{0,31} \ .$$

Mit der freien Anströmfläche

$$A_a = (10 \cdot t_q - 10 \, d_a) \cdot 1$$
$$= 10 \ 1 \ (t_q - d_a)$$

und der damit gebildeten Geschwindigkeit

$$c = \frac{\dot{m}_A}{A_a \cdot \rho}$$

ergibt sich als Re-Zahl

$$Re_a = \frac{\dot{m}_A \cdot d_a}{\eta_A \cdot A_a} \quad .$$

Mit den vorgegebenen Werten ist dann

$$\alpha_a = f\,(l)\;.$$

Ähnlich ist auch die Wärmeübergangszahl α_i als Funktion der Rohrlänge berechenbar: Nach Tab. 2-3 gilt (mit der Korrektur f = 0)

$$\alpha_i = \frac{\lambda_W}{d_i} \cdot 0,0214\;(Re^{0,8} - 100)\;Pr^{0,4}\left[1 + \frac{d_i}{l}^{2/3}\right]$$

$$A_i = \frac{\pi}{4}\;d_i^2\;\cdot n;\; n = \text{Anzahl der Rohre}$$

$$Re_i = \frac{\dot{m}_W \cdot d_i}{\eta_W\,A_i}$$

Also ist auch hier

$$\alpha_i = f\,(l)$$

und damit auch

$$k = f\,(l)$$

und ebenfalls das Produkt

$$kA = f\,(l)\;.$$

Aus dem Vergleich mit dem aus der Betriebscharakteristik gewonnenen Wert kA läßt sich l z.B. grafisch bestimmen.

<u>Zahlenwerte:</u>

Es gilt für den Außenraum:

λ_A = 0,036 W/mK

Pr = 0,73

η_A = 2,6 $\cdot$ 10^{-5} Ns/m^2

d_a = 0,015 m

t_q/d_a = 1,5; t_q = 0,0225 m

t_l/d_a = 1,5; t_l = 0,0225 m

C = 0,482; n = 0,556 /Tab.2-4/

A_a = 10 $\cdot$ 1 (0,0225 - 0,015) = 0,075 $\cdot$ 1

$$Re_a = \frac{m_A d_a}{\eta_A \cdot A_a} = \frac{3492 \cdot 0,015}{2,6 \cdot 10^{-5} \cdot 0,075 \cdot 1 \cdot 3600} \; \frac{kg\ m\ m^2\ h\ Ns^2}{h\ Ns\ m^2 s\ kg\ m}$$
$$= 7460 \cdot 1^{-1}$$

$$\alpha_a = \frac{0,036}{0,015} \cdot 1,11 \cdot 0,482 \cdot [7460 \cdot 1^{-1}]^{0,556} \cdot 0,73^{0,31} \; \frac{W}{mK \cdot m}$$
$$= 165,72 \cdot 1^{-0,556} \; .$$

Für das Innere der Rohre gilt

λ_W = 0,662 W/mK

Pr = 2,53

η_W = 400 $\cdot$ 10^{-6} Ns/m^2

d_i = 0,01 m

A_i = $\frac{\pi}{4}$ d_i^2 $\cdot$ 150 = 1,17 $\cdot$ 10^{-2} m^2

$$Re_i \quad = \frac{\dot{m}_W \cdot d_i}{\eta_W \cdot A_i}$$

$$= \frac{3670 \cdot 0,01}{400 \cdot 10^{-6} \cdot 1,17 \cdot 10^{-2} \cdot 3600} = 2178$$

$$Re^{0,8} = 468,21$$

$$\alpha_i \quad = \frac{0,662}{0,01} \; 0,0214 \; (468,21 - 100) \cdot 1,45 \left[1 + (\frac{d_i}{l})^{2/3} \right]$$

$$= 755,94 \left[1 + (\frac{d_i}{l})^{2/3} \right]$$

Für die Wärmedurchgangszahl ergibt sich damit (etwas vereinfacht):

$$k \quad = \frac{1}{\dfrac{1}{\alpha_i} + \dfrac{1}{\alpha_a}}$$

bzw. mit

$$A \quad = \pi \, d_i \cdot l \cdot 150 = 4,71 \; m \cdot l$$

$$kA \quad = \frac{3560 \cdot l + 168 \cdot l^{0,334}}{1 + 4,56 \cdot l^{0,556} + 0,212 \cdot l^{-0,11}}$$

Für die Betriebscharakteristik gilt

$$\Theta = \frac{t_{A1} - t_{A2}}{t_{A1} - t_{W1}} = \frac{120}{243} \approx 0,5 \; .$$

Mit den Werten

$$\dot{C}_A \quad = 3492 \cdot 1,1 \; = 3841 \quad kJ/h \; K$$
$$\dot{C}_W \quad = 3670 \cdot 4,19 = 15377 \; kJ/h \; K$$

und

$$\frac{\dot{C}_A}{\dot{C}_W} \approx 0,25$$

ergibt sich aus Abb. 2-14

$$\frac{kA}{\dot{C}_A} \quad = 0,76$$

bzw.

$$kA = 0,76 \cdot 3841 \frac{kJ}{hK} \cdot \frac{10^3 J}{kJ} \frac{1h}{3600s} \frac{1Ws}{1J}$$

$$= 810 \frac{W}{K}$$

Es ist damit die Gleichung

$$810 = \frac{3560 \cdot 1 + 168 \cdot 1^{0,334}}{1 + 4,56 \cdot 1^{0,556} + 0,212 \cdot 1^{-0,11}}$$

nach 1 aufzulösen. Aus einer grafischen Darstellung folgt mit genügender Genauigkeit

$$1 \approx 1,6 \text{ m} .$$

Beispiel 2-2:

Berechnen Sie

a) die Ablauftemperaturen t_1'', t_2''
b) die übertragene Wärmeleistung

in dem dargestellten Rohrbündelwärmetauscher zur Nutzung des Abwasserstroms 1.

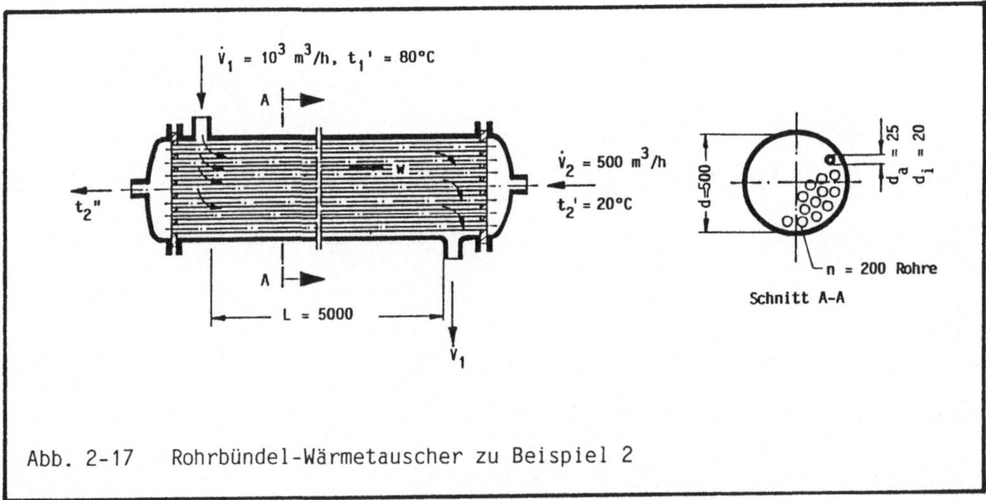

Abb. 2-17   Rohrbündel-Wärmetauscher zu Beispiel 2

Stoffwerte für Wasser, $p = 1$ bar:

bei 20 °C: $\rho = 998,3$ kg/m^3, $c_p = 4182$ J/kgK, $\lambda = 0,604$ W/mK
           $\nu = 1,002 \cdot 10^{-6}$ m^2/s, Pr $= 6,94$

bei 40 °C: $\rho = 992,3$ kg/m^3, $c_p = 4179$ J/kgK, $\lambda = 0,632$ W/mK
           $\nu = 0,6561 \cdot 10^{-6}$ m^2/s, Pr $= 4,3$

bei 80 °C: $\rho = 971,6$ kg/m^3, $c_p = 4197$ J/kgK, $\lambda = 0,67$ W/mK
           $\nu = 0,3613 \cdot 10^{-6}$ m^2/s, Pr $= 2,2$

Für die Stahlrohre gilt $\lambda = 52$ W/mK .

<u>Allgemeine Zusammenhänge</u>

Die mittlere wärmeübertragende Fläche ergibt sich nach Abb. 2-17 aus

$$A_m = \frac{n \cdot \pi \, l \, (d_a - d_i)}{\ln d_a/d_i} \, ,$$

der hydraulische Durchmesser für den Außenraum

$$d_h = \frac{4 \, A_{fr}}{U} = \frac{D^2 - n \cdot d_a^2}{D + n \cdot d_a} \quad ; \; A_{fr} = \text{freie Durchströmfläche} .$$

Mit der Wassergeschwindigkeit

$$c = \frac{\dot{V}}{A_{fr}}$$

bzw. im Außenraum

$$c_1 = \frac{4 \cdot \dot{V}_1}{\pi \, (D^2 - n \cdot d_a^2)}$$

und im Innern der Rohre

$$c_2 = \frac{4 \, \dot{V}_2}{\pi \, d_i^2 \cdot n}$$

ergeben sich die entsprechenden Re-Zahlen. Aus einer der in Tab. 2-3 aufgeführten Nu-Beziehungen erhält man dann die Wärmeübergangszahlen α_i und α_a, bzw.

mit dem Glied für die Wandleitung auch die Wärmedurchgangszahl k entsprechend Gleichung (2-21).

Mit den Wärmekapazitätsströmen $\dot{C}_1 = \dot{m}_1 \cdot c_{p1}$ und $\dot{C}_2$ ergibt sich mit $\dot{C}_1/\dot{C}_2$ und $kA_m/\dot{C}_1$ aus Abb. 2-14 die Wärmetauschercharakteristik Θ , mit den Gleichungen (2-75) und (2-76) folgt für die Ablauftemperaturen

$$t_1'' = t_1' - \Theta \ (t_1' - t_2')$$

und

$$t_2'' = t_2' + \frac{\dot{C}_1}{\dot{C}_2} \ \Theta \ (t_1' - t_2')$$

sowie für den Wärmestrom z.B.

$$\dot{Q} = \dot{m}_1 \ c_{p1} \ (t_1' - t_2'') \ .$$

a) <u>Berechnung der Ablauftemperaturen</u>

Mittlere Wärmeübertragungsfläche

$$A_m = \frac{A_a - A_i}{\ln \frac{A_a}{A_i}} = \frac{n \ \pi \ l \ (d_a - d_i)}{\ln d_a/d_i}$$

$$= \frac{200 \cdot \pi \cdot 5 \ m \ (0,025 - 0,020) \ m}{\ln \frac{0,025}{0,02}} = 70,4 \ m^2,$$

hydraulischer Durchmesser für Außenraum

$$d_h = \frac{D^2 - nd_a^2}{D + nd_a} = \frac{0,5^2 - 200 \cdot 0,025^2}{0,5 + 200 \cdot 0,025}$$

$$= 0,023 \ m \ .$$

Re für Außenraum

$$Re_a = \frac{4 \ \dot{V}_1 \ d_h}{\nu \ \pi \ (D^2 - nd_a^2)} \ ,$$

ν wird für eine geschätzte mittlere Temperatur von 40 °C eingesetzt.

$$Re_a = \frac{4 \cdot 10^3 \ m^3/h \cdot 0,023 \ m}{0,6561 \cdot 10^{-6} \ m^2/s \cdot \ (0,5^2 - 200 \cdot 0,025^2) m^2} \cdot \frac{1h}{3600 \ s}$$

$$Re_a = 9,924 \cdot 10^4 \ .$$

Re für Innenraum

$$Re_i = \frac{4 \cdot \dot{V}_2}{\nu \cdot \pi \cdot d_i \cdot n} = \frac{4 \cdot 500}{0,6561 \cdot 10^{-6} \cdot \pi \cdot 0,02 \cdot 200 \cdot 3600} \ \frac{m^3 h}{h \ m^2/s \ m \ s}$$

$$= 6,74 \cdot 10^4 \ .$$

Für die Nu-Zahl im Außenraum folgt z.B. mit der Beziehung 3 nach Tab. 2-3

$$Nu = 0,024 \left[1 + (\frac{d}{l})^{2/3} \right] \cdot Re^{0,8} \cdot Pr^{1/3}$$

für den Außenraum

$$Nu_a = 0,024 \left[1 + (\frac{0,025}{5})^{2/3} \right] \cdot (9,924 \cdot 10^4)^{0,8} \cdot (4,3)^{1/3}$$
$$= 399$$

bzw. für die zugehörige Wärmeübergangszahl

$$\alpha_a \ = Nu_a \cdot \frac{\lambda}{d_h} = 399 \cdot \frac{0,67 \ W/mK}{0,023 \ m}$$
$$= 11623 \ W/m^2K \ .$$

Für den Innenraum der Rohre gilt entsprechend

$$Nu_i = 0,024 \left[1 + (\frac{0,02}{5})^{2/3} \right] (6,74 \cdot 10^4)^{0,8} \cdot (4,3)^{1/3}$$
$$= 291$$

$$\alpha_i \ = 291 \cdot \frac{0,67}{0,02} \ \frac{W}{m^2K}$$
$$= 9766 \ W/m^2K \ .$$

Für die Wärmeleitung in der Wand gilt

$$\frac{\lambda}{s} = \frac{52 \ W/mK}{0,0025 \ m} = 20800 \ W/m^2K$$

Damit ergibt sich für die Wärmedurchgangszahl

$$\frac{1}{kA_m} = \frac{1}{\alpha_a \cdot A_a} + \frac{1}{\alpha_i \ A_i} + \frac{1}{A_m \ \ \lambda/s}$$

$$\frac{1}{k \ A_m} = \frac{1}{n \cdot \pi \cdot l} \left[\frac{1}{\alpha_a \cdot d_a} + \frac{1}{\alpha_i \ d_i} \right] + \frac{1}{A_m \cdot \ \lambda/s}$$

$$= \frac{1}{200 \cdot \pi \cdot 5 \ m} \left[\frac{1}{11623 \cdot 0,025} + \frac{1}{9766 \cdot 0,02} \right] \frac{m^2K}{W \cdot m} +$$

$$+ \frac{1}{70,4 \ m^2 \cdot 20800} \ \frac{m^2K}{W}$$

$$kA_m = 3,67 \cdot 10^5 \ W/K \ .$$

Für die Wärmekapazitätsströme gilt $\dot{C} = \dot{m} \cdot c_p$

$$\frac{\dot{C}_1}{\dot{C}_2} = 1,95$$

$$\dot{C}_1 = 10^3 \ m^3/h \cdot 971,6 \ kg/m^3 \cdot 4197 \ J/kgK \cdot \frac{1 \ Wh}{3,6 \cdot 10^3 \ J}$$

$$= 1,13 \cdot 10^6 \ W/K$$

$$\frac{kA_m}{\dot{C}_1} = \frac{3,67 \cdot 10^5}{1,13 \cdot 10^6} = 0,325 \ .$$

Aus Abb. 2-14 folgt mit diesen Werten

$$\Theta = 0,23$$

und damit für die Ablauftemperaturen

$$t_2'' = t_2' + \frac{\dot{C}_1}{\dot{C}_2}(t_1' - t_2') \Theta$$

$$= 20 \ °C + 1,95 \ (80 - 20) \ 0,23$$

$$= 47 \ °C$$

$$t_1" = t_1' - (t_1' - t_2')$$
$$= 80 - (80 - 20)\ 0,23$$
$$= 66\ °C\ .$$

Eine Nachiteration bezüglich der temperaturabhängigen Stoffwerte bringt keine wesentliche Veränderung der Ergebnisse.

b) Der übertragene Wärmestrom ist

$$\dot{Q}_1 = \dot{C}_1\ (t_1' - t_2")$$
$$= 1,13 \cdot 10^6\ \frac{W}{K} \cdot 14\ K$$
$$= 15,86\ MW\ .$$

Grundlagen der Strömungslehre

INHALTSVERZEICHNIS

Seite

Die Strömungslehre befaßt sich mit den Gesetzmäßigkeiten strömender Fluide (Gase und Flüssigkeiten). Die Kenntnis der Grundlagen der Strömungslehre ist insbesondere für die Berechnung von Druckverlusten in Rohrleitungen, für die Volumenstrommessung in strömenden Fluiden sowie für das Verständnis der interessantesten Strömungsmaschinen notwendig.

3.1   Grundgleichungen

3.1.1   Kontinuitätsgleichung

Bei einer stationären Strömung eines beliebigen Fluids durch eine quellen- und senkenfreie Rohrleitung ist der Massenstrom $\dot{m}$ an jeder Stelle gleich. Diese Tatsache wird durch die Kontinuitätsgleichung

$$\dot{m} = A \cdot c \cdot \rho = \text{const.} \tag{3-1}$$

mit A = Rohrquerschnittsfläche
    c = Strömungsgeschwindigkeit
    ρ = Dichte des Fluids

beschrieben.

3.1.2   Energiegleichung, Bernoullische Gleichung

Für ein ideales Fluid (ohne Viskosität und damit ohne innere Reibung), das durch ein Rohr strömt, ohne mit der Umgebung Wärme oder Arbeit auszutauschen, geht der 1. Hauptsatz der Thermodynamik für stationäre Fließprozesse über in die Form

$$\int_1^2 v\,dp + \frac{1}{2}\,(c_2^2 - c_1^2) + g\,(z_2 - z_1) = 0$$

In vielen Anwendungsfällen (Strömung von Flüssigkeiten, Strömung von Gasen mit geringen Druckdifferenzen) kann die Druckabhängigkeit des spezifischen Volumens v vernachlässigt werden.

Anstelle des spezifischen Volumens v arbeitet man in der Strömungslehre meist mit der Dichte $\rho = 1/v$. Mit $\rho = \text{const.}$ läßt sich für inkompressible Strömung angeben

$$\frac{p_2 - p_1}{\rho} + \frac{c_2^2 - c_1^2}{2} + g\,(z_2 - z_1) = 0$$

oder

$$\frac{p}{\rho} + \frac{c^2}{2} + g \cdot z = \text{const.} \tag{3-2}$$

Die Bernoullische Gleichung ist eine spezielle Formulierung des Energieerhaltungssatzes und läßt sich anhand von Abb. 3-1 veranschaulichen. Aus der Kontinuitätsgleichung folgt, daß bei einer Querschnittsverminderung die Strömungsgeschwindigkeit des Fluids steigen muß, was nach der Bernoullischen Gleichung zum Sinken des Druckes führt.

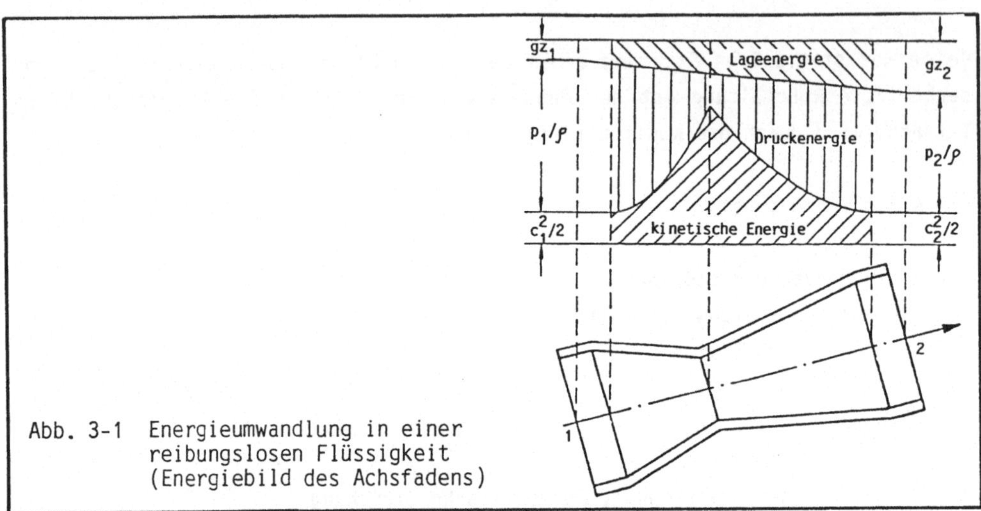

Abb. 3-1 Energieumwandlung in einer reibungslosen Flüssigkeit (Energiebild des Achsfadens)

3.1.2.1 Statischer und dynamischer Druck

Erweitert man die Bernoullische Gleichung mit der Dichte ρ , so ergibt sich

$$p + \rho \cdot \frac{c^2}{2} + \rho \cdot g \cdot z = \text{const.} \tag{3-3}$$

In dieser Gleichung stellen alle Glieder Drücke dar. Der Term $\rho\, c^2/2$ wird dynamischer Druck genannt; zur besseren Unterscheidung heißt p statischer Druck. Abb. 3-2 soll den Unterschied zwischen den verschiedenen Drücken verdeutlichen.

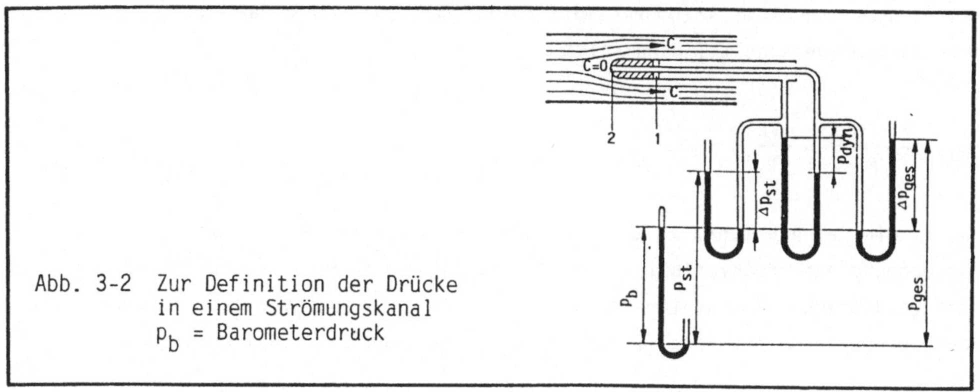

Abb. 3-2   Zur Definition der Drücke
           in einem Strömungskanal
           p_b = Barometerdruck

Setzt man die Bernoullische Gleichung zwischen den Querschnitten 1 und 2 an, so ergibt sich wegen

$$z_2 = z_1 \text{ und } c_2 = 0$$

$$p_2 = \frac{\rho}{2} \cdot c_1^2 + p_1,$$

d. h. der Druck im Staupunkt 2 (Staudruck oder Gesamtdruck) ist gleich der Summe aus statischem und dynamischem Druck im Querschnitt 1. Der Zusammenhang zwischen statischem Druck, dynamischem Druck und Gesamtdruck kann mit Hilfe eines Prandtlschen Staurohrs zur experimentellen Bestimmung der Strömungsgeschwindigkeit eines Fluids genutzt werden. Dabei werden statischer Druck p_{st} und p_{ges} gemessen und daraus die Strömungsgeschwindigkeit c nach der Beziehung

$$c = \sqrt{\frac{2}{\rho}} \, (p_{ges} - p_{st}) \qquad\qquad (3-4)$$

ermittelt.

3.1.2.2   Energiegleichung für reale Fluide

Reale Fluide haben eine bestimmte Viskosität und damit auch innere Reibung. Setzt man dafür den 1. Hauptsatz der Thermodynamik für offene Systeme ohne Wärme- und Arbeitsaustausch an, so ergibt sich

$$\int_1^2 vdp + \frac{1}{2}(c_2^2 - c_1^2) + g(z_2 - z_1) + w_R = 0.$$

Betrachtet man eine inkompressible Flüssigkeit in einem horizontalen Rohr mit konstantem Querschnitt, dann folgt

$$w_R = \frac{p_1 - p_2}{\rho} = \frac{\Delta p}{\rho} \; , \qquad (3-5)$$

d. h. die Reibung führt zu einem bleibenden Druckabfall Δp (Druckverlust). Die Berechnung des Druckverlustes Δp ist wichtig, da Pumpen bzw. Ventilatoren neben dem geodätischen Höhenunterschied Δz und etwaigen angestrebten Druckdifferenzen auch diese Druckdifferenz liefern und entsprechend ausgelegt werden müssen.

3.1.3 Impulssatz

Der Impulssatz dient der Ermittlung von Strömungskräften, die infolge von Geschwindigkeitsänderungen auf durchströmte oder umströmte Körper ausgeübt werden. Die Geschwindigkeitsänderungen können Betrag, Richtung oder beides betreffen. Dabei genügt es, die Strömungsverhältnisse am Eintritt und Austritt des zu untersuchenden Strömungsraumes zu kennen.

Der Impuls ist $\quad \vec{I} = m \cdot \vec{c}$ $\qquad (3-6)$

Mit dem Newtonschen Grundgesetz ergibt sich auch

$$\sum \frac{d\vec{I}}{dt} = \sum \vec{F} \qquad (3-7)$$

d. h. die zeitliche Änderung des Impulses einer Masse ist gleich der Vektorsumme aller an ihr angreifenden äußeren Kräfte (im allgemeinen Druckkräfte und Gewichtskräfte).

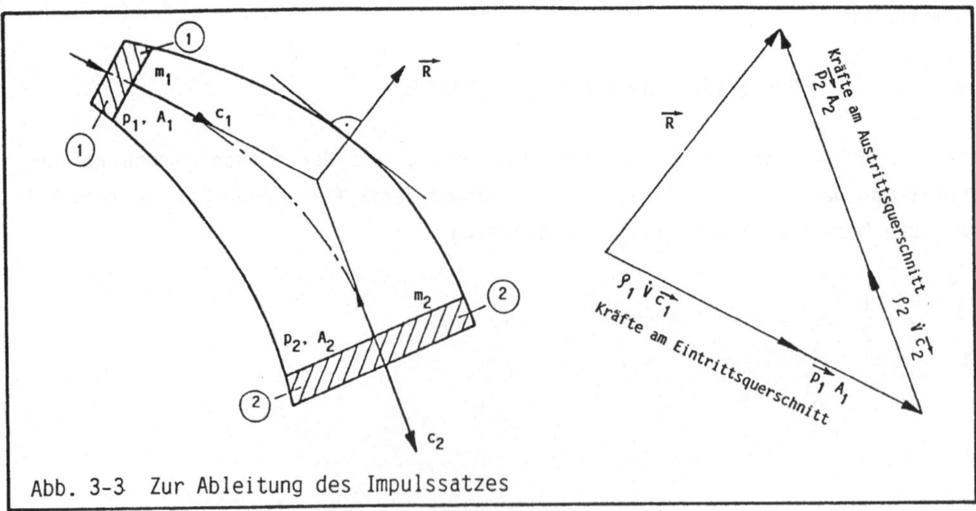

Abb. 3-3   Zur Ableitung des Impulssatzes

An der Kontrollfläche (1) wirken die Kräfte

infolge Druck: $\vec{F}_p(1) = \overrightarrow{p_1\ A_1}$

infolge Impuls: $\vec{F}_I(1) = \vec{c}_1 \cdot m_1 = \rho_1 \cdot \dot{V} \cdot \vec{c}_1 = \rho_1\ A_1\ \vec{c}_1^{\,2}$

An der Kontrollfläche (2) wirken die analogen Kräfte, wobei die Masse den Kontrollraum verläßt und daher das Vorzeichen bedacht werden muß:

Druckkraft: $\vec{F}_p(2) = -\ \overrightarrow{p_2\ A_2}$

Impulskraft: $\vec{F}_I(2) = -\ \vec{c}_2\ m_2 = -\ \rho_2\ \dot{V}\ \vec{c}_2 = -\ \rho_2\ A_2\ \vec{c}_2^{\,2}$

An der Wand liegt keine Impulskraft vor, da es keinen Massentransport gibt. Dagegen tritt senkrecht zur Begrenzungswand eine Druckkraft auf. Die resultierende Kraft ist damit

$$\vec{R} = \sum \vec{F}_I + \sum \vec{F}_p \tag{3-8}$$

entsprechend Abb. 3-3. $\vec{R}$ ist die Reaktionskraft, die durch Umlenkung der Flüssigkeit auf die Stromröhrenwandung ausgeübt wird.

3.1.4 Drallsatz

Aus dem Grundgesetz von Newton ergibt sich für das Drehmoment, das ein Teilchen der Masse m mit der Umlaufkomponente der Geschwindigkeit c_u (senkrecht zu r) um einen Drehpunkt ausübt

$$M = m \cdot r\ \frac{dc_u}{dt} \cdot$$

Mit der theoretischen Leistung

$$P_{th} = M \cdot \omega$$

und der Umfangsgeschwindigkeit $u = \omega \cdot r$ ergibt sich auch

$$P_{th} = m \cdot u\ \frac{dc_u}{dt}$$

$$= \dot{m} \int u\ dc_u \tag{3-9}$$

Die sog. Eulersche Hauptgleichung der Strömungsmaschinen ist

$$Y_{th} = \frac{P_{th}}{\dot{m}} = \int u \, dc_u \qquad\qquad (3-10)$$

3.2 Ermittlung von Druckverlusten

Die Druckverluste sind näherungsweise proportional dem dynamischen Druck $\rho c^2/2$. Bei der Ermittlung des Proportionalitätsfaktors behandelt man gerade Rohrleitungen und Einzelwiderstände (Krümmer, Ventile, Verzweigungen) unterschiedlich.

3.2.1 Druckverluste in geraden Rohrleitungen

Für eine horizontale, gerade Rohrleitung der Länge l mit dem Durchmesser d errechnet sich der Druckabfall nach der empirischen Beziehung

$$\Delta p = p_1 - p_2 = \lambda \cdot \frac{l}{d} \cdot \rho \cdot \frac{c^2}{2} \,.$$

Neben dem Druckabfall wird insbesondere in der Heiz- und Klimatechnik häufig mit dem Druckgefälle

$$\frac{\Delta p}{l} = \lambda \cdot \frac{1}{d} \cdot \rho \cdot \frac{c^2}{2} \qquad\qquad (3-11)$$

gearbeitet, das dem Druckabfall für 1 m Rohrleitung entspricht.

Hierin ist λ der dimensionslose Rohrreibungsbeiwert. λ ist vom Strömungszustand und von der Rohrbeschaffenheit abhängig. Der Strömungszustand wird durch die Reynoldszahl beschrieben:

$$Re = \frac{d \cdot c}{\nu} \,.$$

Für den Fall, daß der Rohrquerschnitt nicht kreisförmig ist, muß statt des Durchmessers d ein gleichwertiger Durchmesser d_h, der hydraulische Durchmesser, eingesetzt werden, der sich mit der Querschnittsfläche A und dem Rohrumfang U nach der Gleichung

$$d_h = \frac{4A}{U} \qquad\qquad (3-12)$$

208

berechnet. Für Rechteckquerschnitte mit den Seitenlängen a und b ergibt sich zum
Beispiel

$$d_h = \frac{2 \cdot a \cdot b}{a + b} \; .$$

Der Umschlagspunkt zwischen laminarer und turbulenter Rohrströmung liegt bei der
kritischen Reynolds-Zahl Re_{krit} = 2320. Bei Re < Re_{krit} ist die Strömung laminar; bei Re > Re_{krit} ist zwar unter Umständen noch eine laminare Strömung möglich, geringe Störungen führen aber bereits zu einem Umschlag zu turbulenter
Strömung. Bei Re > 3000 kann für technische Rohrleitungen immer von turbulenter
Strömung ausgegangen werden (s. auch Kap. 2.3.3).

Bei laminarer Strömung ist der Rohrreibungswert λ nur von der Reynolds-Zahl
abhängig. Im Falle turbulenter Strömung ist dagegen auch die Beschaffenheit der
inneren Rohroberfläche, beschrieben durch die relative Rauhigkeit ϵ/d, von
Einfluß auf λ. ϵ ist die absolute Rauhigkeit und wird in mm angegeben. Innerhalb der turbulenten Strömung muß noch zwischen den Strömungszuständen "hydraulisch glatt", "hydraulisch rauh" und einem "Übergangsbereich" unterschieden
werden, da sich die Rauhigkeiten je nach Beschaffenheit des Rohres und Art der
Strömung unterschiedlich stark auswirken. Die Gleichungen, nach denen λ für die
verschiedenen Bereiche berechnet werden kann, zeigt Tabelle 3-1; da die Gleichungen jedoch teilweise schwierig auszuwerten sind und zunächst festzulegen
ist, welche Gleichung im konkreten Fall überhaupt anzuwenden ist, verwendet man
meist ein Diagramm /Abb.3-4/, dessen Genauigkeit im allgemeinen ausreicht.

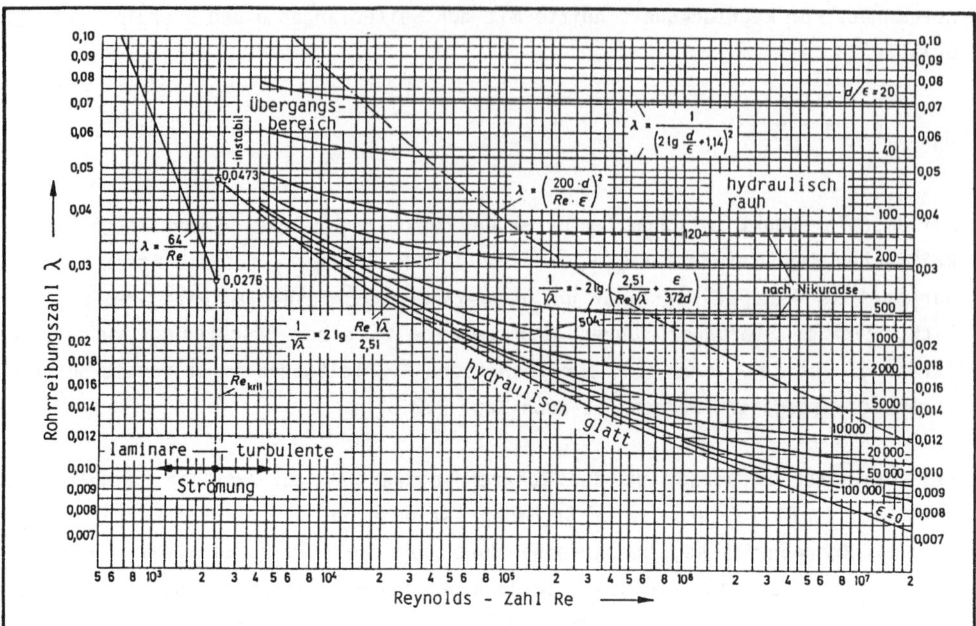

Abb. 3-4 Der Rohrreibungswert λ in Abhängigkeit von der Reynolds-Zahl und der relativen Rauhigkeit ϵ/d

Strömung	Rohreigenschaften	Rohrreibungsbeiwert
laminar	glatt, rauh	$\lambda = \dfrac{64}{Re}$
turbulent	glatt (Prandtl, v. Kármán)	$\dfrac{1}{\sqrt{\lambda}} = 2\lg\left(Re\sqrt{\lambda}\right) - 0{,}8$
	rauh (Nikuradse)	$\lambda = \dfrac{1}{\left(1{,}14 + 2\lg\frac{\epsilon}{d}\right)^2}$
	Übergangsbereich (glatt, rauh) (Colebrook, White)	$\dfrac{1}{\sqrt{\lambda}} = -2\lg\left[\dfrac{2{,}51}{Re\sqrt{\lambda}} + \dfrac{\frac{\epsilon}{d}}{3{,}72}\right]$

Tab. 3-1 Zur Berechnung von λ für die verschiedenen Strömungs- und Rohrzustände

3.2.2 Druckverluste in Einzelwiderständen

Die Druckverluste in Einzelwiderständen (Ventile, Querschnittserweiterungen, Querschnittsverengungen, Krümmer, Rohrverzweigungen) sind ebenfalls dem dynamischen Druck des strömenden Mediums proportional. Mit dem Widerstandsbeiwert ζ lautet der Ansatz

$$\Delta p = \zeta \cdot \rho \cdot \frac{c^2}{2} \; . \tag{3-13}$$

Die Widerstandsbeiwerte sind für verschiedene wichtige Einzelwiderstände tabelliert. In den Fällen, in denen vor und hinter dem Einzelwiderstand unterschiedliche Strömungsgeschwindigkeiten auftreten (z.B. Querschnittserweiterungen und -verengungen), ist darauf zu achten, daß der Widerstandsbeiwert auf den Querschnitt vor oder nach dem Einzelwiderstand bezogen werden kann. Bei Einzelwiderständen, bei denen die Strömung umgelenkt wird (Krümmer), setzt sich der Druckverlust zusammen aus dem Druckverlust infolge der Rohrreibung und dem Druckverlust durch Umlenkung, d. h. der ζ-Wert ergibt sich zu

$$\zeta_K = \lambda \cdot \frac{l}{d} + \zeta_u \; . \tag{3-14}$$

Dabei ist l die Länge des Krümmers, d.h. der Weg, den das Fluid bei der Strömung durch den Krümmer zurücklegt.

Bei der Berechnung der Druckverluste für Rohrverzweigungen ist darauf zu achten, daß sich für Stromtrennung und Stromvereinigung unterschiedliche ζ-Werte ergeben.

Schaltet man mehrere Einzelwiderstände hintereinander, so ergibt sich analog zur Elektrotechnik der Gesamtwiderstand aus der Summe der Einzelwiderstände:

$$R_{ges} = R_1 + R_2 + \ldots \tag{3-15}$$

Bei Parallelschaltung von Einzelwiderständen ermittelt man den Gesamtwiderstand nach der Beziehung

$$\frac{1}{R_{ges}} = \frac{1}{R_1} + \frac{1}{R_2} + \ldots \tag{3-16}$$

3.3 Strömungsmaschinen

In Strömungsmaschinen wird die Energie eines kontinuierlich strömenden Arbeitsmediums in einem mit gekrümmten Schaufeln besetzten, gleichförmig umlaufenden
Rotor gewandelt.

Es werden Strömungskraftmaschinen (Turbinen) und Strömungsarbeitsmaschinen (Pumpen, Verdichter) unterschieden.

3.3.1 Arbeit und Leistung einer Strömungsmaschine

Die theoretische spezifische Förderarbeit (auch spezifische Stutzenarbeit) Y_{th}
ergibt sich aus dem Energiesatz mit der spezifische Energiedifferenz zwischen
Austritts- und Eintrittsstutzen

$$Y_{th} = \Delta e = \frac{\Delta p}{\rho} + \frac{c_a^2 - c_e^2}{2} + g\,\Delta z\,. \tag{3-17}$$

Daraus folgt als Leistung der Maschine ohne Berücksichtigung des Wirkungsgrades

$$P_{th} = \dot{m} \cdot Y_{th}\,. \tag{3-18}$$

Y_{th} ergibt sich auch nach dem Drallsatz, Gleichung (3-10).

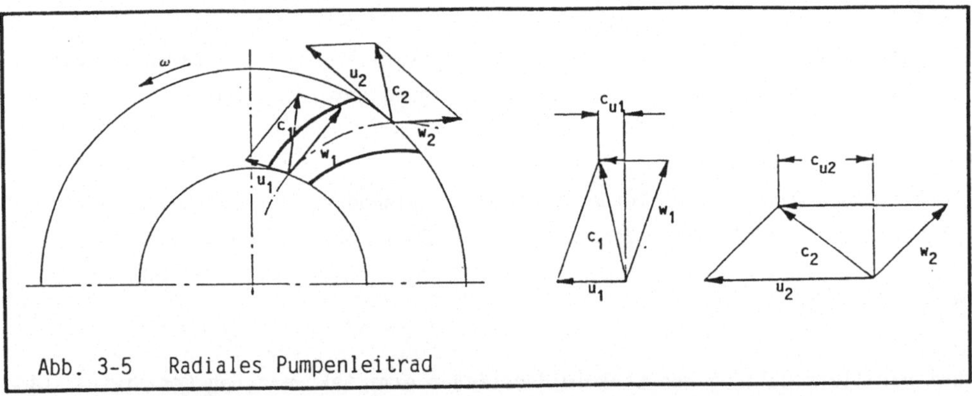

Abb. 3-5   Radiales Pumpenleitrad

So gilt für das Laufrad einer Pumpe, daß die absolute Strömungsgeschwindigkeit $\vec{c}$
die Summe aus Relativgeschwindigkeit $\vec{w}$ und Umfanggeschwindigkeit $\vec{u}$ ist

$$\vec{c} = \vec{w} + \vec{u};\quad |\vec{u}| = r \cdot \omega$$

ω = Winkelgeschwindigkeit .

Mit der Eulerschen Turbinenhauptgleichung, Gleichung (3-10), für die Pumpe ergeben sich:

Drehmoment: $M = \rho \cdot \dot{V} (c_{u2} \, r_2 - c_{u2} \, r_1)$ (3-19)

Leistung: $P_{th} = M \cdot \omega = \dot{m} \, Y_{th}$ (3-20)

$$Y_{th} = \omega(c_{u2} \, r_2 - c_{u1} \, r_1)$$
$$= c_{u2} \cdot u_2 - c_{u1} \cdot u_1 \,. \qquad (3\text{-}21)$$

Bei drallfreier Eintrittsströmung ist $c_{u1} = 0$ und $Y_{th} = c_{u2} \, u_2$.

Die tatsächlich erzeugte spezifische Stutzenarbeit enthält Verluste:

$$Y = Y_{th} \cdot \eta_i \cdot \mu \qquad (3\text{-}22)$$

η_i = innerer Wirkungsgrad; Reibungsverluste, Stoßverluste
μ = Minderleistungsfaktor; endliche Schaufelzahl

3.3.2   Kennlinien von Strömungsmaschinen und -apparaten
3.3.2.1   Rohrleitungskennlinien

Die Rohrleitungskennlinie gibt den Zusammenhang zwischen der erforderlichen spezifischen Stutzenarbeit Y und dem durch die Anlage zu fördernden Volumen- bzw. Massenstrom an.

Aus der verlustbehafteten Energiegleichung (Bernoulli) ergibt sich

$$Y_A = Y_{st} + Y_{dyn} \,. \qquad (3\text{-}23)$$

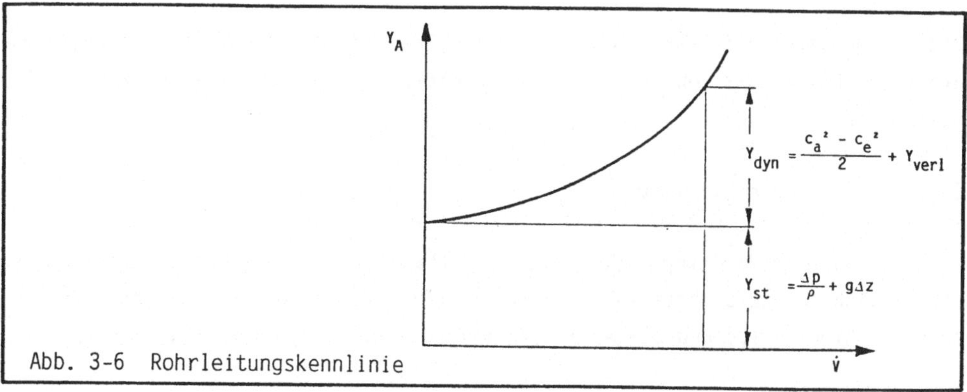

Abb. 3-6 Rohrleitungskennlinie

Dabei ist entsprechend der Ansätze nach Kap. 3.2

$$Y_{Verl} = (\lambda \frac{1}{d} + \sum \xi) \frac{c^2}{2} = (\lambda \frac{1}{d} + \sum \xi) \cdot \frac{8}{d^4 \cdot \pi^2} \cdot \dot{V}^2 \qquad (3-24)$$

$$= const. \cdot \dot{V}^2 \ .$$

3.3.2.2   Kennlinie von Pumpen

An der Pumpe gilt ebenfalls ein experimentell zu ermittelnder Zusammenhang der
Form:

$$Y_p = f (\dot{V}) \ .$$

Die Kennlinie weicht infolge der Verluste erheblich vom theoretischen Verhalten
ab.

Man unterscheidet stabile und instabile Kennlinien.

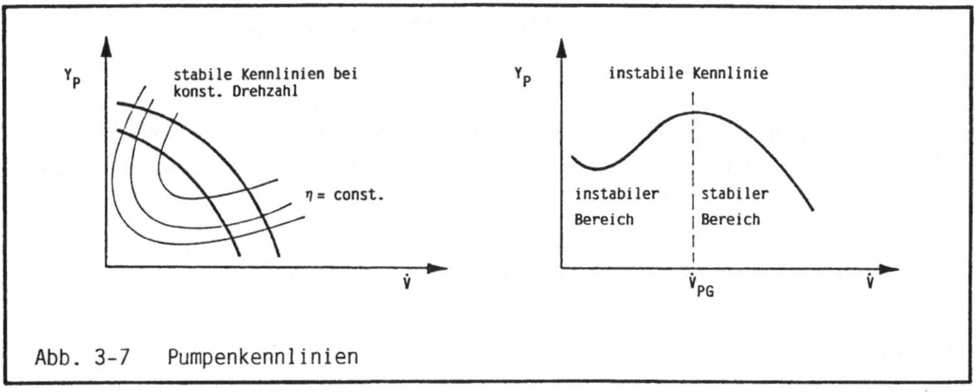

Abb. 3-7   Pumpenkennlinien

Die Strömungsmaschine kann nur auf dem stabilen Ast der Kennlinie ordnungsgemäß
arbeiten. Bei Werten von $\dot{V} < \dot{V}_{PG}$ (Pumpgrenze) ergibt sich eine pulsierende Ar-
beitsweise.

3.3.2.3   Betriebspunkte

Läßt man eine Kreiselpumpe oder einen Ventilator in einem Rohrnetz arbeiten, so
stellt sich der geförderte Volumenstrom $\dot{V}_B$ entsprechend den Kennlinien der Strömungsmaschine $Y_P (\dot{V})$ und der Anlage $Y_A (\dot{V})$ so ein, daß gilt $Y_p (\dot{V}) = Y_A (\dot{V})$.

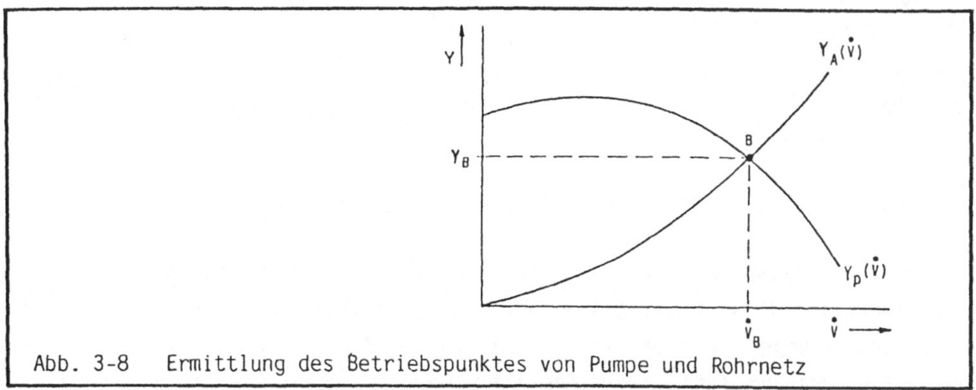

Abb. 3-8   Ermittlung des Betriebspunktes von Pumpe und Rohrnetz

Will man diesen Volumenstrom verändern, so muß man entweder die Anlagenkennlinie oder die Kennlinie der Strömungsmaschine variieren.

Die Anlagenkennlinie kann durch Öffnen oder Schließen eines Drosselorgans (Ventil, Schieber) im Rohrnetz verändert werden. Dabei ergibt sich z.B. eine Reduktion des Förderstroms und eine Druckerhöhung ($Y \sim p$). Außerdem ändert sich der Pumpenwirkungsgrad.

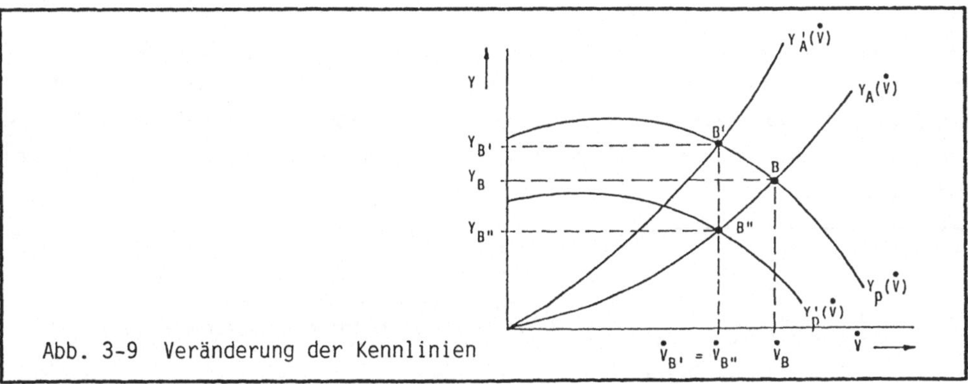

Abb. 3-9   Veränderung der Kennlinien

Bei unveränderter Rohrnetzkennlinie kann der Betriebspunkt auch durch eine Veränderung der Pumpenkennlinie, z.B. durch Drehzahlveränderung, variiert werden.

Aus den Geschwindigkeitsdreiecken kann man mit Hilfe der theoretischen Hauptgleichung die folgenden Ähnlichkeitsgesetze herleiten: Sind bei einer Drehzahl n_0 der Volumenstrom $\dot{V}_0$, die spezifische Förderarbeit Y_0 und die aufgenommene Leistung P_0, dann ergeben sich für eine beliebige Drehzahl n für Volumenstrom $\dot{V}$, spezifische Förderarbeit Y und aufgenommene Leistung P bei sonst konstanten Verhältnissen die folgenden Beziehungen:

$$\frac{\dot{V}}{\dot{V}_0} = \frac{n}{n_0} \quad ,$$

$$\frac{Y}{Y_0} = \left(\frac{n}{n_0}\right)^2 \quad , \qquad\qquad\qquad (3\text{-}25)$$

$$\frac{P}{P_0} = \left(\frac{n}{n_0}\right)^3 .$$

In Abb. 3-9 ist zu erkennen, daß eine Anpassung von $\dot{V}$ durch Drehzahlveränderung vorteilhaft ist (B"), zumal bei einer Anlagenkennlinie ohne statischen Anteil der Pumpenwirkungsgrad annähernd konstant bleibt. Antriebsmotoren für stufenlose Drehzahlveränderung sind allerdings sehr teuer. Stufenweise Drehzahlvariation (polumschaltbare Motoren) kombiniert mit der Drosselung zur Feineinstellung ist daher gebräuchlicher.

3.3.2.4 Zusammenschaltung mehrerer Pumpen

Der Volumenstrom durch ein Rohrnetz kann auch durch die Kombination von zwei oder mehreren Kreiselpumpen (Ventilatoren) gesteigert werden. Dabei sind Reihen- und Parallelschaltung zu unterscheiden.

Bei der Reihenschaltung werden die Pumpen nacheinander vom gleichen Volumenstrom durchströmt und übertragen dabei jeweils entsprechend ihrer Kennlinie Arbeit auf das Fluid. Die Gesamtkennlinie ergibt sich also dadurch, daß bei jedem Förderstrom $\dot{V}$ die spezifischen Arbeiten Y $(\dot{V})$ der hintereinandergeschalteten Pumpen addiert werden.

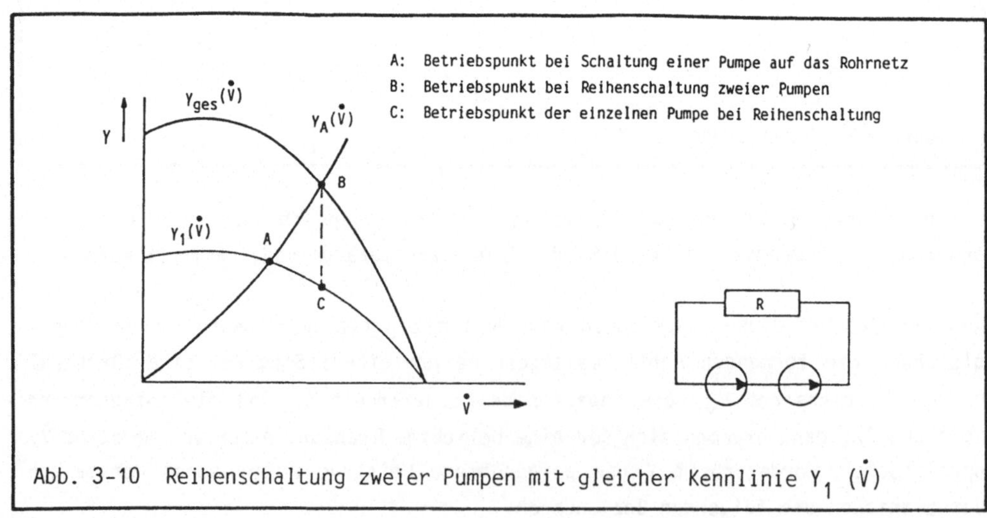

Abb. 3-10 Reihenschaltung zweier Pumpen mit gleicher Kennlinie Y_1 $(\dot{V})$

Bei der Parallelschaltung werden die Pumpen jeweils von einem Teil des Gesamt-
förderstroms durchströmt und übertragen alle die gleiche spezifische Förderarbeit auf das Fluid. Die Gesamtkennlinie ergibt sich daher dadurch, daß für jeden
Wert von Y die zugehörigen Volumenströme der parallelgeschalteten Pumpen addiert
werden.

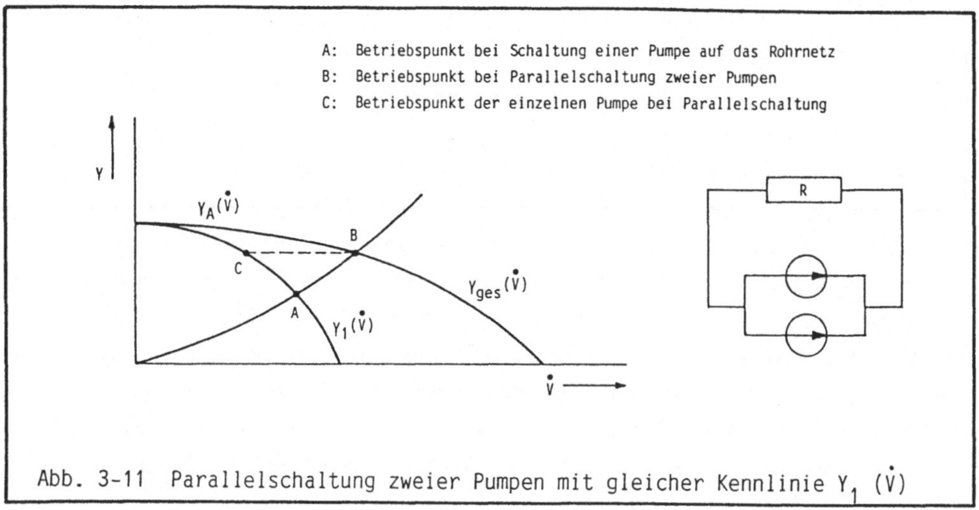

Abb. 3-11   Parallelschaltung zweier Pumpen mit gleicher Kennlinie Y_1 $(\dot{V})$

Auch bei Reihen- und Parallelschaltung ist zu beachten, daß sich der Wirkungsgrad der Pumpen (Ventilatoren) verschlechtert, wenn die Einzelpumpe vor der
Zuschaltung der zweiten Pumpe im Wirkungsoptimum gearbeitet hat.

3.3.3   Probleme beim Betrieb von Strömungsmaschinen

Die wichtigsten Probleme, die beim Betrieb von Strömungsmaschinen auftreten
können, sind das "Pumpen" bei Ventilatoren und die "Kavitation" bei Kreiselpumpen.

Unter "Pumpen" versteht man den Vorgang, daß der Ventilator entgegen der Förder-
richtung durchströmt wird, weil der Druck auf der Druckseite größer ist als der
Druck, den der Ventilator liefern kann. Dieses Problem kann nur im Bereich
$\dot{V} < \dot{V}_{PG}$ auftreten. Man sollte daher darauf achten, daß die Betriebspunkte jeweils
rechts von der Pumpgrenze $(\dot{V} > \dot{V}_{PG})$ liegen.

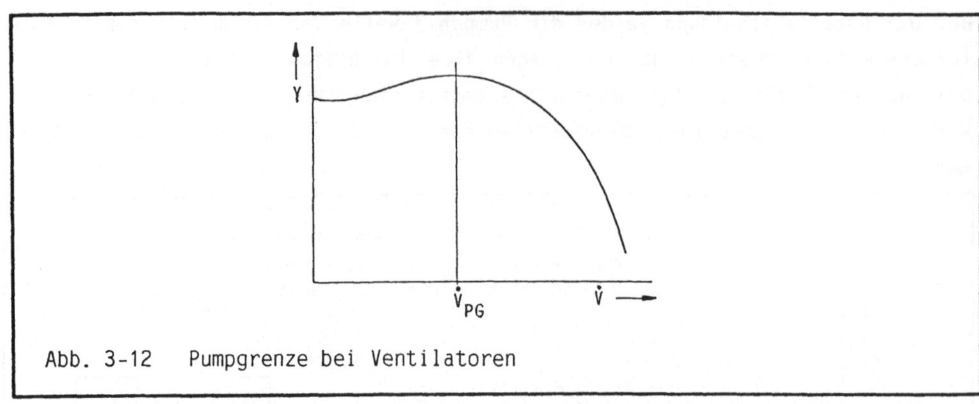

Abb. 3-12   Pumpgrenze bei Ventilatoren

Kavitation kann auf der Saugseite von Kreiselpumpen auftreten. Dabei bilden sich in der Flüssigkeit Dampfblasen, die bei Druckerhöhung in sich zusammenfallen, was zu Druckspitzen und auf Dauer zu einer Beschädigung der Pumpe führt. Kavitation tritt insbesondere bei warmen Flüssigkeiten sowie bei langen Saugleitungen oder großen Saughöhen auf. Gegenmaßnahmen sind Vergrößerung des Leitungsquerschnitts, Verlegung der Pumpe auf ein Niveau unterhalb des Saugbehälters sowie Einsatz einer Pumpe mit geringeren Druckverlusten auf der Saugseite.

Übungsaufgaben
zu den Grundlagen der Strömungslehre

Übungsaufgaben zu den Grundlagen der Strömungslehre

<u>Beispiel 3-1:</u>

Gegeben sei ein Lufterhitzer mit Gebläse im kalten Strang entsprechend Abb. 3-1.

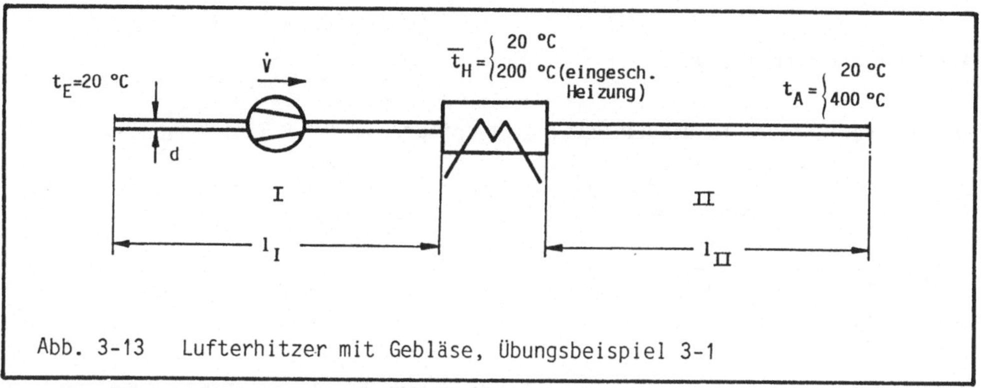

Abb. 3-13   Lufterhitzer mit Gebläse, Übungsbeispiel 3-1

Für das Gebläse gilt die Kennlinie

$$H = H_0 \left(1 - \frac{\dot{V}^2}{\dot{V}_0^2}\right) = 600\ m \left(1 - \frac{\dot{V}^2}{10^2\ m^6/s^2}\right)$$

Folgende Daten sind vorgegeben

$l_I = l_{II} = 50\ m$

$d\ \ = 800\ mm$

$p \approx 1\ bar = const.$

Einlaufverluste $\zeta_E = 0,5$

Austrittsverluste $\zeta_A = 1$

Formteile $\zeta_I = 2$; $\zeta_{II} = 3$

Lufterhitzer $\zeta_H = 10$

Gebläsewirkungsgrad $\eta = 0,75$

Für die kinematische Viskosität und die Dichte der Luft sind anzusetzen:

bei t = 20 °C : $\nu = 15 \cdot 10^{-6}\ m^2/s$; $\rho = 1,2\ kg/m^3$

bei t = 400 °C : $\nu = 63 \cdot 10^{-6}\ m^2/s$.

Zur Berechnung des Reibungsdruckverlustes gilt als relative Rauhigkeit

$\epsilon/d = 0,2/800 = 2,5 \cdot 10^{-4}$.

Man bestimme:

a) den Betriebspunkt der Anlage bei eingeschalteter und bei ausgeschalteter Heizung
b) den Leistungsbedarf des Gebläses in beiden Fällen

Lösung:

Allgemeine Zusammenhänge:

Für die Verlusthöhe (Druckverluste) gilt entsprechend der Gleichung (3-11, 3-14)

$$\frac{\Delta p}{g \cdot \rho} = \Delta H = \sum R_j \frac{\dot{V}_j^2}{2gA^2_j}$$

$$R_j = \sum (\zeta_i + \lambda_i \frac{l_i}{d})$$

$$\lambda_i = f(Re_i , \epsilon_i/d_i) \quad .$$

Liegen in den Abschnitten der Rohrleitung unterschiedliche Temperaturen vor, so ist entsprechend der Zustandsgleichung für ideale Gase

$$p \cdot v = R T \quad ; \quad p \cdot V = m R T$$

bzw. bei näherungsweise isobarem Verhalten für die Volumenströme $\dot{V}$

$$\frac{\dot{V}_1}{\dot{V}_2} = \frac{T_1}{T_2}$$

ansetzen.

Für die in der Abb. 3-13 dargestellte Anlage mit eingeschalteter Heizung gilt dann:

$$\Delta H = \frac{\dot{V}_E^2}{2g\,A^2} \left[(\zeta_I + \lambda_I \frac{l_I}{d}) + \zeta_H (\frac{\overline{T_H}}{T_E})^2 + (\zeta_{II} + \lambda_{II} \frac{l_{II}}{d}) (\frac{T_A}{T_E})^2 + \zeta_A + \zeta_E \right]$$

bzw.

$$\Delta H = \frac{\dot{V}_E^2}{4,957 \text{ m}^5/s^2} \left[3,5 + 62,5 \cdot \lambda_I + 62,5 \cdot \lambda_{II} (\frac{T_A}{293})^2 + 10 (\frac{\overline{T_H}}{293})^2 + 3 (\frac{T_A}{293})^2 \right]$$

$$\Delta H = a \cdot \dot{V}_E^2 \quad ; \quad [\Delta H] = m \quad ; \quad [\dot{V}_E] = m^3/s$$

Der Schnittpunkt der Funktion ΔH mit der Gebläsekennlinie liefert den Volumenstrom im Betriebspunkt

$$\dot{V}_E = \dot{V}_O \sqrt{\frac{H_O}{a \cdot \dot{V}_O^2 + H_O}}$$

Die zugehörige Gebläseleistung ist

$$P = \frac{\dot{V}_E \cdot \rho \cdot g \, \Delta H}{\eta} = \frac{a \, \rho \, g}{\eta} \cdot \dot{V}_E^3 \; .$$

a) Betriebspunkt bei abgeschalteter Heizung

Es gelten

$$T_A = T_E = T_H = 293 \; K$$

$$\lambda_I = \lambda_{II}$$

also

$$\Delta H = \frac{\dot{V}_E^2}{4{,}957 \; m^5/s^2} \; [16{,}5 + 125 \cdot \lambda] \; .$$

λ ist über Re eine Funktion von $\dot{V}_E$. Mit $T = 293 \; K = $ const. und dem zugehörigen ν ergibt sich

$$Re = \frac{cd}{\nu} = \frac{\dot{V} \cdot d}{A \cdot \nu} = \frac{\dot{V} \cdot 4}{\pi \, d \cdot \nu} = 0{,}11 \cdot 10^6 \cdot \dot{V} \; ; \; [\dot{V}] = m^3/s \; .$$

Für eine erste Näherung läßt sich mit $d/\epsilon = 4000$ aus Abb. 3-4 ablesen

$$\dot{V} = 2 \; m^3/s \; : \; Re = 2{,}2 \cdot 10^5 \; ; \; \lambda = 0{,}018$$

$$\dot{V} = 10 \; m^3/s \; : \; Re = 11 \cdot 10^5 \; ; \; \lambda = 0{,}014 \; .$$

Da der Einfluß von λ nur von untergeordneter Bedeutung ist, wird zunächst mit dem Mittelwert $\lambda = 0{,}016$ gerechnet.

Es ergibt sich dann

$$\Delta H = 3{,}73 \, \frac{s^2}{m^5} \cdot \dot{V}_E^2$$

bzw. nach Gleichsetzen mit der Gebläsekennlinie

$$\dot{V}_E = \dot{V}_o \sqrt{\frac{H_o}{3,73 \cdot \dot{V}_o^2 + H_o}}$$

$$\dot{V}_E = 7,85 \ m^3/s \ .$$

Mit diesem Ergebnis wird der Wert für λ überprüft:

$$\dot{V} = 7,85 \ m^3/s \ : \quad Re = 8,63 \cdot 10^5 \ , \quad \lambda = 0,015 \ .$$

Die Genauigkeit der Ergebnisse ist ausreichend.

Die Gebläseleistung ist damit

$$P = \frac{a \ \rho \ g}{\eta} \ \dot{V}_E^3$$

$$P = \frac{3,73 \ s^2/m^5 \cdot 1,2 \ kg/m^3 \cdot 9,81 \ m/s^2}{0,75} \cdot 7,85^3 \ m^9/s^3$$

$$P = 27,56 \cdot 10^3 \ Nm/s$$
$$P = 27,56 \ kW \ .$$

b) Betriebspunkt bei eingeschalteter Heizung

Hier gelten

$$T_A = 673 \ K \quad , \ T_H = 473 \ K \quad , \lambda_I = 0,016 \ .$$

Zur Bestimmung von λ_{II} benötigt man Re im heißen Strang.
Mit $\quad \nu_{II} = 63 \cdot 10^{-6} \ m^2/s$

$$\dot{V}_{II} = \dot{V}_I \ \frac{T_{II}}{T_I}$$

folgt

$$Re_{II} = \frac{\dot{V}_I \cdot d \cdot T_{II}}{A \cdot \nu_{II} \cdot T_I} = 0,6 \cdot 10^5 \cdot \dot{V}_I \ .$$

Für eine erste Näherung wird $\dot{V}_I = \dot{V}_E$ bei ausgeschalteter Heizung gesetzt

$Re_{II} = 4,6 \cdot 10^5$.

Aus Abb. 3-4 folgt mit $d/\epsilon = 4000$

$\lambda_{II} \approx 0,015$.

Damit ist

$$\Delta H = \frac{\dot{V}^2}{4,957 \text{ m}^5/\text{s}^2} \left[3,5 + 62,5 \cdot 0,016 + 62,5 \cdot 0,015 \left(\frac{673}{293}\right)^2 + 10 \left(\frac{473}{293}\right)^2 + 3 \left(\frac{673}{293}\right)^2 \right]$$

$\Delta H = 10,36 \text{ s}^2/\text{m}^5 \cdot \dot{V}_E^2 = a \cdot \dot{V}_E^2$.

Nach Gleichsetzen mit der Gebläsekennlinie erhält man jetzt

$$\dot{V}_E = \dot{V}_0 \sqrt{\frac{600}{11,92 \cdot 10^2 + 600}}$$

$\dot{V}_E = 6,06 \text{ m}^3/\text{s}$

bzw. die Gebläseleistung

$$P = \frac{10,36 \cdot 1,2 \cdot 9,81}{0,75} \cdot 6,06^3 \text{ Nm/s}$$

$P = 36,1$ kW .

Eine Nachiteration bzgl. λ bringt keine entscheidende Verbesserung der Genauigkeit.

Beispiel 3-2:

Für den im Übungsbeispiel 2-2 berechneten Rohrbündelwärmetauscher ist der Druckverlust im Mantelraum zu bestimmen.

Eintrittsverlust ζ_E = 1,5 (einschließlich Umlenkverluste)
Austrittsverlust ζ_A = 0,5
Oberflächenrauhigkeit ϵ = 0,1 mm

Stoffwerte wie Beispiel 2-2 (bzw. für eine mittlere Fluidtemperatur interpoliert), Innendurchmesser der Stutzenrohre d_{St} = 0,25 m.

Für den Druckverlust gilt

$$\Delta p = \left[(\zeta_E + \zeta_A) \cdot \frac{1}{A_{St}^2} + \lambda \frac{1}{d_h} \cdot \frac{1}{A^2_{fr}} \right] \cdot \frac{\rho}{2} \cdot \dot{v}^2 \ .$$

Die Re-Zahl im Außenraum war

Re = 9,9 $\cdot$ 10^4 .

mit

$$\frac{d_h}{\epsilon} = \frac{23 \text{ mm}}{0,1 \text{ mm}} = 230$$

ergibt sich aus Abb. 3-4

$\lambda \approx 0,03$.

Für die Querschnittsflächen gilt

$$A_{St} = \frac{\pi \, d_{St}^2}{4} = 0,049 \text{ m}^2$$

$$A_{fr} = \frac{\pi}{4} \ (D^2 - n d_a^2)$$

$$A_{fr} = \frac{\pi}{4} \ (0,5^2 - 200 \cdot 0,025^2)$$

$$= 0,098 \text{ m}^2 \ .$$

Als mittlere Fluidtemperatur wird das arithmetische Mittel

$$t_m = \frac{t_1' + t_1''}{2} = \frac{80 + 66}{2} = 73\ °C$$

angesetzt. Aus den Stoffwerten nach Beispiel 2-2 ergibt sich eine interpolierte Dichte von

$$\rho_m = 988{,}7\ kg/m^3\ .$$

Damit ist der Gesamtdruckverlust im Außenraum

$$\Delta p = \left[\frac{2}{0{,}049^2} + 0{,}03\ \frac{5}{0{,}023}\cdot\frac{1}{0{,}098^2}\right]\frac{1}{m^4}\cdot\frac{988{,}7}{2}\cdot\frac{kg}{m^3}\cdot 10^6\ \frac{m^6}{h^2}\cdot\frac{1}{3600^2}\cdot\frac{h^2}{s^2}$$

$$\Delta p = 0{,}586\ bar\ .$$

$$\text{Verzeichnis der wichtigsten Formelzeichen}$$
$$\text{mit der jeweils gebräuchlichsten Einheit}$$

a   –   Aschegehalt, kg/kg Brennstoff
Temperaturleitkoeffizient, m^2/s
Absorptionsgrad

A   –   Fläche, m^2
Aufwand

b   –   spezifische Anergie, J/kg

B   –   Virialkoeffizient

c   –   Geschwindigkeit, m/s
spezifische Wärmekapazität, J/kg K
Kohlenstoffgehalt, kg/kg Brennstoff

C   –   Strahlungskonstante, $W/m^2\ K^4$

$\dot{C}$ –   Wärmekapazitätstrom, W/K

d   –   Durchmesser, m
Transmissionsgrad

e   –   spezifische Exergie, J/kg

E   –   Energieinhalt, J
Exergie, J

$\dot{E}$ –   Exergiestrom, W
Energiestrom, W
Emissionsvermögen, W/m^2

F   –   Kraft, N

g   –   Erdbeschleunigung, m/s^2
Masseanteil

h   –   spezifische Enthalpie, J/kg
                   Wasserstoffgehalt, kg/kg Brennstoff

Δh_o –   Brennwert, J/kg

Δh_u –   Heizwert, J/kg

H   –   Enthalpie, J
                   Höhe, m
                   Förderhöhe, m

$\dot{H}$ –   Enthalpiestrom, W
                   Helligkeit, W/m^2

I   –   Impuls, Ns

$\dot{I}$ –   Strahlungsintensität, W/m^3

k   –   Wärmedurchgangskoeffizient W/m^2 K

l   –   Rohrlänge, m
                   charakteristische Länge, m

L   –   Luftbedarf, kg/kg Brennstoff oder m_n^3/m_n^3 Brenngas

m   –   Masse, kg

$\dot{m}$ –   Massenstrom, kg/s

M   –   Molare Masse, kg/kmol
                   Drehmoment, Nm

n   –   Substanzmenge, kmol
                   Polytropenexponent
                   Stickstoffgehalt, kg/kg Brennstoff
                   Drehzahl, 1/s

N   –   Nutzen

o   –   Sauerstoffgehalt, kg/kg Brennstoff

O   –   Sauerstoffbedarf, kg/kg Brennstoff oder m_n^3/m_n^3 Brenngas p   -   Druck, N/m^2

P   -   Leistung, W

q   -   bezogene Wärmeenergie, J/kg

$\dot{q}$ -   Wärmestromdichte, W/m^2

Q   -   Wärme, J

$\dot{Q}$ -   Wärmestrom, W

r   -   Volumenanteil
Radius, m
Ortskoordinate
Reflexionsgrad

r_0 -   Verdampfungsenthalpie, J/kg
Kondensationsenthalpie, J/kg

R   -   spezielle Gaskonstante, J/kg K
Druckgefälle, Pa
Beiwert für Druckverlust
Resulierende Kraft

s   -   spezifische Entropie, J/kg K
Schwefelgehalt, kg/kg Brennstoff

S   Entropie, J/K

$\dot{S}$ -   Leistung infolge innerer Quellen, W

t   -   Celsius-Temperatur, °C

T   -   Thermodynamische Temperatur, K

u   -   spezifische innere Energie, J/kg
Umfangsgeschwindigkeit, m/s

U   -   Innere Energie, J
Umfang, m

v   -   spezifisches Volumen, m^3/kg

V   -   Volumen, m^3
                Verlust
                bezogenes Rauchgasvolumen, m_n^3/kg Brennstoff oder m_n^3/m_n^3 Brenngas

$\dot{V}$ -   Volumenstrom, m^3/s

w   -   spezifische Arbeit, J/kg
                Wassergehalt, kg/kg Brennstoff
                Relativgeschwindigkeit, m/s

W   -   Arbeit, J

x   -   Ortskoordinate
                Dampfgehalt (Naßdampf)
                Wassergehalt (feuchte Luft)

Y   -   spezifische Förderarbeit, J/kg

z   -   geodätische Höhe, m
                Realgasfaktor
                Hilfsfunktion für Bandenstrahlung

α -   Wärmeübergangskoeffizient, W/m^2 K

β -   Temperaturfaktor

γ -   thermischer Ausdehnungskoeffizient, $1/K$

δ -   Wanddicke, m

ϵ -   Verdichtungsverhältnis
                Leistungszahl
                Emissionsgrad
                absolute Rohrrauhigkeit, m
                Korrekturfaktor

η -   Wirkungsgrad
                dynamische Zähigkeit, Ns/m^2

θ $-$ dimensionsloser Ausdruck; Aufheizgeschwindigkeit, K/s

Θ $-$ Betriebscharakteristik von Wärmetauschern

κ $-$ Adiabatenexponent, Isentropenexponent

λ $-$ Luftverhältniszahl
Wärmeleitkoeffizient, $W/m^2 K$
Rohrreibungsbeiwert

ν $-$ kinematische Zähigkeit, m^2/s
Gütegrad

ρ $-$ Dichte, kg/m^3
absolute Feuchte

σ $-$ Stefan-Boltzmann-Konstante $= 5{,}77 \cdot 10^{-8} \ W/m^2 K^4$

τ $-$ Zeit, s

φ $-$ relative Feuchte
Winkel

$\overline{\varphi_1}$ $-$ mittlere Einstrahlzahl

χ $-$ Sättigungsgrad

Ψ $-$ Molanteil

ω $-$ Winkelgeschwindigkeit, 1/s
Abkürzung bei Wärmetauschern

ζ $-$ Widerstandsbeiwert

rev	–	reversibel
R	–	Reibung
s	–	Sättigung, schwarzer Körper, isentrop
st	–	statisch
S	–	Schmelzpunkt
Sp	–	Speicher
St	–	Strahlung
t	–	technisch, trocken
th	–	thermisch, theoretisch
T	–	konstante Temperatur
Tr	–	Tripelpunkt
U	–	Umgebung
u		Umfang
v	–	konstantes Volumen, Verlust, Verschiebung
w	–	Wand
W	–	Wasser
WP	–	Wärmepumpe
zu	–	zugeführt
λ	–	auf Wellenlänge bezogen

Dimensionslose Kennzahlen:

$$\text{Re} \; - \; \text{Reynolds-Zahl} \quad = \quad \frac{c\,l}{\nu}$$

$$\text{Gr} \; - \; \text{Graßhof-Zahl} \quad = \quad \frac{\gamma\, g \;\; \Delta t \; l^3}{\nu^2}$$

$$\text{Nu} \; - \; \text{Nußelt-Zahl} \quad = \quad \frac{\alpha\, l}{\lambda}$$

$$\text{Pr} \; - \; \text{Prandtl-Zahl} \quad = \quad \frac{\nu}{a}$$

$$\text{St} \; - \; \text{Stanton-Zahl} \quad = \quad \frac{\text{Nu}}{\text{RePr}} = \frac{\text{Nu}}{\text{Pe}}$$

$$\text{Pe} \; - \; \text{Peclet-Zahl} \quad = \quad \text{Re} \cdot \text{Pr}$$

$$\text{Ra} \; - \; \text{Rayleigh-Zahl} \quad = \quad \text{Gr} \cdot \text{Pr}$$

Literaturverzeichnis

1   H.D. Baehr:
Thermodynamik, 5. Aufl., Springer,
Berlin, Heidelberg, New-York

2   N. Elsner:
Grundlagen der Technischen Thermodynamik, 1973,
Akademie-Verlag, Berlin

3   G. Meyer, E. Schiffner:
Technische Thermodynamik, 1983, Verlag Chemie,
Weinheim, Deerfield Beach, Basel

4   VDI-Wärmeatlas,
1984, VDI-Verlag, Düsseldorf

5   E.- U. Schlünder:
Einführung in die Wärme- und Stoffübertragung, 1972,
Vieweg, Braunschweig

6   K. Raznjevic:
Thermodynamische Tabellen, 1977,
VDJ-Verlag, Düsseldorf

7   E. Schmidt:
Einführung in die Technische Thermodynamik, 1969,
Springer-Verlag, Heidelberg, New York,
R. Oldenbourg, München

8   E. Schmidt:
Properties of Water and Steam in SI-Units, 1969,
Springer-Verlag, Berlin, Göttingen, Heidelberg

9   Hütte:
Theoretische Grundlagen, 1955,
Verlag W. Ernst, Berlin

10   VDI-Wasserdampftafeln, 1963,
Springer-Verlag, Berlin, Göttingen, Heidelberg,
R. Oldenbourg, München

11   Recknagel-Sprenger:
        Taschenbuch für Heizung- und Klimatechnik, 1982,
        Oldenbourg, München, Wien

12   Institut International du Froid:
        Thermodynamic and Physical Properties of R 12,
        Paris, 1981

13   G. Bartsch:
        Grundzüge der Thermodynamik, Kap. 8, in:
        AEG-Hilfsbuch 1, Grundlagen der Elektrotechnik,
        1976, Hüthig Verlag, Heidelberg

Die Tabellen und Diagramme des Anhangs wurden den Literaturstellen /3/ bis /12/ entnommmen und teilweise ergänzt bzw. anders geordnet.

α	β	γ	δ	ϵ	ζ	η	θ	ι	κ	λ	μ
Alpha	Beta	Gamma	Delta	Epsilon	Zeta	Eta	Theta	Jota	Kappa	Lambda	My

ν	ξ	o	π	ρ	σ	τ	υ	φ	X	ψ	ω
Ny	Ksi	Omikron	Pi	Rho	Sigma	Tau	Ypsilon	Phi	Chi	Psi	Omega

A	B	Γ	Δ	E	Z	H	Θ	I	K	Λ	M
Alpha	Beta	Gamma	Delta	Epsilon	Zeta	Eta	Theta	Jota	Kappa	Lambda	My

N	Ξ	O	Π	P	Σ	T	Y	Φ	X	Ψ	Ω
Ny	Ksi	Omikron	Pi	Rho	Sigma	Tau	Ypsilon	Phi	Chi	Psi	Omega

A-1   Griechisches Alphabet

Faktor	Einheit	Kurz-zeichen	Faktor	Einheit	Kurz-zeichen
10^{18}	Exa	E	10^{-1}	Dezi	d
10^{15}	Peta	P	10^{-2}	Centi	c
10^{12}	Tera	T	10^{-3}	Milli	m
10^{9}	Giga	G	10^{-6}	Mikro	μ
10^{6}	Mega	M	10^{-9}	Nano	n
10^{3}	Kilo	k	10^{-12}	Pico	p
10^{2}	Hekto	h	10^{-15}	Femto	f
10^{1}	Deka	da	10^{-18}	Atto	a

A-2 Die dezimalen Vielfachen und Teile der Einheiten

Kraft in Newton, N

1 N ist gleich der Kraft, die einem Körper der Masse 1 kg die Beschleunigung 1 m/s^2 erteilt.

$$1 \text{ N} = 1 \text{ kg} \cdot \text{m/s}^2$$

Energie, Arbeit, Wärme in Joule, J

1 J ist gleich der Arbeit, die verbraucht wird, wenn der Angriffspunkt der Kraft von 1 N in Richtung der Kraft um 1 m verschoben wird.

$$1 \text{ J} = 1 \text{ Nm}$$

Leistung in Watt, W

1 W ist gleich der Leistung, bei der während der Zeit von 1 s die Energie 1 J umgesetzt wird.

$$1 \text{ W} = 1 \text{ Nm/s} = 1 \text{ J/s}$$

Druck in Pascal, Pa

1 P ist gleich dem auf eine Fläche gleichmäßig wirkenden Druck, bei dem senkrecht auf die Fläche 1 m^2 die Kraft 1 N ausgeübt wird.

$$1 \text{ Pa} = 1 \text{ N/m}^2$$

A-3   Abgeleitete SI-Einheiten

Größe	Formel-zeichen	Gesetzliche Einheiten		ungültige Einheiten	Bemerkungen Umrechnungen Hinweise
		bevorzugt	weitere		
Arbeit	W,A	J	Nm Ws Wh MJ kWh TJ	erg kp m PS h Mp m	Kraft mal Weg $1\ J = 1\ Nm = 1\ Ws$ $1\ erg = 10^{-7}\ J$ $1\ kpm = 9,80665\ J$ $1\ PSh = 2,64780\ MJ$ $= 735,49875\ Wh$ $1\ kWh = 3,6\ MJ$
Aufheiz-geschwindigkeit	θ	K/s	K/h K/min	grd/h grd/min grd/s	Temperaturerhöhung durch Zeit $1\ grd/s = 1\ K/s$ $1\ K/s = 60\ K/min$ $= 3600\ K/h$
Celsius-Temperatur	θ t	°C	K		$\theta = T - T_0$ $T_0 = 273,15\ K = 0\ °C$
Druck	p	Pa bar	bar mbar	 mm WS Torr mm Hg m WS at kp/cm^2 atm	Kraft durch Fläche $1 mm\ WS \approx 98,1\ \mu bar \approx 9,81\ Pa$ $1\ Torr = 1\ mm\ Hg \approx 1,33\ mbar$ $1\ m\ WS \approx 98,1\ mbar$ $1\ at = 1\ kp/cm^2 \approx 0,981\ bar$ $1\ atm \approx 1,013\ bar$ $1\ bar = 10^5\ N/m^2 = 10^5\ Pa$
- Atmosphären-druck (Luft-druck)	p_b	mbar	bar	Torr mm Hg atm	
- Atmosphäri-sche Druck-differenz (Überdruck)	p_e	bar	mbar	atü at kp/cm^2	$1\ atü \approx 0,981\ bar$ $1\ atü = 1\ at = 1\ kp/cm^2$

A-4 a   Auswahl mechanischer und thermodynamischer Größen
und ihre Umrechnung

Größe	Formel-zeichen	Gesetzliche Einheiten		ungültige Einheiten	Bemerkungen Umrechnungen Hinweise
		bevorzugt	weitere		
- Dampf-druck		bar	mbar	mm WS Torr mm Hg at,ata,atü	kann sowohl Über- druck als auch absoluter Druck sein
Dichte	ρ	kg/dm^3	g/cm^3 kg/m^3 kg/l t/m^3		Masse durch Volumen $1\ g/ml = 1\ kg/l = 1\ t/m^3$
Drehfrequenz (Drehzahl)	n	s^{-1}	min^{-1}	U/min	$1\ U/min = 1\ min^{-1}$ $\widehat{=}\ 0,01666\ s^{-1}$
Drehmoment	M	Nm	kNm Nmm J Ws	pmm pcm kpcm kpm	$1\ pcm = 9,80665 \cdot 10^{-2}\ mNm$ $1\ kpcm = 9,80665 \cdot 10^{-2}\ Nm$ $1\ mNm = 1\ Nmm$
Energie -, innere -, kinetische (Bewegungs- energie) -, potentielle (Lageenergie)	E W U E_k E_{pot}	J	eV Nm Ws kJ	erg cal kpm kcal	$1\ eV = 1,6021917 \cdot 10^{-19}\ J$ $1\ erg = 10^{-7}\ J$ $1\ cal = 4,1868\ J$ $1\ kpm = 9,80665\ J$ $1\ Nm = 1\ Ws = 1\ J$
Energiedichte	w	J/m^3	Ws/m^3	cal/m^3	$1\ cal/m^3 = 4,1868\ J/m^3$ $1\ Ws/m^3 = 1\ J/m^3 = 1\ Pa$
Enthalpie	H	J	kJ MJ	cal kcal	$1\ cal = 4,1868\ J$
- molare Enthalpie	H_m	$J/kmol$	J/mol	cal/mol $kcal/kmol$ $kcal/mol$	Enthalpie durch Stoffmenge $1\ cal/mol = 4,1868 \cdot 10^3\ J/kmol$ $J/mol = 10^3\ J/kmol$

A-4 b Auswahl mechanischer und thermodynamischer Größen
und ihre Umrechnung

Größe	Formel-zeichen	Gesetzliche Einheiten		ungültige Einheiten	Bemerkungen Umrechnungen Hinweise
		bevorzugt	weitere		
- spezifische Enthalpie	h	J/kg			Enthalpie durch Masse
Entropie	S	J/K	Ws/K		1 kcal/ K = 4,1868 kJ/K
			kJ/K	kcal/K	1 Ws/K = 1 J/K
- molare Entropie	S_m	J/kmol K	J/mol K	kcal/ (kmol K) kcal/ (mol grd)	Entropie durch Stoffmenge 1 kcal/kmol K $= 4{,}1868 \cdot 10^3$ J/kmolK 1 J/molK $= 10^3$ J/kmolK
- spezifische Entropie	s	J/kg K			Entropie durch Masse
Fallbeschleuni-gung (Erdbe-schleunigung)	g	m/s^2	cm/s^2	Gal	1 Gal $= 1cm/s^2 = 10^{-2}$ m/s^2
Fläche	A S	m^2	mm^2 cm^2 a ha	qmm qcm qm	1 qm = 1 m^2 1 a = 100 m^2 1 ha = 100 a $= 10^4$ m^2
Gaskonstante - allgemeine (molare)	R_m	J/molK	J/kmolK	erg/ (mol grd) cal/ (mol K) kp m/ (mol grd)	R = 8,31434 J/(molK) 1 erg/(mol grd) $= 10^{-7}$ J/(mol K) 1 cal/(mol K) $= 4{,}1868$ J/(mol K) 1 kp m/(mol grd) $= 9{,}80665$ J/(mol K) 1 J/(mol K) $= 10^3$ J/kmol K
- spezielle	R	J/(kgK)		kp m/ (kg grd) kcal (kg grd)	1 kp m/(kg grd) $= 9{,}80665$ J/(kg K) 1 kcal/(kg grd) $= 4{,}1868 \cdot 10^3$ J/(kg K)

A-4 c Auswahl mechanischer und thermodynamischer Größen
und ihre Umrechnung

Größe	Formel-zeichen	Gesetzliche Einheiten		ungültige Einheiten	Bemerkungen Umrechnungen Hinweise
		bevorzugt	weitere		
Gewicht	m	kg	mg g t Mt Kt	Pfd Ztr dz	Wägeergebnis (Masse) 1 Pfd = 500 g = 0,5 kg 1 Ztr = 50 kg 1 dz = 100 kg
Gewichtskraft	G F_G	N	mN kN MN	dyn p kp kg*, t* kgf Mp	Masse mal Fallbeschleunigung 1 dyn = 10^{-5} N 1 kp = 1 kgf = 1 kg* = 9,80665 N 1 t* = 1000 kp = 1 Mp = 9,80665 kN
spezifisches Gewicht	γ			kp/m^3 kp/dm^3 p/cm^3	ersetzt durch Dichte
Impuls	I	Ns	kgm/s	kp s	Zeitintegral der Kraft 1 kp s = 9,80665 Ns 1 kg m/s = 1 Ns
Kraft	F	N	mN kN MN	dyn p kp, kgf kg*	Masse mal Beschleunigung 1 dyn= 0,01019716 p = 10^{-5} N 1 kp = 1 kgf = 1kg* = 9,80665 N 1 N = 1 kg m/s²

Länge		m	μm
			mm
			
			cm
			dm
			km
			
			sm
					X. E.
					(X-Einheit)
					Å (Ångström) 1 Å = 10^{-10} m
					              1μ = 1 μm = 10^{-6} m
					
					" (Zoll) 1 " = 1 in = 25,4 mm
					              1 sm = 1,852 km
					Lj 1 Lj = 9,46053 · 10^{15} m
					(Lichtjahr)

A-4 d Auswahl mechanischer und thermodynamischer Größen
       und ihre Umrechnung

Größe	Formel-zeichen	Gesetzliche Einheiten bevorzugt	weitere	ungültige Einheiten	Bemerkungen Umrechnungen Hinweise
Leistung	P	W	pW	erg/s	$1 \text{ erg/s} = 10^{-7}$ W
			W	p cm/s	1 pcm/s = 98,0665 W
			mW	kcal/h	1 kcal/h = 1,163 W
			kW	kcal/s	1 kcal/s = 3,6 kcal/h
					= 4,1868 kW
			MW	cal/s	1 W = 1 J/s
			GW	kp m/s	1 kp m/s = 9,80665 W
				PS	1 PS = 0,73549875 kW
Masse	m	kg	u		Wägeergebnis (Gewicht)
			mg		atomare Masseneinheit u
			g		$1 \text{ u} = 1{,}660531 \cdot 10^{-27}$ kg
			t		
			Mt		
			Kt		
– molare Masse	M	kg/mol	g/mol		
Stoffmenge	n	mol	kmol		
Strahlungskonstante des schwarzen Körpers	C_s	$W/(K^4 m^2)$		kcal/ $(h \text{ grd}^4 m^2)$	$C_s = 5{,}67 \ W/(K^4 \ m^2)$ $1 \text{ kcal}/(h \text{ grd}^4 \ m^2)$ $= 1{,}163 \ W/(K^4 \ m^2)$
Temperatur					
– absolute (thermodyn.)	T	K		$^\circ$K	früher Kelvintemperatur $1^\circ K = 1 K$
– Celsius-T.	θ t	$^\circ$C	K		$\theta = T - T_0$ $T_0 = 273{,}15 \ K = 0 \ ^\circ C$
– Norm-T.	T_n θ_n	K $^\circ$C			$T_n = 273{,}15 \ K$ $\theta_n = 0 \ ^\circ C$
– Über-T.	$\Delta\theta$ Δt	K		grd	grd = 1 K

A-4 e   Auswahl mechanischer und thermodynamischer Größen und ihre Umrechnung

| Größe | Formel-
zeichen | Gesetzliche Einheiten | | ungültige
Einheiten | Bemerkungen
Umrechnungen |
		bevorzugt	weitere		Hinweise
Viskosität					
– dynamische	η	mPa s	Pa s Ns/m^2	cP (Poise) p	früher dynamische Zähigkeit 1 cP = 1 mPa s 1 Pa s = 1 Ns/m^2 = 1 kg/(sm)
– kinematische	ν	mm^2/s	cm^2/s m^2/s	St (Stokes) cSt	dynamische Viskosität durch Dichte 1 cSt = 1 mm^2/s 1 St = 1 cm^2/s = 10^{-4} m^2/s 1 m^2/s = 1 Pas m^3/kg
Volumen	V	m^3	dm^3 cm^3 mm^3	cbm ccm cmm	1 l = 1 dm^3 = 1000 cm^3
– molares Normvolumen	V_0 V_n	$m_n^3/kmol$	1/mol	$Nm^3/kmol$ (Norm – m^3)	für ideales Gas V_0 = 22,4136 $m^3/kmol$ 1 $Nm^3/kmol$ = 1 $m_n^3/kmol$
– molares Volumen	V_m	$m_n^3/kmol$		$Nm^3/kmol$	
Wärme	Q W	J	Ws kWh	cal kcal	1 cal = 4,1868 J 1 kWh = 3,6 MJ 1 Ws = 1 J
Wärmedurchgangs- widerstand	R	K/W		s grd/cal h grd/kcal	1 s grd/cal = 0,238845897 K/W 1 h grd/kcal = 3,6 s grd/cal = 0,859845228 K/W
Wärmedichte	q	kJ/m^3	J/m^3 Ws/m^3	cal/m^3 $kcal/m^3$ cal/cm^3	1 cal/m^3 = 4,1868 J/m^3 1 cal/cm^3 = 10^3 $kcal/m^3$ = 4,1868 MJ/m3 1 J/m^3 = 1 Ws/m^3

A-4 f Auswahl mechanischer und thermodynamischer Größen
       und ihre Umrechnung

Größe	Formel-zeichen	Gesetzliche Einheiten		ungültige Einheiten	Bemerkungen Umrechnungen Hinweise
		bevorzugt	weitere		
Wärmedurchgangs-koeffizient	k	$W/(K\ m^2)$	$W/(K\ cm^2)$	$kcal/(h\ grd\ m^2)$ $cal/(s\ grd\ cm^2)$	$1\ kcal/(h\ grd\ m^2)$ $= 1{,}163\ W/(K\ m^2)$ $1\ cal/(s\ grd\ cm^2)$ $= 3{,}6 \cdot 10^4\ kcal/(h\ grd\ m^2)$ $= 4{,}1868 \cdot 10^4\ W/(K\ m^2)$ $1\ W/(K\ cm^2) = 10^4\ W/(K\ m^2)$
Wärmekapazität	C	J/K	Ws/K kJ/K	cal/grd $kcal/grd$	$1\ cal/grd = 4{,}1868\ J/K$ $1\ Ws/K = 1\ J/K$
- spezifische Wärmekapazität	c	$J/kg\ K$	$Ws/kg\ K$	$cal/kg\ grd$	$1\ cal/(kmol\ grd)$ $= 4{,}1868\ J/(kmol\ K)$
- molare Wärmekapazität	C_m	$J/kmol\ K$		$cal/kmol\ grd$	$1\ cal/(mol\ grd)$ $= 4{,}1868 \cdot 10^3\ J/(kmol\ K)$ $1\ J/(mol\ K) = 10^3\ J/(kmol\ K)$
- Wärmekapazitäts-strom	$\dot{C}$	J/kgs			
Wärmeleitfähig-keit	λ	$W/(K\ m)$	$W/(K\ cm)$ $kW/(K\ m)$	$kcal/(h\ grd\ m)$ $cal/(s\ grd\ cm)$	$1\ kcal/(h\ grd\ m)$ $= 1{,}163\ W/(K\ m)$ $1\ cal/(s\ grd\ cm)$ $= 360\ kcal/(h\ grd\ m)$ $= 4{,}1868 \cdot 10^2\ W/(K\ m)$ $1\ kW/(K\ m) = 10\ W/(K\ m)$ $= 10^3\ W/(K\ m)$
Wärmestrom	$\dot{Q}$	W	J/s $N\ m/s$ $kg\ m/s^2$ kW	cal/h $kcal/h$ cal/s PS	Wärmemenge durch Zeit $1\ cal/h = 1{,}163 \cdot 10^{-3}\ W$ $1\ cal/s = 3{,}6 \cdot 10^3\ cal/h$ $= 4{,}1868\ W$ $1\ PS = 0{,}735498\ kW$ $1\ kgm/s^2 = 1\ N\ m/s$ $= 1\ J/s\ = 1\ W$
- Wärmestrom-dichte	$\dot{q}$	W/m^2			Wärmestrom durch Fläche

A-4 g Auswahl mechanischer und thermodynamischer Größen und ihre Umrechnung

Größe	Formel-zeichen	Gesetzliche Einheiten		ungültige Einheiten	Bemerkungen Umrechnungen Hinweise
		bevorzugt	weitere		
Wichte	γ	N/dm^3	N/m^3	kp/dm^3	Gewichtskraft durch Volumen bei Normalfallbeschleunigung; durch Dichte ersetzen. $1\ kp/dm^3 = 9{,}80665\ N/dm^3$ $1\ N/m^3 = 10^{-3}\ N/dm^3$
Winkelge-schwindigkeit	ω	rad/s	$°/s$ $1/s$		Winkel durch Zeit $°/s = \dfrac{\pi}{180}\ rad/s$ $1/s = 1\ rad/s$
Zeit	t	s	ns μs ms min h d a		$1\ d = 24\ h = 86400\ s$ $1\ a = 31556925{,}9747\ s$

A-4 h Auswahl mechanischer und thermodynamischer Größen
und ihre Umrechnung

<u>Druck</u>

	N/m^2	bar	at = kp/cm^2	atm = 760 Torr	Torr = 1mm Hg 0 °C
1 N/m^2 =	1	10^{-5}	$1,0197 \cdot 10^{-5}$	$0,9869 \cdot 10^{-5}$	$7,5006 \cdot 10^{-3}$
1 bar =	10^5	1	1,019716	0,986923	750,062
1 at =	$0,980665 \cdot 10^5$	0,980665	1	0,967841	735,559
1 atm =	$1,01325 \cdot 10^5$	1,01325	1,033227	1	760
1 Torr =	133,3224	$1,3332 \cdot 10^{-3}$	$1,3595 \cdot 10^{-3}$	$1,3158 \cdot 10^{-3}$	1

<u>Energie</u>

	J = Nm = Ws	m kp	kcal 15 °C	kWh	BTU (engl.)
1 J = Nm = Ws =	1	0,1019716	$2,3892 \cdot 10^{-4}$	$2,77778 \cdot 10^{-7}$	$9,4716 \cdot 10^{-4}$
1 m kp =	9,80665	1	$2,3430 \cdot 10^{-3}$	$2,72407 \cdot 10^{-6}$	$9,2884 \cdot 10^{-3}$
1 kcal$_{15}$ °C	4185,5	426,80	1	$1,16246 \cdot 10^{-3}$	3,96433
1 KWh =	$3,6 \cdot 10^6$	$0,3671 \cdot 10^6$	860,11	1	$3,40997 \cdot 10^3$
1 BTU =	$1,05579 \cdot 10^3$	$1,07661 \cdot 10^{-2}$	$2,52249 \cdot 10^{-1}$	$2,93275 \cdot 10^{-4}$	1

<u>Leistung</u>

	W	m kp/s	PS	kcal$_{15}$ °C/s	BTU/s
1 W =	1	0,1019716	$1,35962 \cdot 10^{-3}$	$2,38920 \cdot 10^{-4}$	$9,4716 \cdot 10^{-4}$
1 m kp/s =	9,80665	1	$1,33333 \cdot 10^{-2}$	$2,34300 \cdot 10^{-3}$	$9,2884 \cdot 10^{-3}$
1 PS =	735,50	75	1	$1,7572 \cdot 10^{-1}$	$6,9663 \cdot 10^{-1}$
1 kcal$_{15}$ °C/s =	$4,1855 \cdot 10^3$	$4,26802 \cdot 10^2$	5,691	1	3,96433
1 BTU/s =	$1,05579 \cdot 10^3$	$1,07661 \cdot 10^2$	1,4355	$2,52249 \cdot 10^{-1}$	1

<u>Temperatur</u>

$$t = \frac{T}{K} - 273,15 \quad °C$$

t = Temperatur in ° Celsius

$$t = \frac{5}{9} \left(\frac{t_F}{°F} - 32 \right) \quad °C$$

T = Temperatur in Kelvin

t_F = Temperatur in ° Fahrenheit

$$T_R = \frac{9}{5} \frac{T}{K} \quad °R$$

T_R = Temperatur in ° Rankine

A-5 Umrechnungstabellen für Einheiten

	Formel- zeichen	Zahlenwert	Einheit	Erläuterungen
Avogardro-Konstante (Loschmidtsche Zahl	N_A N_L)	$6{,}0225 \cdot 10^{23}$	mol^{-1}	Moleküle je Mol
Basis der natürlichen Logarithmen	e	$2{,}718282$		
Boltzmann-Konstante	k	$1{,}38054 \cdot 10^{-23}$	J/K	$k = R/N_A$
Gaskonstante (molare)	R_m	$8{,}3143 \cdot 10^3$	$J/kmol$	
Lichtgeschwindigkeit im Vakuum	c	$2{,}997925 \cdot 10^8$	m/s	
Molares Normvolumen des idealen Gases	V_m	$2{,}2414 \cdot 10^4$	cm^3/mol	bei 0 °C und 0,981 bar
Kostanten im Planckschen Strahlungsgesetz	c_1 c_2	$3{,}7415 \cdot 10^{-12}$ $1{,}43879$	$W\ cm^2$ $cm\ K$	
Planck-Konstante	h	$6{,}6262 \cdot 10^{-34}$	$Ws^2 = Js$	
Stefan-Boltzmann- Konstante		$5{,}6697 \cdot 10^{-8}$	$W/m^2\ K^4$	
Temperatur des absoluten Nullpunktes	T_0	$- 273{,}15$	°C	$= 0\ K$

A-6   Allgemeine Konstanten

Ordnungszahl	Element	Symbol	Atomgewicht	Wertigkeit
1	Wasserstoff	H	1,008	1
6	Kohlenstoff	C	12,011	2,4
7	Stickstoff	N	14,008	3,5
8	Sauerstoff	O	16,000	2
9	Fluor	F	19,000	1
11	Natrium	Na	22,991	1
12	Magnesium	Mg	24,32	2
13	Aluminium	Al	26,98	3
14	Silizium	Si	28,09	4
15	Phosphor	P	30,975	3,5
16	Schwefel	S	32,066	2,4,6
17	Chlor	Cl	35,457	1,3,5,7
26	Eisen	Fe	55,85	2,3
29	Kupfer	Cu	63,54	1,2
35	Brom	Br	79,916	1,3,5,7

A-7   Atomgewichte und Wertigkeiten verschiedener Elemente

Gas	Zeichen	Molmasse	Molvolumen bei 0 °C und 1013 mbar	Dichte bei 0 °C und 1013 mbar	$\kappa = c_p/c_v$	spez. Wärmekapazität bei 0 °C und 1013 mbar	Gas-konstante
		M kg/kmol	v_m m³/kmol	ρ_n kg/m³	bei 0 °C	c_p n kJ/kg K	Nm/kg K
Ammoniak	NH_3	17,032	22,079	0,771	1,32	2,060	488,2
Argon	Ar	39,944	22,390	1,784	1,67	0,523	208,2
Chlor	Cl_2	70,914	22,023	3,220	1,34	0,502	117,3
Helium	He	4,002	22,358	0,179	1,66	5,234	2079,0
Kohlenoxid	CO	28,010	22,408	1,250	1,401	1,051	297,0
Kohlendioxid	CO_2	44,010	22,262	1,977	1,310	0,825	189,0
Luft	-	28,964	22,402	1,293	1,402	1,006	287,1
Methan	CH_4	16,042	22,379	0,717	1,300	2,177	518,3
Sauerstoff	O_2	32,000	22,394	1,429	1,400	0,913	259,9
Schwefeldioxid	SO_2	64,060	21,886	2,927	1,271	0,632	129,9
Stickstoff	N_2	28,016	22,404	1,250	1,401	1,043	296,8
Stickoxid	NO	30,008	22,394	1,340	1,4	1,009	277,1
Wasserstoff	H_2	2,016	22,432	0,0899	1,407	14,235	4124,8
Wasserdampf	H_2O	18,016	22,408	0,804	1,332[1]	-	461,4

[1] bei 100 °C

A-8 Kalorische Stoffeigenschaften einiger Gase

Stoff	zur Verbrennung benötigter Sauerstoff-bedarf O_{min} m³/m³	Luft-bedarf L_{min} m³/m³	spezifischer Brennwert			spezifischer Heizwert		
			MJ/kmol	MJ/kg	MJ/m³	MJ/kmol	MJ/kg	MJ/m³
C → CO_2	1,864[1]	8,88[1]	405,48	33,79	–	405,48	33,79	–
C → CO	0,932[1]	4,44[1]	123,12	10,26	–	123,12	10,26	–
CO	0,5	2,38	283,44	10,13	12,64	283,44	10,13	12,64
CH_4	2	9,52	890,95	55,60	39,86	800,89	49,95	35,80
C_3H_8	5	23,8	2221,5	50,41	101,82	2041,4	46,35	93,58
H_2	0,5	2,38	286,17	141,97	12,77	241,12	119,62	10,76

1) Einheit: m³/kg

A-9   Spezifischer Brennwert und spezifischer Heizwert chemisch einheitlicher Stoffe

t in °C	H_2	N_2	O_2	CO	CO_2	SO_2	CH_4	H_2O	Luft
0	14,21	1,040	0,915	1,040	0,818	0,607	2,158	1,859	1,005
100	14,29	1,041	0,924	1,042	0,872	0,636	2,310	1,873	1,007
200	14,39	1,045	0,937	1,046	0,914	0,664	2,467	1,893	1,012
300	14,41	1,049	0,951	1,054	0,953	0,688	2,642	1,919	1,019
400	14,45	1,058	0,966	1,064	0,986	0,707	2,822	1,947	1,029
500	14,50	1,067	0,980	1,075	1,017	0,725	2,996	1,977	1,039
600	14,54	1,076	0,993	1,088	1,044	0,741	3,163	2,010	1,051
700	14,58	1,088	1,005	1,100	1,067	0,754	3,328	2,042	1,061
800	14,64	1,100	1,016	1,112	1,090	0,766	3,479	2,077	1,073
900	14,70	1,109	1,027	1,121	1,108	0,776	3,620	2,110	1,081
1000	14,79	1,119	1,036	1,132	1,127	0,781	3,759	2,142	1,093
1500	15,20	1,161	1,072	1,175	1,196	0,816	-	2,302	1,133
2000	15,66	1,192	1,100	1,205	2,242	0,835	-	2,440	1,162
R =	4,1248	0,2968	0,2599	0,297	0,189	0,1299	0,5183	0,4614	0,2871

A-10 Mittlere spezifische Wärmekapazität c_p in kJ/kg K
einiger Gase zwischen 0 °C und t bei konstantem
Druck, $c_v = c_p - R$

| Temperatur | Druck bar | | | | | | |
°C	1	5	10	50	100	150	200
- 100	1,011	1,043	1,085	1,565	2,373	2,202	1,985
- 50	1,005	1,023	1,044	1,212	1,430	1,575	1,623
0	1,006	1,015	1,026	1,112	1,216	1,302	1,361
25	1,007	1,014	1,022	1,089	1,169	1,237	1,287
50	1,008	1,013	1,020	1,072	1,133	1,187	1,229
100	1,009	1,015	1,020	1,055	1,096	1,132	1,161
200	1,026	1,028	1,030	1,049	1,072	1,092	1,108
300	1,047	1,047	1,049	1,061	1,075	1,088	1,099
400	1,068	1,070	1,071	1,080	1,090	1,099	1,107
500	1,093	1,094	1,094	1,101	1,108	1,115	1,121
700	1,137	1,137	1,137	1,141	1,146	1,150	1,154
900	1,171	1,172	1,172	1,175	1,178	1,181	1,184

A-11 Spezifische Wärmekapazität c_p von trockener Luft (in kJ/kg K)
als Funktion von Druck und Temperatur

Stoff	t	ρ	$\eta \cdot 10^5$	$v \cdot 10^6$	λ	$10^6 a$	Pr
	°C	kg/m³	Ns/m²	m²/s	W/m K	m²/s	
Wasser-	-50	0,1085	0,73	67,7	0,147	–	–
stoff H_2	0	0,0886	0,84	95,1	0,176	139,3	0,68
	50	0,0748	0,94	125,1	0,202	188,3	0,67
	100	0,0649	1,03	158,9	0,229	245,2	0,65
	200	0,0512	1,21	236,3	0,276	362,8	0,64
	300	0,0423	1,39	329,5	0,297	437,4	0,64
Wasserdampf	100	0,589	1,28	21,7	0,0242	19,2	1,12
H_2O	200	0,461	1,66	36,1	0,0328	36,9	0,97
	300	0,379	2,01	53,1	0,0427	56,0	0,95
	400	0,322	2,35	73,0	0,0551	83,4	0,88
Luft	-50	1,563	1,46	9,3	0,0205	12,9	0,72
	0	1,276	1,71	13,3	0,0242	18,8	0,71
	50	1,078	1,96	18,2	0,0278	25,7	0,71
	100	0,934	2,18	23,3	0,0311	33,0	0,71
	200	0,736	2,59	35,2	0,0368	48,7	0,72
	300	0,608	2,96	48,7	0,0429	67,6	0,72
	400	0,518	3,29	63,6	0,0485	87,7	0,73
	600	0,399	3,88	97,4	0,0582	131,0	0,74
	800	0,324	4,44	137,3	0,0669	178,5	0,77
	1000	0,273	4,93	180,4	0,0762	235,4	0,77
Kohlendioxid	-50	2,420	1,13	4,67	0,0109	–	–
CO_2	0	1,950	1,38	7,08	0,0143	8,8	0,80
	50	1,648	1,62	9,8	0,0178	12,4	0,80
	100	1,428	1,85	12,9	0,0213	16,1	0,80
	200	1,125	2,29	20,4	0,0283	25,3	0,81
Schwefel-	0	0,289	1,15	4,0	0,0084	4,6	0,86
dioxid	50	–	1,40	–	–	–	–
SO_2	100	–	1,62	–	0,0103	–	–
	200	–	2,07	–	–	–	–
Ammoniak	0	0,761	0,93	12,3	0,022	13,4	0,92
NH_3	50	0,638	1,10	17,4	0,0268	–	–
	100	0,551	1,30	23,6	0,030	24,4	0,97
	200	0,433	1,65	38,3	0,0465	–	–

A-12 Temperaturabhängige Stoffwerte einiger Gase bei p = 1 bar

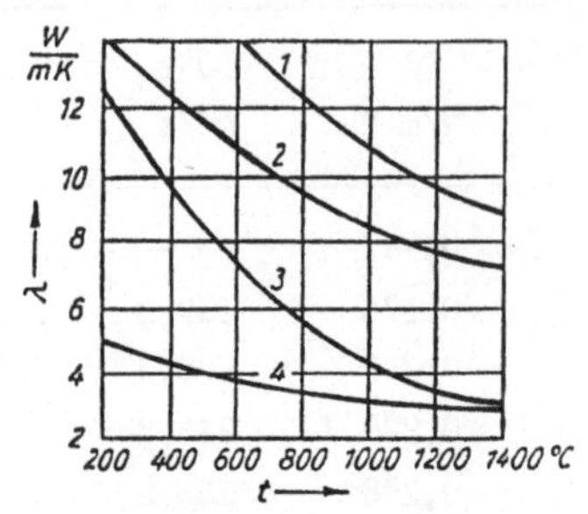

λ von feuerfesten Steinen, gut leitend

1:Siliziumkarbid 2320 kg/m³
2:Siliziumkarbid 2240 kg/m³
3:Magnesit   2850 kg/m³
4:Magnesit   2350 kg/m³

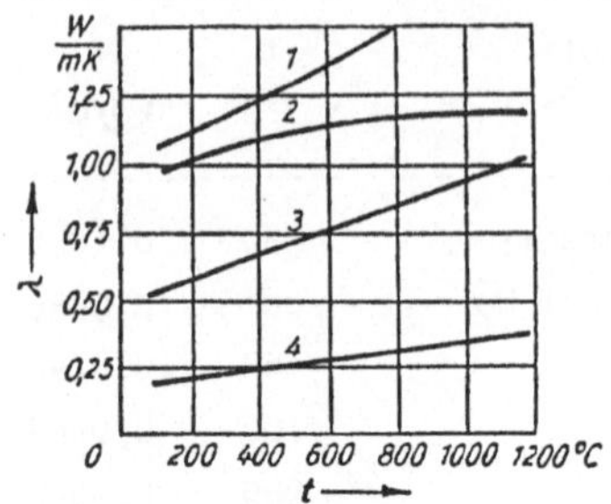

λ von feuerfesten Steinen, schlecht leitend

1:Silika   1950 kg/m³
2:Schamotte 1900 kg/m³
3:Schamotte 1750 kg/m³
4:Schamotte   700 kg/m³

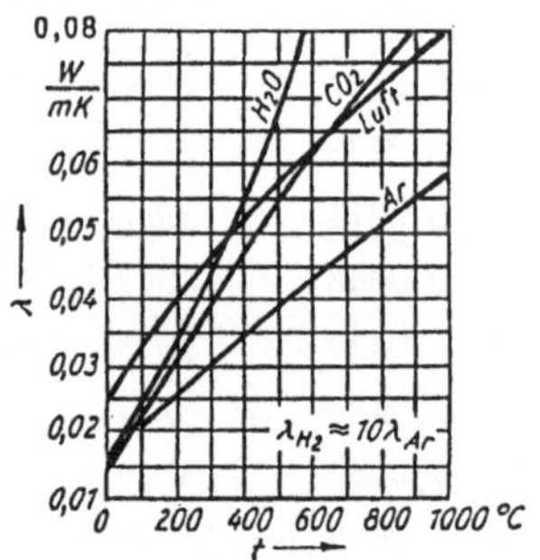

λ von Gasen, p = 0,1 MPa

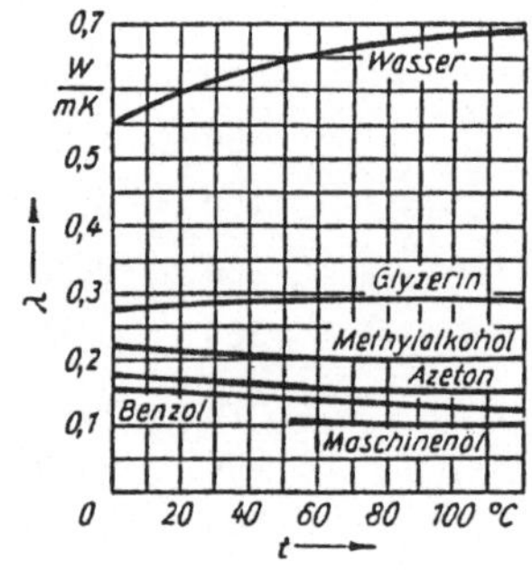

λ von Flüssigkeiten, p = 0,1 MPa

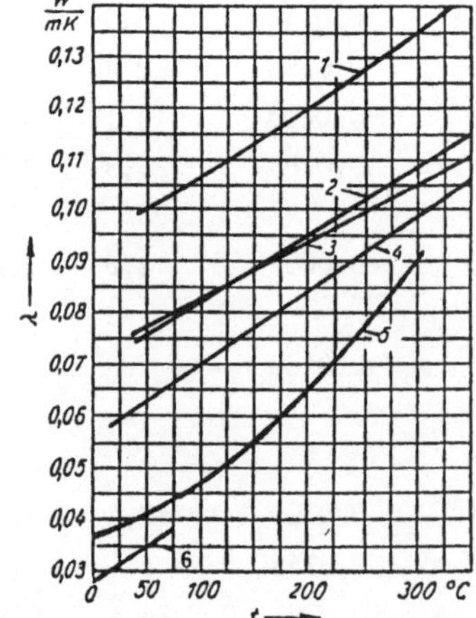

λ von Dämmstoffen

1:Kieselgurstein, gebrannt 500 kg/m³
2:Schlackenwolle   400 kg/m³
3:Asbestmatte   300 kg/m³
4:Knitterfolie   3 kg/m³
5:Glaswolle   120 kg/m³
6:Schaumpolystyrol   20 kg/m³

A-13   Temperaturabhängigkeit der Wärmeleitfähigkeit einiger
       Wärmedämmstoffe, Gase und Flüssigkeiten, nach /3/

	c_p kJ/kg K	λ W/m K		c_p kJ/kg K	λ W/m K
Aluminium	0,9002	229	Nickel 0...200 °C	0,5024	83
Asbest	0,8164	0,79 - 0,52	Petroleum	2,0934	0,15
Bimstein	1,0048	0,18 - 0,66	Platin	0,1357	71
Blei	0,1285	34	Portlandzement	1,1346	0,07 - 0,47
Eis	2,05	2,2 - 3,5[1]	Quarz	0,7829	1,07 - 1,86
Eisen, chem. rein 0...100 °C	0,4865	71	Sandstein	0,9211	1,28 - 2,1
Eisen, chem. rein 0...500 °C	0,5719		Schmiedbarer Guß 15...100 °C	0,4815	50
Eisen, chem. rein 0...1000 °C	0,7025		Schwefelsäure	1,4080	0,31
Eisen, chem. rein 0...1500 °C	0,6979		Silber, fest	0,2340	418
Gold	0,1323	311	Steinkohle	1,2979	0,25
Grauguß	0,4982	55 - 65	Ton	0,9378	
Hochofenschlacke	0,8374	0,25 - 0,57	Tonerde (Al_2O_3)	0,8273	1,26
Holzkohle	0,7955	0,041-0,065	Wasser	4,1868	0,66
Kalk (CaO)	0,7448	0,12	Zellulose, trocken	1,5324	
Kohlenstoff, Koks, Graphit	0,8499	11,6 - 175	Ziegel	0,9002	0,27 - 1,23
Kupfer	0,3906	370 - 394	Zink	0,3915	111
Messing (60 Cu, 40 Zn)	0,3839	112	Zinn	0,2340	63
Neusilber	0,3961	25			

[1] Werte zwischen 0 und - 100 °C

A-14 Spezifische Wärmekapazität und Wärmeleitfähigkeit fester und flüssiger Stoffe zwischen 0 °C und 100 °C

Stoff	t	ρ	c	$\eta \cdot 10^5$	$\nu \cdot 10^6$	λ	$10^6 a$	Pr
	°C	kg/dm³	kJ/kgK	Ns/m²	m²/s	W/m K	m²/s	
Wasser	0	0,9998	4,190	178,9	1,789	0,555	0,131	13,6
H_2O	20	0,9982	4,183	100,5	1,006	0,598	0,143	7,03
	40	0,9921	4,178	65,3	0,658	0,627	0,151	4,35
	60	0,983	4,191	47,0	0,478	0,651	0,159	3,01
	80	0,972	4,199	35,4	0,364	0,669	0,164	2,22
	100	0,958	4,216	28,2	0,294	0,682	0,169	1,75
	150[1]	0,917	4,271	18,4	0,201	0,683	0,174	1,15
	200[1]	0,865	4,501	13,8	0,160	0,665	0,171	0,94
Ammoniak	0[1]	0,639	4,65	24,0	0,376	0,540	0,182	2,07
NH_3	20[1]	0,610	4,77	22,0	0,361	0,494	0,170	2,12
Schwefel-	-20	1,485	1,273	46,5	0,313	0,223	0,118	2,65
dioxid	0[1]	1,435	1,357	36,8	0,257	0,212	0,109	2,36
SO_2	+20[1]	1,383	1,390	30,4	0,220	0,199	0,103	2,14
Spindelöl	20	0,871	1,851	1306	15,0	0,144	0,089	168
	40	0,858	1,934	681	7,93	0,143	0,086	92,0
	60	0,845	2,018	418	4,95	0,142	0,083	59,4
	80	0,832	2,102	283	3,40	0,141	0,080	42,1
	100	0,820	2,186	200	2,44	0,140	0,078	31,4
	120	0,807	2,269	154	1,19	0,138	0,076	25,3
Trans-	20	0,866	1,892	3161	36,5	0,124	0,076	481
formatorenöl	40	0,852	1,993	1422	16,7	0,123	0,072	230
	60	0,842	2,093	732	8,7	0,122	0,069	126
	80	0,830	2,198	432	5,2	0,120	0,066	79,4
	100	0,818	2,294	310	3,8	0,119	0,063	60,3

[1] bei jeweiligem Sättigungsdruck

A-15   Kalorische Stoffeigenschaften einiger Flüssigkeiten als
Funktion der Temperatur bei p = 1,013 bar

Druck p bar	t_S	Wärmeleitfähigkeit λ in W/mK						
		0	50	100	200	300	400	500
0	–	0,0369	0,0198	0,0238	0,0326	0,0424	0,0550	0,0752
1	0,0242			0,0242	0,0328	0,0427	0,0551	0,0752
5	0,0312				0,0347	0,0434	0,0555	0,0756
10	0,0361				0,0370	0,0442	0,0561	0,0761
20	0,0449					0,0459	0,0573	0,0770
40	0,0523					0,0502	0,0597	0,0787
60	0,0606					0,0565	0,0622	0,0805
80	0,0637					0,0663	0,0650	0,0822
100	0,0754						0,0680	0,0840
p_S		0,0369	0,0199	0,0242	0,0404	0,0709		

A-16 Wärmeleitfähigkeit für Wasser und Wasserdampf als Funktion
von Druck und Temperatur
(t_S = Sättigungstemperatur, p_S = Sättigungsdruck)

| Druck | Temperatur | spezifisches Volumen | | Enthalpie | | Verdampfungswärme | Entropie | |
| | | der siedenden Flüssigkeit | des Dampfes | der siedenden Flüssigkeit | des Dampfes | | der siedenden Flüssigkeit | des Dampfes |
p bar	t_S °C	v' dm³/kg	v'' m³/kg	h' kJ/kg	h'' kJ/kg	r kJ/kg	s' kJ/kgK	s'' kJ/kgK
0,006108	0	1,0002	206,3	-0,04	2501,6	2501,6	-0,0002	9,1577
0,007055	2	1,0001	179,9	8,39	2505,2	2496,8	0,0306	9,1047
0,008129	4	1,0000	157,3	16,8	2508,9	2492,1	0,0611	9,0526
0,009345	6	1,0000	137,8	25,21	2512,6	2487,4	0,0913	9,0015
0,010720	8	1,0001	121,0	33,60	2516,2	2482,6	0,1213	8,9513
0,012270	10	1,0003	106,4	41,99	2519,9	2477,9	0,1510	8,9020
0,014014	12	1,0004	93,84	50,38	2523,6	2473,2	0,1805	8,8536
0,015973	14	1,0007	82,90	58,75	2527,2	2468,5	0,2098	8,8060
0,018168	16	1,0010	73,38	67,13	2530,9	2463,8	0,2388	8,7593
0,02062	18	1,0013	65,09	75,50	2534,5	2459,0	0,2677	8,7135
0,02337	20	1,0017	57,84	83,86	2538,2	2454,3	0,2963	8,6684
0,02642	22	1,0022	51,49	92,23	2541,8	2449,6	0,3247	8,6241
0,02982	24	1,0026	45,93	100,59	2545,5	2444,9	0,3530	8,5806
0,03360	26	1,0032	41,03	108,95	2549,1	2440,2	0,3810	8,5379
0,03778	28	1,0037	36,73	117,31	2552,7	2435,4	0,4088	8,4959
0,04241	30	1,0043	32,93	125,66	2556,4	2430,7	0,4365	8,4546
0,04753	32	1,0049	29,57	134,02	2560,0	2425,9	0,4640	8,4140
0,05318	34	1,0056	26,60	142,38	2563,6	2421,2	0,4913	8,3740
0,05940	36	1,0063	23,97	150,74	2567,2	2416,4	0,5184	8,3348
0,06624	38	1,0070	21,63	159,09	2570,8	2411,7	0,5453	8,2962
0,07375	40	1,0078	19,55	167,45	2574,4	2406,9	0,5721	8,2583
0,08198	42	1,0086	17,69	175,81	2577,9	2402,1	0,5987	8,2209
0,09100	44	1,0094	16,04	184,17	2581,5	2397,3	0,6252	8,1842
0,10086	46	1,0103	14,56	192,53	2585,1	2392,5	0,6514	8,1481
0,11162	48	1,0112	13,23	200,89	2588,6	2387,7	0,6776	8,1125
0,12335	50	1,0121	12,05	209,26	2592,2	2382,9	0,7035	8,0776
0,13613	52	1,0131	10,98	217,62	2595,7	2378,1	0,7293	8,0432
0,15002	54	1,0140	10,02	225,98	2599,2	2373,2	0,7550	8,0093
0,16511	56	1,0150	9,159	234,35	2602,7	2368,4	0,7804	7,9759
0,18147	58	1,0161	8,381	242,72	2606,2	2363,5	0,8058	7,9431
0,20313	60	1,0171	7,679	251,09	2609,7	2358,6	0,8310	7,9108
0,3116	70	1,0228	5,046	292,97	2626,9	2334,0	0,9548	7,7565
0,4736	80	1,0292	3,409	334,92	2643,8	2308,8	1,0753	7,6132
0,7011	90	1,0361	2,361	376,94	2660,1	2283,2	1,1925	7,4799

A-17 a Zustandsgrößen von Wasser und Wasserdampf im Sättigungszustand als Funktion der Temperatur

A-17 b Zustandsgrößen von Wasser und Wasserdampf im Sättigungszustand als Funktion der Temperatur

Druck	Tempe-ratur	spezifisches Volumen		Enthalpie		Verdamp-fungs-wärme	Entropie	
		der siedenden Flüssigkeit	des Dampfes	der siedenden Flüssigkeit	des Dampfes		der siedenden Flüssigkeit	des Dampfes
p	t_S	v'	v''	h'	h''	r	s'	s''
bar	°C	dm³/kg	m³/kg	kJ/kg	kJ/kg	kJ/kg	kJ/kgK	kJ/kgK
1,0133	100	1,0437	1,673	419,06	2676,0	2256,9	1,3069	7,3554
1,2080	105	1,0477	1,419	440,17	2683,7	2243,6	1,3630	7,2962
1,4327	110	1,0519	1,210	461,32	2691,3	2230,6	1,4185	7,2388
1,6906	115	1,0562	1,036	482,50	2698,7	2216,2	1,4733	7,1832
1,9854	120	1,0606	0,8915	503,72	2706,0	2202,2	1,5276	7,1293
2,3210	125	1,0652	0,7702	524,99	2713,0	2188,0	1,5813	7,0769
2,7013	130	1,0700	0,6681	546,31	2719,9	2173,6	1,6344	7,0261
3,131	135	1,0750	0,5818	567,68	2726,6	2158,9	1,6869	6,9766
3,614	140	1,0801	0,5085	589,10	2733,1	2144,0	1,7390	6,9284
4,155	145	1,0853	0,4460	610,60	2739,3	2128,7	1,7906	6,8815
4,760	150	1,0908	0,3924	632,15	2745,4	2113,2	1,8416	6,8358
5,433	155	1,0964	0,3464	653,78	2751,2	2097,4	1,8923	6,7911
6,181	160	1,1022	0,3068	675,47	2756,7	2081,3	1,9425	6,7475
7,008	165	1,1082	0,2724	697,25	2762,0	2064,8	1,9923	6,7048
7,920	170	1,1145	0,2426	719,12	2767,1	2047,9	2,0416	6,6630
10,027	180	1,1275	0,1938	763,12	2776,3	2013,1	2,1393	6,5819
12,551	190	1,1415	0,1563	807,52	2784,3	1976,7	2,2356	6,5036
15,549	200	1,1565	0,1272	852,37	2790,9	1938,6	2,3307	6,4278
19,077	210	1,1726	0,1042	897,74	2796,2	1898,5	2,4247	6,3539
23,198	220	1,1900	0,08604	943,67	2799,9	1856,2	2,5178	6,2817
39,776	250	1,2513	0,05004	1085,8	2800,4	1714,6	2,7935	6,0708
85,927	300	1,4041	0,02165	1345,0	2751,0	1406,0	3,2552	5,7081
120,56	325	1,5289	0,01419	1494,0	2688,0	1194,0	3,5008	5,4969
165,35	350	1,7411	0,008799	1671,9	2567,7	895,7	3,7800	5,2177
221,20	374,15	3,1700	0,003170	2107,4		0,0	4,4429	

Druck	Tempe-ratur	spezifisches Volumen		Dampf-dichte	Enthalpie		Verdamp-fungs-wärme	Entropie		innere Energie	
		der siedenden Flüssigkeit	des Dampfes		der siedenden Flüssigkeit	des Dampfes		der siedenden Flüssigkeit	des Dampfes	der siedenden Flüssigkeit	des Dampfes
p	t_S	v'	v''	ρ''	h'	h''	r	s'	s''	u'	u''
bar	°C	m³/kg	m³/kg	kg/m³	kJ/kg	kJ/kg	kJ/kg	kJ/kgK	kJ/kgK	kJ/kg	kJ/kg
0,020	17,514	0,0010014	66,7	0,01493	73,52	2533	2459	0,2609	8,722	73,45	2398,7
0,040	28,979	0,0010041	34,81	0,02873	121,42	2554	2433	0,4225	8,473	110,43	2411,2
0,060	36,18	0,0010064	23,74	0,04212	151,50	2567	2415	0,5207	8,328	151,42	2424,2
0,080	41,54	0,0010085	18,10	0,05525	173,9	2576	2402	0,5927	8,227	171,56	2430,65
0,10	45,84	0,0010103	14,68	0,06812	191,9	2584	2392	0,6492	8,149	191,7	2437,1
0,20	60,08	0,0010171	7,647	0,1308	251,4	2609	2358	0,8321	7,907	251,3	2455,9
0,40	75,88	0,0010264	3,994	0,2504	317,7	2636	2318	1,0261	7,670	317,4	2475,9
0,80	93,52	0,0010385	2,087	0,4792	391,8	2665	2273	1,2330	7,434	391,5	2497,3
1,0	99,64	0,0010432	1,694	0,5903	417,4	2675	2258	1,3026	7,360	417,2	2504,4
1,2	104,81	0,0010472	1,429	0,6999	439,4	2683	2244	1,3606	7,298	439,1	2510,4
1,4	109,33	0,0010510	1,236	0,8088	458,5	2690	2232	1,4109	7,246		
1,6	113,32	0,0010543	1,091	0,9164	475,4	2696	2221	1,4550	7,202	475,0	2519,9
2,0	120,23	0,0010605	0,8854	1,129	504,8	2707	2202	1,5302	7,127	504,3	2527,6
3,0	133,54	0,0010733	0,6057	1,651	561,4	2725	2164	1,672	6,992	560,9	2537,0
4,0	143,62	0,0010836	0,4624	2,163	604,7	2738	2133	1,777	6,897	604,0	2551,7
5,0	151,84	0,0010926	0,3747	2,669	640,1	2749	2109	1,860	6,822	639,4	2559,5
6,0	158,84	0,0011007	0,3156	3,169	670,5	2757	2086	1,931	6,761	669,4	2565,9
7,0	164,96	0,0011081	0,2728	3,666	697,2	2764	2067	1,992	6,709	695,6	2571,2
8,0	170,42	0,0011149	0,2403	4,161	720,9	2769	2048	2,046	6,663	719,7	2575,8
9,0	175,35	0,0011213	0,2149	4,654	742,8	2774	2031	2,094	6,623	741,2	2579,7

A-18 a Zustandsgrößen von Wasser und Dampf im Sättigungszustand als Funktion des Druckes

Druck	Tempe-ratur	spezifisches Volumen		Dampf-dichte	Enthalpie		Verdamp-fungs-wärme	Entropie		innere Energie	
		der siedenden Flüssigkeit	des Dampfes		der siedenden Flüssigkeit	des Dampfes		der siedenden Flüssigkeit	des Dampfes	der siedenden Flüssigkeit	des Dampfes
p	t_S	v'	v''	ρ''	h'	h''	r	s'	s''	u'	u''
bar	°C	m³/kg	m³/kg	kg/m³	kJ/kg	kJ/kg	kJ/kg	kJ/kgK	kJ/kgK	kJ/kg	kJ/kg
10	179,88	0,0011273	0,1946	5,139	762,7	2778	2015	2,138	6,587	761,1	2583,1
20	212,37	0,0011766	0,09958	10,041	908,5	2799	1891	2,447	6,340	905,7	2601,3
30	233,83	0,0012163	0,06665	15,00	1008,3	2804	1796	2,646	6,186	1004,1	2605,5
40	250,33	0,0012520	0,04977	20,09	1087,5	2801	1713	2,796	6,070	1081,7	2603,5
50	263,91	0,0012857	0,03944	25,35	1154,4	2794	1640	2,921	5,973	1147,4	2597,8
60	275,56	0,0013185	0,03243	30,84	1213,9	2785	1570,8	3,027	5,890	1205,2	2589,7
70	285,80	0,0013510	0,02737	36,54	1267,4	2772	1504,9	3,122	5,814	1257,2	2580,1
80	294,98	0,0013838	0,02352	42,52	1317,0	2758	14441,1	3,208	5,745	1305,7	2569,2
90	303,32	0,0014174	0,02046	48,83	1363,7	2743	1379,3	3,287	5,678	1350,2	2557,6
100	310,96	0,0014521	0,01803	55,46	1407,7	2725	1317,0	3,360	5,615	1392,5	2545,3
150	342,11	0,001658	0,01035	96,62	1610	2611	1001,1	3,684	5,310	1584,0	2455,4
200	365,71	0,00204	0,00585	170,9	1827	2410	583	4,015	4,928	1785,5	2297,8
221,2 (krit.)	374,12	0,00317		315,2	2107		0	4,4429		2029,3	

p	1 bar t_s = 99,63 °C			5 bar t_s = 151,84 °C			10 bar t_s 179,88 °C			15 bar t_s = 198,29 °C			25 bar t_s = 223,94 °C		
	v"	h"	s"	v"	h"	s"	v"	h"	s"	v"	h"	s"	v"	h"	s"
	1,694	2675,4	7,3598	0,3747	2747,5	6,8192	0,1943	2776,2	6,5828	0,1317	2789,9	6,4406	0,0799	2800,9	6,2536
t °C	$v^{1)}$ m³/kg	h kJ/kg	s kJ/(kgK)	$v^{1)}$ dm³/kg	h kJ/kg	s kJ/(kgK)	$v^{1)}$ dm³/kg	h kJ/kg	s kJ/(kgK)	$v^{1)}$ dm³/kg	h kJ/kg	s kJ/(kgK)	$v^{1)}$ dm³/kg	h kJ/kg	s kJ/(kgK)
0	1,0002	0,1	-0,0001	1,0000	0,5	-0,0001	0,9997	1,0	-0,0001	0,9995	1,5	0,0000	0,9990	2,5	0,0000
20	1,0017	84,0	0,2963	1,00015	84,3	0,2962	1,0013	84,8	0,2961	1,0010	85,3	0,2960	1,0006	86,2	0,2958
40	1,0078	167,5	0,5721	1,0076	167,9	0,5719	1,0074	168,3	0,5717	1,0071	168,8	0,5715	1,0067	169,7	0,5711
60	1,0171	251,2	0,8309	1,0169	251,5	0,8307	1,0167	251,9	0,8305	1,0165	252,3	0,8302	1,0160	253,2	0,8297
80	1,0293	334,8	1,0746	1,0291	335,5	1,0744	1,0288	335,2	1,0740	1,0286	335,9	1,0737	1,0281	336,7	1,0730
100	1,696	2676,2	7,3618	1,0435	419,4	1,3066	1,0432	419,7	1,3062	1,0430	420,1	1,3058	1,0425	420,9	1,3050
120	1,793	2716,5	7,4670	1,0605	503,9	1,5273	1,0602	504,3	1,5269	1,0599	504,6	1,5264	1,0593	505,3	1,5255
150	1,936	2776,3	7,6137	1,0908	632,2	1,8416	1,0904	632,5	1,8410	1,0901	632,8	1,8405	1,0894	633,4	1,8394
200	2,172	2875,4	7,8349	0,4250	2855,1	7,0592	0,2059	2826,8	6,6922	0,1324	2794,7	6,4508	1,1555	852,8	2,3292
250	2,406	2974,5	8,0342	0,4744	2961,1	7,2721	0,2327	2943,0	6,9259	0,1520	2923,5	6,7099	0,0870	2879,5	6,4077
300	2,639	3074,5	8,2166	0,5226	3064,8	7,4614	0,2580	3052,1	7,1251	0,1697	3038,9	6,9207	0,0989	3010,4	6,6470
350	2,871	3175,6	8,3858	0,5701	3168,1	7,6343	0,2824	3158,5	7,3031	0,1865	3148,7	7,1044	0,1098	3128,2	6,8442
400	3,102	3278,2	8,5442	0,6172	3272,1	7,7948	0,3065	3264,4	7,4665	0,2029	3256,6	7,2709	0,1200	3240,7	7,0178
450	3,334	3382,4	8,6934	0,6640	3377,2	7,9454	0,3303	3370,8	7,6190	0,2191	3364,3	7,4253	0,1300	3351,3	7,1763
500	3,565	3488,1	8,8348	0,7108	3483,8	8,0879	0,3540	3478,3	7,7627	0,2350	3472,8	8,5703	0,1399	3461,7	7,3240
550	3,797	3595,6	8,9695	0,7574	3591,8	8,2233	0,3775	3567,1	7,8991	0,2509	3582,4	7,7077	0,1496	3572,9	7,4633
600	4,028	3704,8	9,0982	0,8039	3701,5	8,3526	0,4010	3697,4	8,0292	0,2667	3693,3	7,8385	0,1592	3685,1	7,5956
650	4,259	3815,7	9,2217	0,8504	3812,8	8,4766	0,4244	3809,3	8,1537	0,2824	3805,7	7,9636	0,1688	3798,6	7,7220
700	4,490	3928,2	9,3405	0,8968	3925,8	8,5957	0,4477	3922,7	8,2734	0,2980	3919,6	8,0838	0,1783	3913,4	7,6431
750	4,721	4042,5	9,4549	0,9432	4040,3	8,7105	0,4710	4037,6	8,3885	0,3136	4034,9	8,1993	0,1877	4029,5	7,9595
800	4,952	4158,3	9,5654	0,9896	4156,4	8,8213	0,4943	4154,1	8,4997	0,3292	4151,7	8,3108	0,1971	4147,0	8,0716

1) Für $t < t_s$ ist das spezifische Volumen der Flüssigkeit in dm³/kg, für $t > t_s$ ist das Volumen des Dampfes in m³/kg angegeben.

A-19 a Zustandsgrößen von Wasser und überhitztem Wasserdampf, t_s = Sättigungstemperatur

p	50 bar t_s = 263,91 °C			100 bar t_s = 310,96 °C			200 bar			300 bar			400 bar		
	v"	h"	s"	v"	h"	s"	v"	h"	s"						
	0,03943	2794,2	5,9735	0,01804	2727,7	5,6198	0,00591	2416,0	4,9375						
t	v1)	h	s	v1)	h	s	v	h	s	v	h	s	v	h	s
°C	m³/kg	kJ/kg	kJ/(kgK)	dm³/kg	kJ/kg	kJ/(kgK)	dm³/kg	kJ/kg	kJ/(kgK)	dm³/kg	kJ/kg	kJ/(kgK)	dm³/kg	kJ/kg	kJ/(kgK)
0	0,9977	5,1	0,0002	0,9953	10,1	0,0005	0,9904	20,2	0,011	0,9857	30,0	0,0008	9,9811	39,7	0,0004
20	0,9995	88,6	0,2952	0,9972	93,2	0,2942	0,9928	102,5	0,2919	0,9886	111,7	0,2895	0,9845	120,8	0,2870
40	1,0056	171,9	0,5702	1,0034	176,3	0,5682	0,9992	184,9	0,5639	0,9951	193,8	0,5604	0,9910	202,5	0,5565
60	1,0149	255,3	0,8283	1,0127	259,4	0,8257	1,0035	226,2	0,6937	1,0041	276,1	0,8153	1,0001	284,5	0,8102
80	1,0269	338,7	1,0714	1,0246	342,6	1,0681	1,0020	350,6	1,0617	1,0156	358,5	1,0554	1,0114	366,5	1,0492
100	1,0412	422,7	1,3030	1,0386	426,5	1,2992	1,0338	433,9	1,2911	1,0289	441,6	1,2843	1,0244	449,2	1,2771
120	1,0579	507,1	1,5233	1,0551	510,6	1,5188	1,0498	517,6	1,5096	1,0445	524,9	1,5017	1,0395	532,1	1,4935
150	1,0877	635,0	1,8366	1,0843	638,1	1,8312	1,0781	644,2	1,8199	1,0718	650,9	1,8105	1,0660	657,4	1,8007
200	1,1530	853,8	2,3253	1,1480	855,9	2,3176	1,1390	859,9	2,3016	1,1301	865,2	2,2891	1,1220	870,2	2,2759
250	1,2494	1085,8	2,7910	1,2406	1085,8	2,7792	1,2251	1086,1	2,7558	1,2107	1088,4	2,7374	1,1981	1090,8	2,7188
300	0,04530	2925,2	6,2105	1,3979	1343,4	3,2488	1,3602	1333,6	3,2073	1,3316	1326,7	3,1756	1,3077	1325,4	3,1469
350	0,05194	3071,2	6,4545	0,02242	2925,8	5,9489	1,6651	1634,9	3,7248	1,5514	1606,6	3,6394	1,4882	1586,7	3,5831
400	0,05779	3198,3	6,6508	0,02641	3099,9	6,2182	0,00995	2815,0	5,5488	2,8306	2161,8	4,4896	1,9091	1934,1	4,1190
450	0,06325	3317,5	6,8217	0,02974	3243,6	6,4243	0,01273	3064,0	5,9064	6,710	2822,3	5,4429	3,720	2504,5	4,9404
500	0,06849	3433,7	6,9770	0,03276	3374,6	6,5994	0,01480	3245,8	6,1498	8,681	3085,0	5,7972	5,616	2906,8	5,4762
550	0,07360	3549,0	7,1215	0,03560	3499,8	6,7564	0,01655	3400,3	6,3435	10,166	3277,4	6,0386	6,982	3151,6	5,7835
600	0,07862	3664,5	7,2578	0,03832	3622,7	6,9013	0,01814	3542,0	6,5107	11,436	3443,0	6,2340	8,088	3346,4	6,0135
650	0,08356	3780,7	7,3872	0,04096	3744,7	7,0373	0,01962	3677,1	6,6612	12,582	3595,0	6,4033	9,053	3517,0	6,2035
700	0,08645	3897,9	7,5108	0,04355	3866,8	7,1660	0,02103	3808,5	6,7998	13,647	3739,7	6,5560	9,930	3674,8	6,3701
750	0,09329	4016,1	7,6292	0,04608	3989,1	7,2886	0,02240	3937,8	6,9294	14,654	3880,3	6,6970	10,748	3825,5	6,5210
800	0,09809	4135,3	7,7431	0,04858	4112,0	7,4058	0,02373	4065,9	7,0517	15,619	4018,5	6,8288	11,521	3971,7	6,6606

1) Für $t < t_s$ ist das spezifische Volumen der Flüssigkeit in dm³/kg,
   für $t > t_s$ ist das spezifische Volumen des Dampfes in m³/kg angegeben.

A-19 b   Zustandsgrößen von Wasser und überhitztem Wasserdampf,
t_s = Sättigungstemperatur

t °C		Relative Luftfeuchtigkeit in %				
		20	40	60	80	100
0	pD	1,22	2,44	3,67	4,89	6,11
	x	0,76	1,52	2,29	3,06	3,82
	h	1,90	3,80	5,70	7,60	9,55
1	pD	1,31	2,62	3,94	5,25	6,56
	x	0,82	1,63	2,46	3,28	4,11
	h	3,05	5,07	7,15	9,20	11,3
2	pD	1,41	2,82	4,23	5,64	7,05
	x	0,88	1,76	2,64	3,53	4,42
	h	4,20	6,40	8,60	10,8	13,1
3	pD	1,51	3,03	4,54	6,06	7,57
	x	0,94	1,89	2,84	3,79	4,75
	h	5,35	7,73	10,1	12,5	14,9
4	pD	1,63	3,25	4,88	6,50	8,13
	x	1,02	2,03	3,05	4,07	5,10
	h	6,55	9,09	11,6	14,2	16,8
5	pD	1,74	3,48	5,23	6,97	8,72
	x	1,08	2,17	3,27	4,37	5,47
	h	7,71	10,4	13,2	16,0	18,7
6	pD	1,87	3,74	5,61	7,48	9,35
	x	1,17	2,34	3,51	4,69	5,87
	h	8,93	11,9	14,8	17,8	20,7
7	pD	2,00	4,00	6,00	8,00	10,01
	x	1,25	2,50	3,75	5,02	6,29
	h	10,1	13,3	16,4	19,6	22,8
8	pD	2,14	4,29	6,43	8,58	10,72
	x	1,33	2,68	4,03	5,38	6,74
	h	11,3	14,7	18,1	21,5	25,0
9	pD	2,29	4,59	6,88	9,18	11,47
	x	1,43	2,87	4,31	5,76	7,22
	h	12,6	16,2	19,8	23,5	27,2
10	pD	2,45	4,91	7,36	9,82	12,27
	x	1,53	3,07	4,61	6,17	7,73
	h	13,9	17,7	21,6	25,5	29,5
12	pD	2,80	5,60	8,41	11,2	14,0
	x	1,75	3,50	5,28	7,05	8,84
	h	16,4	20,8	25,3	29,8	34,3
14	pD	3,20	6,40	9,60	12,8	16,0
	x	2,00	4,01	6,03	8,06	10,1
	h	19,1	24,1	29,2	34,4	39,5
16	pD	3,63	7,27	10,9	14,5	18,2
	x	2,27	4,56	6,85	9,15	11,5
	h	21,7	27,5	33,3	39,1	45,1
18	pD	4,12	8,25	12,4	16,5	20,6
	x	2,57	5,17	7,81	10,4	13,1
	h	24,5	31,1	37,8	44,3	51,2

t °C		Relative Luftfeuchtigkeit in %				
		20	40	60	80	100
20	pD	4,67	9,35	14,0	18,7	23,4
	x	2,92	5,87	8,83	11,9	14,9
	h	27,6	34,9	42,4	50,2	57,8
22	pD	5,28	10,6	15,9	21,1	26,4
	x	3,30	6,66	10,1	13,4	16,9
	h	30,4	38,9	47,7	56,0	64,9
24	pD	5,96	11,9	17,9	23,9	29,8
	x	3,73	7,49	11,3	15,2	19,1
	h	33,5	43,1	52,8	62,7	72,6
26	pD	6,72	13,4	20,2	26,9	33,6
	x	4,12	8,45	12,8	17,2	21,6
	h	36,7	47,5	58,6	69,8	81,1
28	pD	7,56	15,1	22,7	30,2	37,8
	x	4,74	9,54	14,5	19,4	24,4
	h	40,1	52,3	65,0	77,5	90,3
30	pD	8,48	17,0	25,4	33,9	42,4
	x	5,32	10,8	16,2	21,8	27,5
	h	43,6	57,6	71,4	85,7	100,3
32	pD	9,51	19,0	28,5	38,0	47,5
	x	5,97	12,1	18,3	24,6	31,1
	h	47,3	63,0	78,8	95,0	111,3
34	pD	10,6	21,3	31,9	42,5	53,2
	x	6,66	13,5	20,5	27,6	34,9
	h	51,1	68,6	86,5	104,7	123,7
36	pD	11,9	23,8	35,6	47,8	59,4
	x	7,49	15,2	23,0	31,2	39,3
	h	55,2	75,0	95,0	116,1	136,9
38	pD	13,2	26,5	39,7	53,0	66,2
	x	8,32	16,9	25,7	34,8	44,1
	h	59,4	81,4	104,1	127,5	151,4
40	pD	14,8	29,5	44,3	59,0	73,8
	x	9,34	18,9	28,8	39,0	49,5
	h	64,0	88,7	114,1	140,4	167,7
42	pD	16,4	32,8	49,2	65,6	82,0
	x	10,4	21,1	32,2	43,7	55,5
	h	68,8	96,4	125,0	154,7	185,3
44	pD	18,2	36,4	54,6	72,8	91,0
	x	11,5	23,5	35,9	48,8	62,3
	h	73,7	104,7	136,8	170,0	204,9
46	pD	20,2	40,3	60,5	80,7	100,8
	x	12,8	26,1	40,1	54,6	69,8
	h	79,1	113,5	149,7	187,2	226,2
48	pD	22,3	44,6	67,0	89,3	11,6
	x	14,2	29,0	44,7	61,0	78,1
	h	84,8	123,1	163,7	206,0	250,2
50	pD	24,7	49,3	74,0	98,7	123,3
	x	15,8	32,8	49,7	68,1	87,5
	h	91,0	133,8	178,9	226,6	276,9

A-20 Zustandsgrößen feuchter Luft bei p = 1000 mbar,
$[p_D]$ = mbar, $[x]$ = g/kg, $[h]$ = kJ/(1+x) kg

Oberfläche	t in °C	
Gold poliert	130	0,018
	400	0,022
Kupfer poliert	20	0,03
- leicht angelaufen	20	0,037
- schwarz oxidiert	20	0,78
Aluminiumbronzeanstrich	100	0,2 bis 0,4
Messing oxidiert	200	0,61
	600	0,59
Nickel blank	100	0,041
- poliert	100	0,045
Chrom poliert	150	0,58
Eisen blank geätzt	150	0,128
- abgeschmirgelt	20	0,24
- rot angerostet	20	0,61
- Walzhaut	20	0,77
	130	0,6
- Gußhaut	100	0,8
- hitzebeständig oxidiert	80	0,613
	200	0,639
- stark verrostet	20	0,85
Ton gebrannt	70	0,91
Heizkörperlack	100	0,925
Mennigeanstrich	100	0,93
Emaille, Lacke	20	0,85 bis 0,95
schwarzer Lack matt	80	0,97
Bakelitlack	80	0,935
Ziegelstein, Mörtel, Putz	20	0,93
Porzellan	20	0,92 bis 0,94
Glas	90	0,94
	838	0,47
Eis glatt, Wasser	0	0,966
Eis rauher Reifbelag	0	0,985
Wasserglasrußanstrich	20	0,96
Papier	95	0,92
Holz (Buche)	70	0,935
Dachpappe	20	0,93

A-21   Emissionszahlen verschiedener Materialien

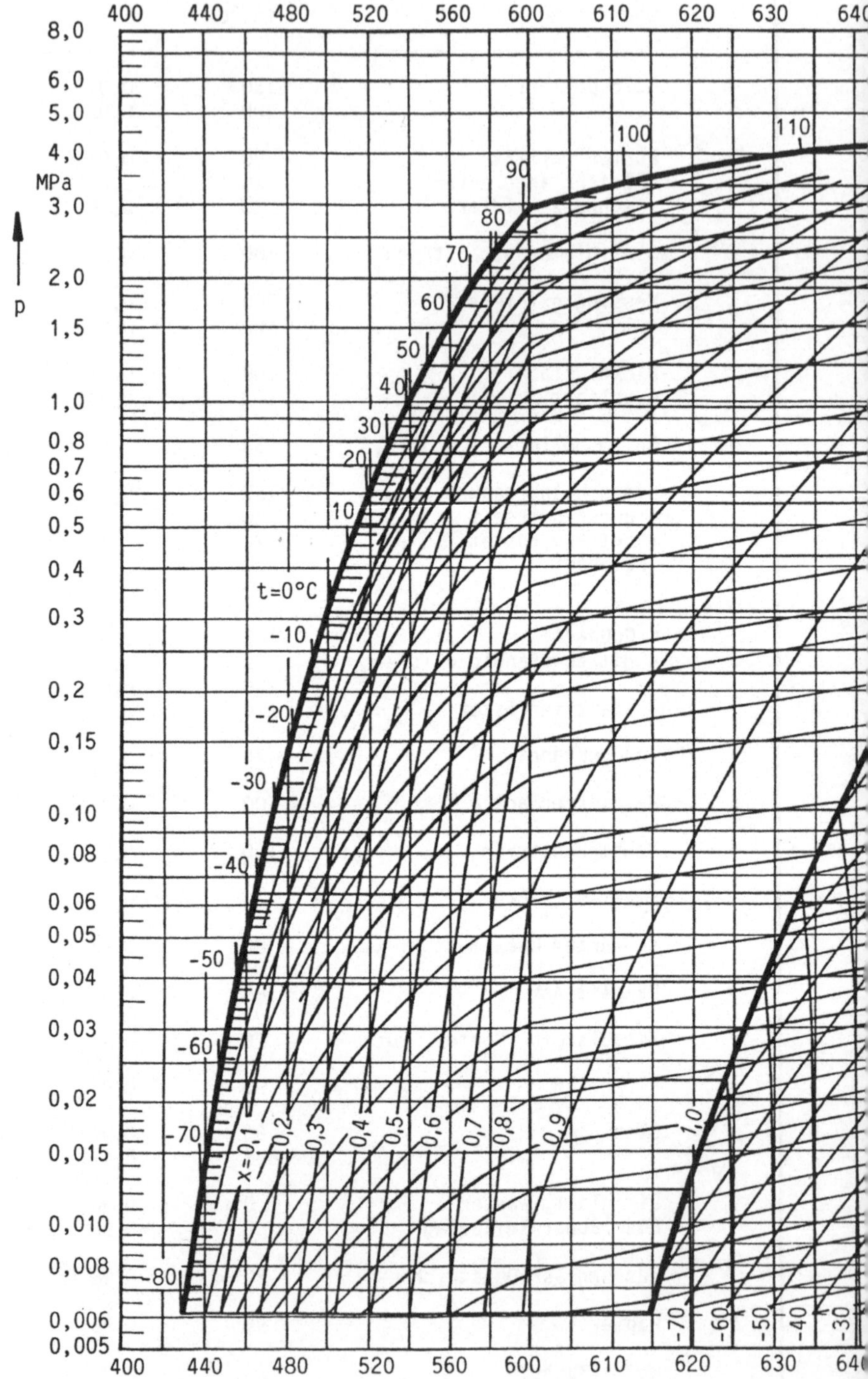

A-22   Mollier-lg p,h-Diagramm für Kältemittel R 12   /12/

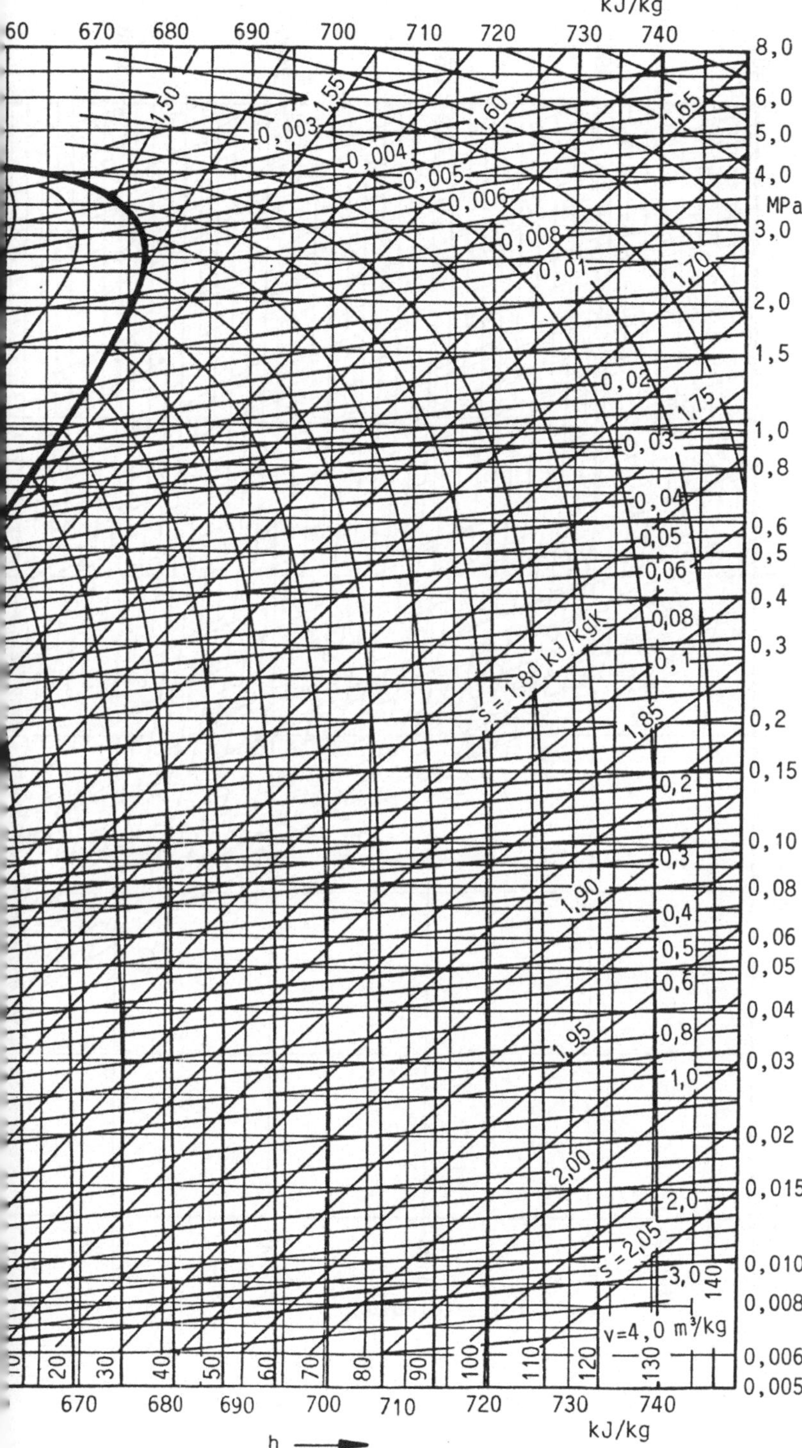

kJ/kg
660 670 680 690 700 710 720 730 740
8,0
6,0
5,0
4,0
MPa
3,0
2,0
1,5
1,0
0,8
0,6
0,5
0,4
0,3
0,2
0,15
0,10
0,08
0,06
0,05
0,04
0,03
0,02
0,015
0,010
0,008
0,006
0,005
1,50
1,55
1,60
1,65
1,70
1,75
0,003
0,004
0,005
0,006
0,008
0,01
0,02
0,03
0,04
0,05
0,06
0,08
0,1
0,2
0,3
0,4
0,5
0,6
0,8
1,0
2,0
3,0
v=4,0 m³/kg
S = 1,80 kJ/kgk
1,85
1,90
1,95
2,00
S = 2,05
140
130
120
110
100
90
80
70
60
50
40
30
20
10
670 680 690 700 710 720 730 740
kJ/kg
h

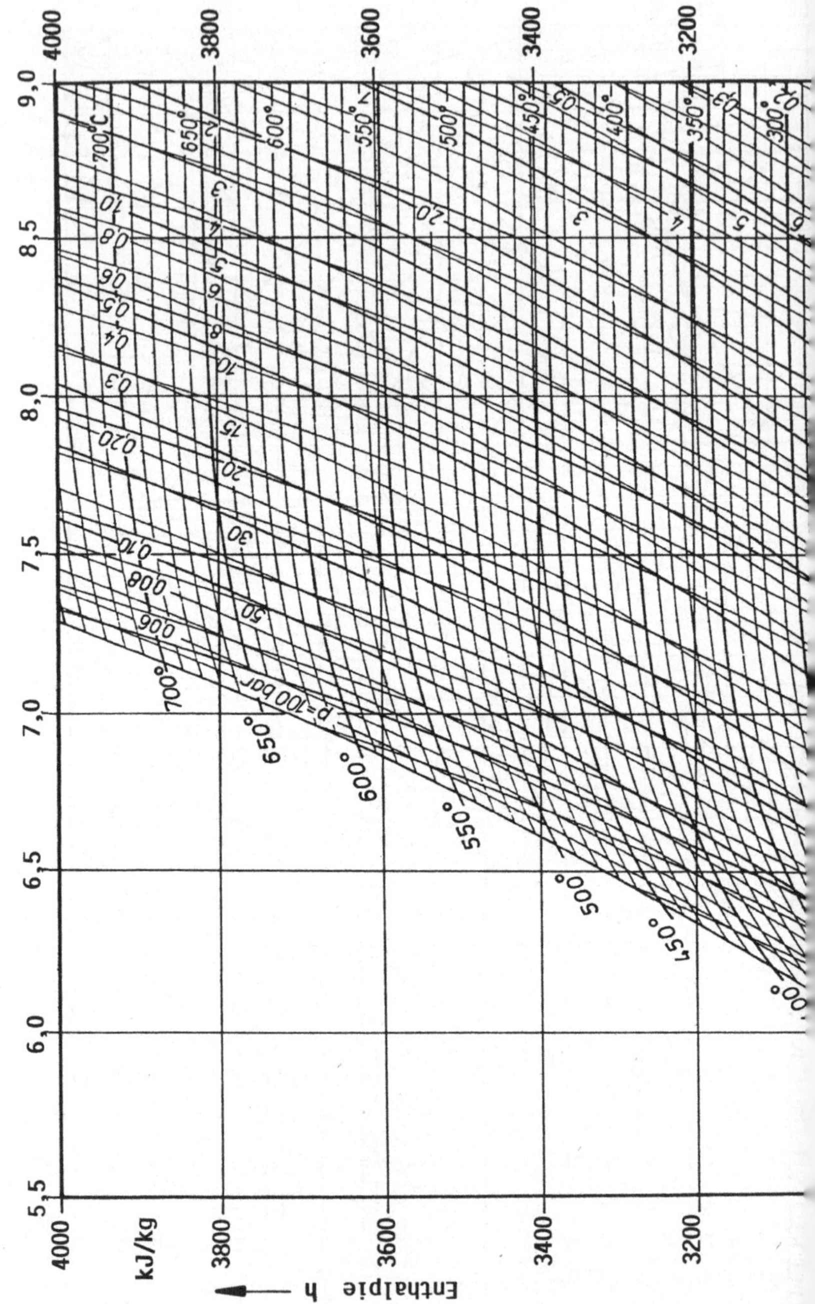

A-23 Mollier-h,s-Diagramm für Wasserdampf (mit v-Linien
Zahlenwerte gelten für die Linien, auf denen sie s

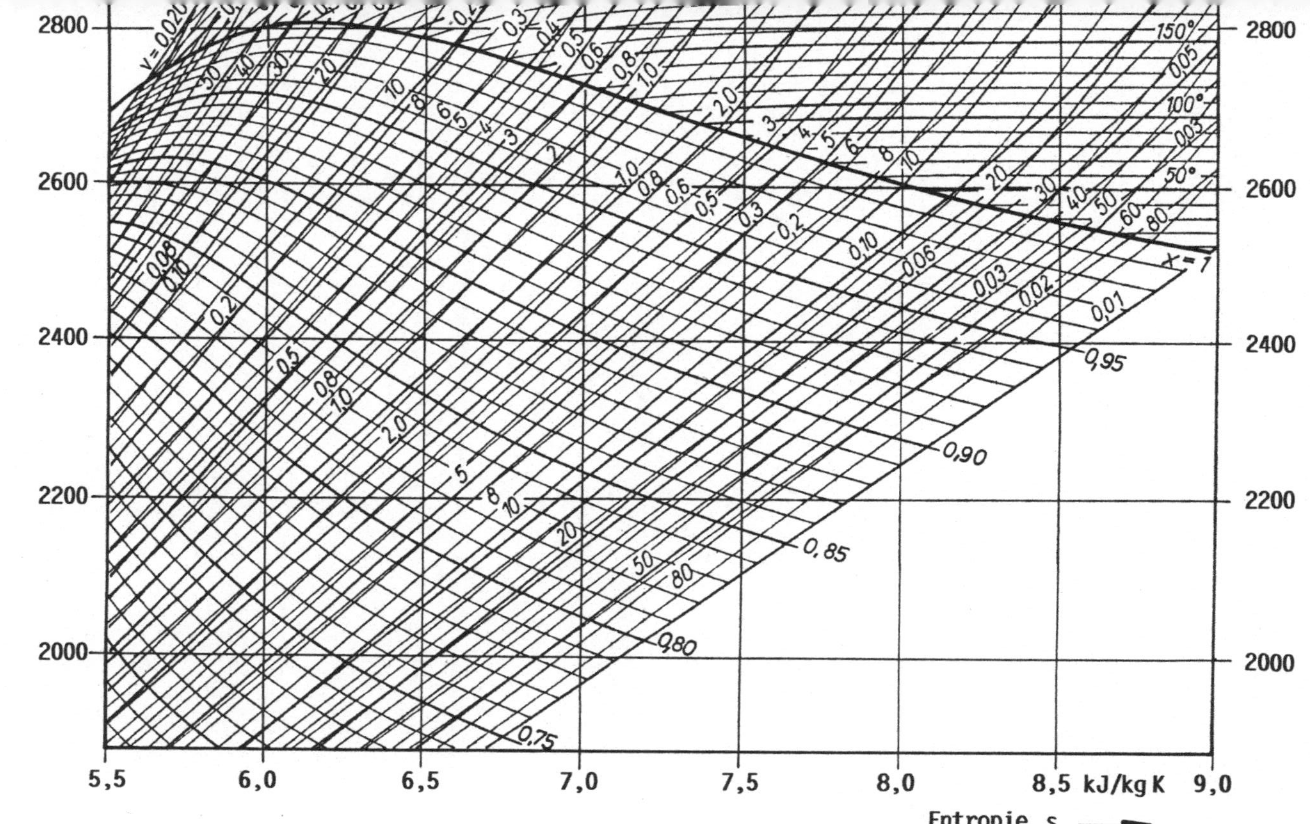

Entropie s
5,5 6,0 6,5 7,0 7,5 8,0 8,5 kJ/kg K 9,0
2000 2200 2400 2600 2800
x=1
0,75 0,80 0,85 0,90 0,95
150° 100° 50°

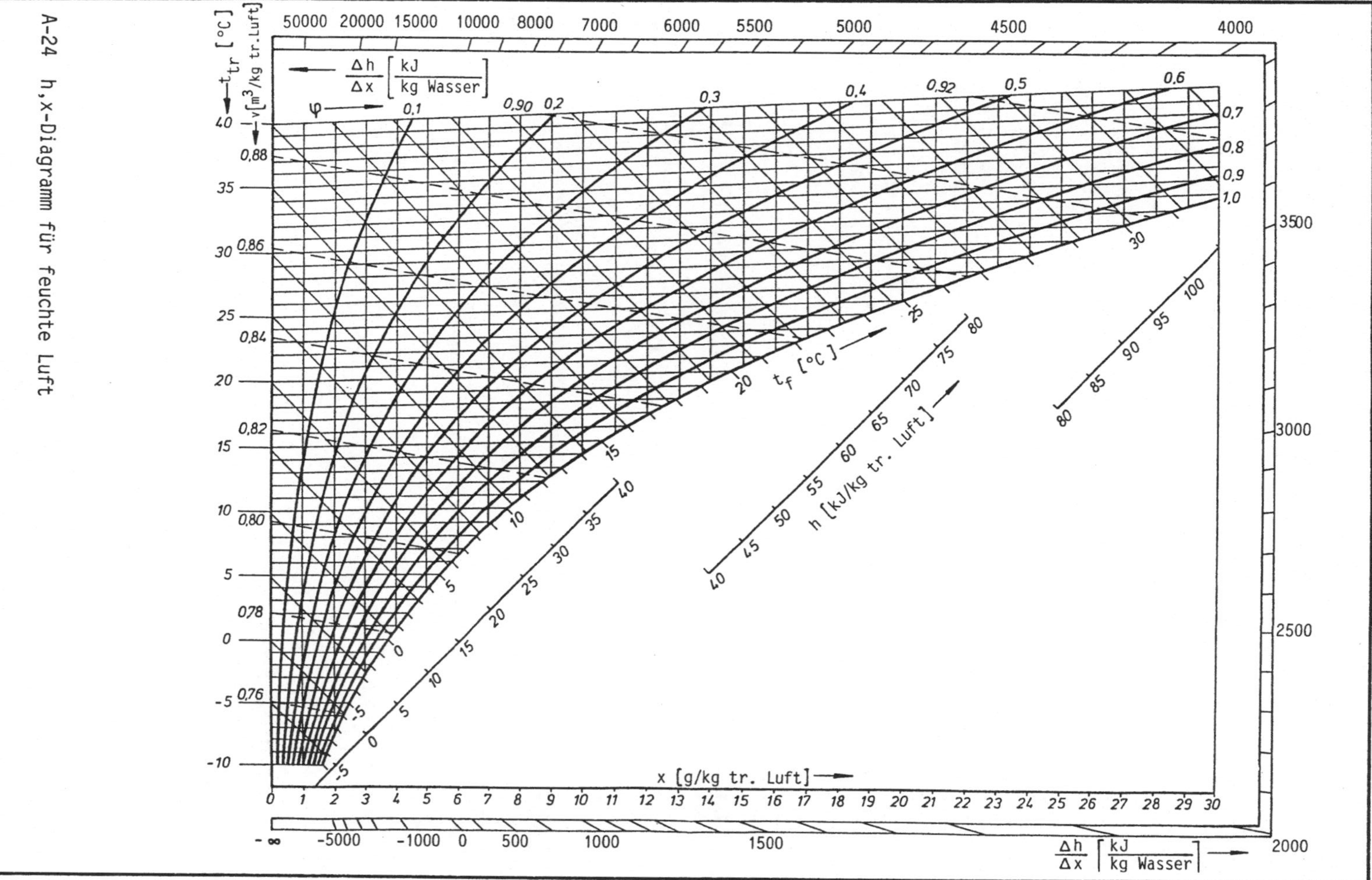

A-24   h,x-Diagramm für feuchte Luft

Energieberatung/ Energiemanagement

Herausgeber: **D. Winje, R. Hanitsch**

Band 1: Energiemanagement
von G. Borch, M. Fürböck, L. Mansfeld, D. Winje
1986. Etwa 320 Seiten. Gebunden DM 84,-. ISBN 3-540-16614-9

Inhaltsübersicht: Grundlagen des Energiemanagements. – Betriebliche Energiemanagementprogramme. – Energieversorgungskonzepte – Regionales Energiemanagement. – Rahmenbedingungen des Energiemanagements.

Band 2: Energiewirtschaft
von D. Winje, D. Witt
1986. Etwa 300 Seiten. Gebunden DM 84,-. ISBN 3-540-16612-2

Inhaltsübersicht: Grundzusammenhänge der Energiewirtschaft. – Wirtschaftlichkeitsberechnung.

Band 3: Physikalisch-technische Grundlagen
von G. Bartsch
1986. Etwa 300 Seiten. Gebunden DM 84,-. ISBN 3-540-16615-7

Inhaltsübersicht: Thermodynamik der Energiewandlung. – Grundlagen der Wärmeübertragung. – Strömungslehre.

Band 4: Wärmetechnik
von K. Endrullat, P. Epinatjeff, D. Petzold, H. Protz
1986. Etwa 300 Seiten. Gebunden DM 84,-. ISBN 3-540-16616-5

Inhaltsübersicht: Grundlagen der Heiz- und Lufttechnik. – Anwendung der Heiz- und Lufttechnik. – Wärmepumpen und Abwärmenutzung.

Band 5: Elektrische Energietechnik
von R. Hanitsch, U. Lorenz, D. Petzold
1986. Etwa 300 Seiten. Gebunden DM 84,-. ISBN 3-540-16613-0

Inhaltsübersicht: Verteilung und Verbrauch elektrischer Energie. – Spezielle Energiewandler. – Meß-und Regelungstechnik.

Band 6: Rationelle Energieverwendung im Hochbau
von P. Epinatjeff, B. Weidlich
1986. Etwa 300 Seiten. Gebunden DM 84,-. ISBN 3-540-16617-3

Inhaltsübersicht: Bauphysikalische Grundlagen. – Klimagerechtes Planen und Bauen. – Rationelle Energieverwendung durch Maßnahmen am Gebäudebestand.

Die sechsbändige Handbuchreihe gibt, aufbauend auf dem Wissen traditioneller Fachgebiete, eine zusammenfassende Behandlung der Möglichkeiten einer sparsamen und rationellen Energieverwendung in wichtigen Verbrauchsbereichen.
Dabei wird ein Schwerpunkt auf eine umfassende und fachübergreifende Betrachtungsweise gelegt. Im Vordergrund steht das Anliegen, Energiefachleuten verschiedener technischer Disziplinen Erkenntnisse aus jeweils anderen Fachrichtungen zu vermitteln und gleichzeitig systemorientierte Ansätze aufzuzeigen. Ein weiteres Ziel der Handbuchreihe besteht darin, Energiefachleuten neben technischen Zusammenhängen auch betriebswirtschaftliche Grundlagen wie Investitionsrechnungen oder Organisationstechniken im Hinblick auf Maßnahmen zur effizienten Energienutzung nahezubringen. Methoden des Energiemanagements beschreiben Möglichkeiten und Wege, wie technische Optionen der rationellen Energienutzung nicht nur aufgezeigt und wirtschaftlich beurteilt, sondern die hierzu erforderlichen Maßnahmen auch konkret umgesetzt werden können.
Die Handbuchreihe ist daher für Energiefachleute konzipiert, seien es Ingenieure, Architekten, Planer oder Wirtschaftswissenschaftler, die mit der rationellen Energieversorgung und -verwendung befaßt sind oder eine derartige Tätigkeit anstreben.

Springer-Verlag
Berlin Heidelberg
New York Tokyo

Verlag TÜV
Rheinland

Wärme- und Stoffübertragung

Thermo- and Fluid Dynamics

Herausgeber: E. R. G. Eckert, Minneapolis;
P. Grassmann, Zürich; **U. Grigull,** München;
F. Mayinger, München

Wärme- und Stoffübertragung/Thermo- and Fluid Dynamics dient der Verbreitung neuer Erkenntnisse über die wissenschaftlichen Grundlagen der Transportvorgänge von Wärme und Stoff. Die zugehörigen Materialeigenschaften, ihre Messung und die Beschreibung neuer und verbesserter Meßmethoden gehören ebenso zum Themenspektrum dieser Zeitschrift. Ein besonderes Augenmerk wird der Anwendbarkeit dieser Erkenntnisse und Methoden in der Praxis gewidmet.

Wärme- und Stoffübertragung/Thermo- and Fluid Dynamics ist eine der meistzitierten europäischen Zeitschriften ihres Gebietes.

Bezugsbedingungen:
Wärme- und Stoffübertragung/
Thermo- and Fluid Dynamics
ISSN 0042-9929   Title-Nr. 231
1987, Band 21 (6 Hefte), DM 448,-
zuzügl. Versandkosten

Springer-Verlag
Berlin Heidelberg New York
London Paris Tokyo

Springer

Energieberatungshandbuch

Handbuch zur Beratung kleiner und mittlerer Unternehmen
Hrsg.: Bundesminister für Wirtschaft

Die Buchreihe „Handbuch zur Beratung kleiner und mittlerer Unternehmen über Maßnahmen zur Energieeinsparung" gliedert sich in einen „Allgemeinen Teil" und „Branchenspezifische Teile" auf. Im „Allgemeinen Teil" werden die branchenübergreifenden Energieumwandlungs- und -verwendungssysteme abgehandelt und Energieeinsparmaßnahmen aufgezeigt, während in den „Branchenspezifischen Teilen" auf die spezielle Energie- und Produktionstechnik der jeweiligen Branche näher eingegangen wird. Besonderheit der Buchreihe sind die „gelben Arbeitsblätter", mit denen der Istzustand eines Betriebes aufgenommen und analysiert werden kann. Diese Arbeitsblätter werden für jeden Arbeitsschritt in den einzelnen Fachkapiteln mittels eines Beispiels näher erläutert und dabei wird aufgezeigt, wie man Energieeinsparmaßnahmen entwickelt und bewertet.
Diese Vorgehensweise wurde gewählt, um eine Steigerung der Effizienz der Beratung durch betriebsfremde Berater zu erreichen, sowie den Unternehmen Möglichkeiten für eigene Initiativen zur Energieeinsparung zu eröffnen.

Grundlagenband, Allgemeiner Teil
1985, DIN A4, 770 Seiten, Loseblatt im Plastikordner mit Register, DM 178,–

Fachbände

Brauwirtschaft
1985, DIN A4, 192 Seiten, Loseblatt im Plastikordner   DM 98,–

Backwaren
1985, DIN A4, 112 Seiten, Loseblatt im Plastikordner   DM 98,–

Holz- und Kunststoff verarbeitende Industrie
1985, DIN A4, 134 Seiten, Loseblatt im Plastikordner   DM 98,–

Papier-, Karton- und Pappenindustrie
1985, DIN A4, 202 Seiten, Loseblatt im Plastikordner   DM 98,–

VERLAG TÜV RHEINLAND KÖLN

Am Grauen Stein
5000 Köln 91
Fernruf 02 21/83 93-0

Kraftwerke-wärmetechnische Berechnungen

Von K. H. Schüller
1987, 16 × 24 cm, 180 Seiten, geb., DM 68, –

Die Sammlung enthält eine Reihe von BASIC-Programmen aus den Sachbereichen Kraftwerks-Thermodynamik, Wirtschaftlichkeit und Kurven-Approximation.

Jeder Beitrag ist gegliedert in

- Aufgabenstellung,
- Lösungsweg,
- Programmbeschreibung,
- Listing,
- Anwendungsbeispiel.

Die Berechnungsprogramme entstanden aus der Praxis der Planung thermischer Kraftwerke. Sie wurden auf einem Rechner EPSON HX 20 (16 K Speicher) programmiert, sind aber ohne weiteres auf andere BASIC-Rechner übertragbar.

Diese Programmsammlung dürfte eine nützliche und praxisnahe Hilfe für Planungsingenieure und Studierende der Energietechnik sein.